안도
다다오

안도 다다오가 말하는 집의 의미와 설계

228	36. 우메미야의 집	282	60. I 하우스
230	37. 구조 상가(이즈쓰의 집)	286	61. 오구라의 집
232	38. 우에조의 집	288	62. 가구라오카 B-LOCK
234	39. 오타의 집	290	63. 요시다의 집
236	40. 모테키의 집	292	64. I 프로젝트
238	41. 이와사의 집	294	65. 이토의 집
240	41x. 이와사의 집 증축	298	66. 이토 갤러리
242	42. 기도사키의 집	302	67. 이시코의 집
246	43. 가네코의 집	304	68. 사요 하우징
248	44. 돌스하우스	306	69. 미놀타 세미나 하우스
250	45. 미나미바야시의 집	308	70. 미야시타의 집
252	46. 나카야마의 집	310	71. YKK 세미나 하우스
254	47. 하타의 집	312	72. 이의 집
256	48. 오키베의 집	314	73. 갤러리 노다
258	49. 요시모토의 집	316	74. 롯코 집합 주택 3기
260	50. 손의 집	318	75. 아이캐너/리의 집
262	51. 사사키의 집	320	76. 니혼바시 주택(가나모리의 집)
264	52. 핫토리의 집 게스트하우스	322	77. 오요도 아틀리에 별관
266	53. TS 빌딩	324	78. 바다의 집합 주택
268	54. 오요도 다실(베니어 다실)	326	79. 언덕의 집합 주택
270	55. 오요도 다실(블록 다실)	328	80. 히라노 구 상가(노미의 집)
272	56. 오요도 다실(천막 다실)	330	81. 사와다의 집
274	57. 야마나카 호 아틀리에	332	82. 오기 집합 주택
276	58. 사이쿠다니 타운하우스(노구치의 집)	334	83. 파리 교외의 스튜디오 하우스
278	59. 롯코 집합 주택 2기	336	84. 시라이의 집

2

97 이미지의 전개 — 스케치
98 짓는 사람의 생각
114 발상의 과정 「갤러리 노다」

3

131 **주택 자료 1971-1996**
132 1. 도미시마의 집
134 2. 스완상회 빌딩(고바야시의 집)
136 3. 게릴라 I(가토의 집)
138 4. 우치다의 집
140 5. 우노의 집
142 6. 히라오카의 집
144 7. 다쓰미의 집
146 8. 시바타의 집
148 9. 소세이칸(야마구치의 집)
150 9x. 소세이칸 다실(야마구치의 집 증축)
152 10. 다카하시의 집
154 11. 마쓰무라의 집
156 12. 트윈 월
158 13. 스미요시 나가야(아즈마의 집)
162 14. 관입(히라바야시의 집)
164 15. 반쇼의 집
166 15x. 반쇼의 집 증축
168 16. 데즈카야마 타워플라자
172 17. 네 세대 나가야 계획
174 18. 데즈카야마 하우스(마나베의 집)
176 19. 오카모토 하우징
178 20. 월 하우스(마쓰모토의 집)
180 21. 유리블록 집(이시하라의 집)
182 22. 유리블록 벽(호리우치의 집)
184 23. 오쿠스의 집
186 24. 가타야마 빌딩
188 25. 마쓰모토의 집
192 26. 오니시의 집
194 27. 마쓰타니의 집
196 27x. 마쓰타니의 집 증축
198 28. 우에다의 집
200 28x. 우에다의 집 증축
202 29. 후쿠의 집
206 30. 롯코 집합 주택 1기
210 31. 고시노의 집
214 31x. 고시노의 집 증축
216 32. 고지마 공동 주택(사토의 집)
218 33. 이시이의 집
220 34. 오요도 아틀리에
222 34x. 오요도 아틀리에 2기
226 35. 아카바네의 집

10 집 — 프롤로그를 대신하여

1 저항의 궤적

- 18 원점으로서의 〈도시 게릴라 주거〉
- 28 중정의 우주
- 40 기하학의 미로
- 48 빛과 공간 구성
- 54 극한의 공간성
- 64 손의 흔적
- 68 건축과 가구
- 74 지형이라는 건축
- 84 계속 살아가는 집 — 증축
- 88 부흥 주택 계획 — 고령화 사회의 도시

안도 다다오

MIMESIS ARTIST
안도 다다오가 말하는 집의 의미와 설계

옮긴이 송태욱은 연세대학교 국문과와 동 대학원을 졸업하고 문학 박사 학위를 받았다. 도쿄외국어대학 연구원을 지냈으며, 현재 전문 번역가로 일하고 있다. 지은 책으로 『르네상스인 김승옥』(공저)이 있고, 옮긴 책으로는 『사랑의 갈증』, 『비틀거리는 여인』, 『세설』, 『만년』, 『환상의 빛』, 『탐구1』, 『형태의 탄생』, 『눈의 황홀』, 『윤리 21』, 『포스트콜로니얼』, 『트랜스크리틱』, 『천천히 읽기를 권함』, 『번역과 번역가들』, 『연애의 불가능성에 대하여』, 『소리의 자본주의』, 『베델의 집 사람들』, 『매혹의 인문학 사전』, 『책으로 찾아가는 유토피아』, 『핀란드 공부법』, 『빈곤론』, 『유럽 근대문학의 태동』, 『세계지도의 탄생』 등이 있다.

지은이 안도 다다오 **옮긴이** 송태욱 **발행인** 홍지웅·홍유진 **발행처** 미메시스
주소 경기도 파주시 문발로 253 파주출판도시 **대표전화** 031-955-4000 **팩스** 031-955-4004
홈페이지 www.openbooks.co.kr www.mimesisart.co.kr **이메일** webmaster@openbooks.co.kr
Copyright © 미메시스, 2011, Printed in Korea. **ISBN** 978-89-90641-52-6 03540
발행일 2011년 4월 25일 초판 1쇄 2019년 9월 1일 초판 5쇄

이 도서의 국립중앙도서관 출판예정도서목록(CIP)은 서지정보유통지원시스템 홈페이지(http://seoji.nl.go.kr)와
국가자료공동목록시스템(http://www.nl.go.kr/kolisnet)에서 이용하실 수 있습니다.(CIP제어번호: CIP2011001221)

IE 1969 → 96 by Tadao Ando

Copyright © Tadao Ando, 1996
Korean translation © The Open Books Co., 2011
Originally published in Japan in 1996 by Sumai no Toshokan Co., Ltd.
Korean translation rights arranged through Tohan Corporation, Tokyo.,
and Shinwon Agency Co., Seoul.

일러두기
1. 본문에 나오는 주택 명칭에 붙은 괄호 안의 번호는 3부 〈주택 자료 1971-1996〉의 수록 번호에 대응한다.
2. 각주는 모두 옮긴이주이다.

이 책은 실로 꿰매어 제본하는 정통적인 사철 방식으로 만들어졌습니다.
사철 방식으로 제본된 책은 오랫동안 보관해도 손상되지 않습니다.

MIMESIS

안도 다다오가 말하는 집의 의미와 설계
지은이 안도 다다오
옮긴이   송태욱

안도 다다오

	343	**4　주택론**
	344	도시 게릴라 주거
	346	상황에 쐐기를 박다
	352	도시 주거를 획득하는 길
	354	영벽
	357	「스미요시 나가야」에서 「구조 상가」로
	360	건축화된 여백
	363	저항의 요새
	366	자궁 없는 수태 — 또는 범용과 양식의 시대
	370	현대 다실고
	372	추상과 구상의 중첩
	374	오요도 다실 — 천막·베니어·블록
	375	롯코 집합 주택 2기
	377	도시의 공공성

380	인터뷰 — 생활공간과 콘크리트
395	출처
396	찾아보기

집

프롤로그를 대신하여

1995년이 저물어 갈 무렵, 프랑스에서는 각종 노동조합의 파업으로 시작하여 지하철과 버스 등 공공 교통기관까지 휩쓴 대규모 동맹파업이 오랫동안 이어지고 있었다. 주요 교통수단을 잃어버린 시민들이 자전거 등으로 고생하며 통근하는 모습이 텔레비전에 방영되었다. 엄청난 피해를 당하면서도 대대수의 시민은 파업을 지지했고, 노동자는 자신들의 권리를 위해 싸웠다. 일본에서는 도저히 생각할 수 없는 일이었다. 나는 여기에서 프랑스와 일본 사이의 역사와 문화의 차이를 강하게 느꼈고, 동시에 시민사회의 본래 모습에 대해 다시 한 번 생각하게 되었다.

지금으로부터 약 200년 전에 프랑스 시민은 혁명을 일으켰다. 피비린내 나는 투쟁을 거친 후에야 시민은 당시 사회를 지배하던 왕후 귀족으로부터 〈개인〉의 인권과 민주주의를 쟁취했다. 프랑스는 그런 역사를 갖고 있다.

한편 일본에서는 〈개인〉이라는 이념도 민주주의도, 제도의 변화나 국제 사정에 따라 국가로부터 마지못해 하사받거나 다른 나라의 압력으로 얻었다. 개인이 죽을힘을 다해 싸워 쟁취한 과정이 없었던 만큼 개인이나 민주주의에 대한 집착도 없고 책임감도 없다. 오늘날에 이르러서도 모든 상황과 선택의 기회에서 이러한 사실이 지적된다.

서양에서는 17세기에 근대의 이념이 탄생했다. 그것은 이성적 세계관을 강력하게 내세워 인간이 본래 가지고 있던 〈직감〉이나 〈광기〉를 배제하려고 했다. 이윽고 기계적 자연관에 의한 근대과학이 발전하였고, 그것을 기초로 산업혁명이 일어나 공업의 근대화와 함께 정치나 경제에도 근대의 이론이 적용되었다. 그런데 근대의 이념이 세계 각지로 확산되면서 인간의 생활을 더욱 풍요롭게 하려던 처음의 목적은 망각되고, 인간은 방치되고, 사물은 수량으로 헤아려지고, 사회는 관리하기 쉬운 대상이 되었다. 그것은 인간이라는 존재에게서 〈몽상〉이나 〈광기〉를 완전히 빼앗는 것이 처음부터 불가능한데도 일시에 제거하려 한 근대 이념이 안고 있던 근본적 문제였다.

프랑스 시민들이 도시 기능을 마비시키면서까지 개인의 권리를 지키는 일에 집착했듯이, 근대를 낳은 서양에는 이념을 추구하는 동시에 근대와 진지하게 싸워야 하는 모순에 당황하면서도 이를 극복하려 한 사람들이 있었다.

건축가 중에는 미스 반 데어로에Ludwig Mies van der Rohe(1886~1969)와 르코르

뷔지에Le Corbusier(1887~1965)를 꼽을 수 있다. 그들이 손수 지은 대표적인 주택, 미스 반 데어로에의 「판즈워스 하우스Farnsworth House」나 르코르뷔지에의 「빌라 사보아Villa Savoye」는 합리성을 올바르게 표방한 근대 건축의 대표작이다. 그 안에는 근대로부터 불거져 나간 인간 개인에게 깃든 몽상이나 광기가 간직되어 있다. 이는 바로 그들이 근대와 진지하게 마주했다는 사실을 말해 준다.

그들의 작품에 드러난 몽상이나 광기는 결코 일시적인 기분에서 나오지 않았다. 근대를 단지 스타일만이 아닌 사상으로서 깊이 추구하며, 근대를 상징하는 획일성과 균질성을 어떻게 받아들일지를 깊이 고뇌한 결과이다. 그들의 작업을 직접 가까이서 봤을 때 이런 생각은 점점 더 확고해졌다.

얼마 전에는 십 몇 년 만에 시카고 교외 플래노의 광대한 대지에 지은 「판즈워스 하우스」를 찾았다. 이 주택은 시대의 변화에도 전혀 쇠락하지 않았고 그 존재감을 드러내며 미스 반 데어로에라는 개인의 느낌을 분명히 전하고 있었다. 세 개의 직사각형 슬래브로 구성된 유리 상자는 폭스 강이 흐르는 평탄한 목초지 위에 여덟 개의 H형강H-steel 기둥으로 지지되어 신중하게 놓여 있었다. 그것은 완벽한 모습으로 그 자리에 있었다. 철, 유리, 프리캐스트 콘크리트precast concrete 그리고 바닥의 대리석은 소재가 갖는 특성을 두드러지게 하는 확실한 재료 선택이다. 당시 미국 최고의 장인정신이 잘 다듬어 낸 디테일도 그렇지만 미스 반 데어로에는 자신이 마음속에 품은 추상화된 공간을 철저히 관철시키려고 헤아릴 수 없는 노력을 기울였을 것이다. 그렇기에 건물의 단정한 모습이 건축가에게 더욱 무시무시하게 느껴진다.

여기에는 자신이 추구하는 건축의 이상을 위해, 건축에서는 불가능할 정도의 정밀도를 추구한 미스 반 데어로에의 집념이 하나의 미학으로 결정(結晶)되어 있다. 그러나 그 미학은 너무나 철저해서 두려움을 줄 정도이며, 일종의 폭력성이나 〈광기〉마저 간직하고 있다. 이 집이 거주를 위해 지어졌다는 것 자체가 경이로울 정도이다. 이 정도로 폭력적인 건축이 실현될 수 있었던 배경에는 철과 유리의 건축을 깊이 생각하며 궁극의 지평까지 도달한 미스 반 데어로에의 고달픈 사고의 궤적이 있었을 것이다.

그러나 미스 반 데어로에나 르코르뷔지에가 낳은 건축 언어는 시간이 지나면서 그 배후에 있던 사상을 수반하지 않고 혼자 걷기 시작했다. 그들 이후의 시대에는 근대를 낳은 토양을 가진 서양에서도 근대건축의 유리하고 편리한 부분만 빌려 올 뿐, 근대와 진지하게 마주하여 사고하지 않았다. 그런 건축이 흘러 넘쳤다.

한편 일본의 주택 근대화 과정에서는 사정이 많이 달랐다. 문화, 습관, 생활양식에서 서양과 너무나 차이가 컸기 때문이다. 순수하게 근대성 자체를 추구한다기보다는 근대성과 일본의 전통이라는 비근대성을 서로 어떻게 조정해 나가는가 하는 데에 에너지가 집중되었다. 이는 근대에서 불거져 나간 것을 다른 각도에서 보고 사고하는 것이며, 동시에 일본의 전통 안에 간직된 근대성을 재발견하는 일이기도 했다.

20세기 초, 이른바 다이쇼(大正) 시대(1912~1926)에 시작된 그런 흐름은 두 번의 세계대전을 거치며 1950, 1960년대까지 계속되었다. 그 기간에 만들어진 대표적인 주택 작품들에는 꿈이 있었고 긴장감이 흘러넘쳤다. 아무래도 일본 사회에 아직 〈개(個)〉라는 사상이 뿌리 내리지 않았던 시절이라 의지가 확고한 개인이 아니고서는 그런 도전적인 주택에 사는 경우가 드물었다. 하지만 지은 사람이나 사는 사람의 꿈을 강하게 느낄 수 있다.

그러나 근대의 형태, 언어, 구조, 소재 등으로 새로운 시도들을 했고, 일본의 전통과 근대를 융합하는 실험도 할 수 있는 데까지는 다했다. 이런 시도가 보편화된 이후의 시대에는 기존의 어휘를 조합하는 것만이 건축가의 일이 되었고, 꿈을 발산하는 작품은 거의 찾아볼 수 없게 되었다.

예컨대 일본의 모던리빙은 근대를 깊이 사고하지 않고 서양의 생활양식과 스타일만 흉내 낸 것으로 진정한 근대 주택이 그랬던 것처럼 자아의 확립을 지향하는 개인의 의지를 표현하는 장이 되지는 못했다.

이러한 상황에서 건축 활동을 시작한 나는 우선 〈산다〉는 것에 대해 원점부터 다시 물으며 주택에 〈개〉의 의지를 강하게 새기고 〈개인〉을 불어넣음으로써 조금씩이나마 일본에 개인을 뿌리내리고자 했다. 내가 평생 지을 수 있는 주택의 숫자라고 해봐야 일본 주택의 총수에 비하면 아주 미미하니 터무니없는 꿈이긴 하다. 그러나 그런 꿈을 잃지 않고 한 발 한 발 앞으로 나아가고 싶었다.

1973년에 발표한 소논문 「도시 게릴라 주거」는 그런 의지를 분명히 선언하려고 한 것이다. 도시에 정착하고자 하는 분명한 의지를 가진 〈개인〉이 모든 사고의 중심에 〈개〉를 놓고 개인이 사는 장소, 그 영역을 극적으로 획득하면서, 도시에 작은 성을 쌓아 갈 수 있도록 그들 한 사람 한 사람과 함께 주거를 만들어 가려고 했다.

1960년대 중반부터 1970년대 초반에 걸쳐 세계는 크게 변하고 있었다. 베트남 전쟁 말기에는 고뇌하는 젊은이들을 중심으로 새로운 문화가 싹텄고 새로운 가치관이 생겨났다. 영국에서는 비틀스가 탄생하여 그들의 음악, 패션, 행동이 전 세계 젊은이들을 포로로 만든 것도 빼놓을 수 없다. 그렇게 격렬하게 흔들렸던 시대를 배경으로, 일시적이기는 하지만 일본에서도 1960년대 말부터 여러 가지 규제의 가치에 의문을 제기하는 풍조가 생겨났다. 한창 그런 일들이 일어나던 시기였다.

젊을 때부터 세계 여러 도시를 여행하며 다양한 체험을 할 수 있었던 나는 풍요로운 개인이 풍요로운 사회를 만들어 간다는 것을 누구보다도 절실하게 배웠다. 새로운 세기를 눈앞에 둔 오늘날, 일본은 경제적으로는 어느 정도 풍요로워졌다. 그러나 한 사람 한 사람이 생활에서 느끼는 면을 보면 조금도 풍요로워지지 않았다. 그것은 무슨 일에서나 마찰을 피하고 타인과 동조하며 살아온 일본인의 사고나 행동의 뿌리에 개인이 없기 때문이다.

일본은 근대를 받아들이는 과정에서 가장 중요하다고 할 수 있는 자아에 눈뜬 개인을 소홀히 했고 효율이나 합리성이라는 이름 아래서 몽상이나 광기를 배제해 왔다. 그리고 획일화 속에서 일본인은 타자와 자기를 가르고, 자립을 극히 두려워하면서 〈범용〉이나 〈관습〉을 신봉하는 국민이 되었다.

나는 〈개〉로부터의 발상을 소중히 하고 싶다. 풍요로운 개인이 풍요로운 가족, 지역, 국가, 세계를 만들어 간다는, 당연하다고도 할 수 있는 생각을 나는 믿고 있다. 그리고 근대의 틀에 담기지 않는 개인이 가진 직감이나 몽상, 광기야말로 건축에 생명을 불어넣고, 그곳에 사는 사람에게 활력을 준다고 생각한다.

그리고 서양의 근대사상이 박차를 가한, 인간과 자연을 격절된 관계로 파악하는 풍조에 대해 다시 한 번 의문을 제기하고, 주거 안에서 인간을 자연의 일부로 다루는 동양의 전통적 사고를 실현하고 싶었다.

세상의 흐름과 역행하는 그런 신념을 계속 가지고 있으면서 1975년에 「스미요시 나가야」(13)*라는 아주 작은 주택을 지었다. 이를 출발점으로 도시 게릴라 주거라고 부를 수 있는, 도회의 좁은 대지에 세우는 작은 주택 그리고 일본인의 주거로서는 비교적 조건이 좋은 몇몇 주택을 직접 지어 왔다. 최근에 이르러 다시 「갤러리 노다」(73)나 「니폰바시 주택」(76) 같은 아주 작은 주택에도 도전하고 있다.

「스미요시 나가야」에서는 극소(極小)라고 할 수 있는 대지를 삼등분했고, 그 중앙부를 내부의 뜰(중정)로 만들어 외부로 개방했다. 인간은 강인한 존재라고 믿어 의심치 않던 나의 이 대담한 제안은 상당한 물의를 일으켰다. 〈비 오는 날 화장실에 가는데도 우산을 써야 한다〉는 등 내부의 동선이 단절되었다는 데 비판이 집중되었다. 확실히 기능상 관련된 방 사이를 최단 또는 쾌적한 동선으로 잇는 것은 이른바 당시의 모던리빙에서는 불문율로 생각되었기 때문이다. 그러므로 내가 만들어 낸, 때로는 가혹한 자연이 주거 안으로 들어간 외부 공간이라고 할 수 있는 중정을 긍정적으로 받아들이는 사람이 적은 것도 무리는 아니었다. 그러나 대지의 3분의 1을 차지하는 이 중정이야말로 「스미요시 나가야」의 핵심이자 호흡하는 주거의 심장이며, 주거를 의지를 가진 개인의 도시 아지트로서 성립시킨다.

나는 중정이 자연과 물리적으로 직결된 공간이라는 것을 넘어, 이곳에 정착해 살겠다는 의지를 표명한 거주자가 이런 공간을 통해 자신이 자연의 일부임을 재확인할 수 있는 장치가 되기를 바랐다. 나아가 새로운 자극, 순화된 자연과의 대화가 거주자의 세계관까지 바꾸기를 기대했다. 또한 이 극한에 가까운 규모 안에서 사람이 생활하는 데 필요한 조건을 충족시키기 위해, 그야말로 1밀리미터도 소홀히 하지 않고 어떠한 빈틈도 다 살린다는 자세로 설계에 임했다. 모든 세밀한 부분에 최선을 다했고 치수와 재료의 선택 등도 한계에 이를 때까지 생각했다.

「스미요시 나가야」 이후 현재까지 이러한 싸움의 자세는 바뀌지 않았다. 어떤 경우에도 대지의 조건을 파악하고, 일단 모든 상식을 걷어치우고 원점으로 돌아가 무엇이 더욱더 좋은 선택인가를 고려했다. 이념을 실제로 옮기는 단계에서는 항상 기술상의 어려움과 사회와의 충돌을 피할 수 없었다. 특히 남과 다른 것을 싫어하는 일본의 꽉 막힌 상황에서 강한 개성이 드러나는 새로운 시도는 거센 비난을 받을 수밖에 없었다. 투쟁 속에서 개인을 획득해 온 과정이 없는 나라에서 개인을 표명하는 주택을 짓는다는 것은, 일찍이 서양 사람들이 개

* 나가야(長屋)는 집합 주택의 한 형태로 한 동의 건물을 구획하여 여러 세대가 살 수 있도록 길게 지은 집이다. 일반적으로 시타마치의 좁은 골목에 면해 지어진 목조 주택이라는 이미지가 강하다.

인을 쟁취하려고 벌인 투쟁과 같은 차원의 격렬함을 요구했다.

  내가 주택을 짓기 시작한 지 25년이 되었다. 그동안 항상 〈자아를 지닌 개인이 어떻게 하면 일상생활 속에서 자신다운 삶을 획득해 나갈 수 있을까〉라는 점에서 주택의 바람직한 모습을 물어 왔다. 그리고 내 나름대로의 답으로 몇몇 주택을 탄생시켰다. 그 답에 대해 시간은 어떤 판단을 내릴지 흥미롭게 지켜봐 왔다. 지금은 익숙해진 모습으로 거주자가 아주 원만하게 집과 대화하는 모습들을 본다. 그들이 스스로 더 나은 생활을 생각하며 사는 모습에 나의 답도 아주 틀리지는 않았다고 느낀다.

  지어진 당시 그대로의 호흡을 계속하며 천천히 변화하고 성장해 가는 집과 앞으로도 삶을 함께 살아가자는 의지를 표명하는 거주자들에게서 일종의 감동을 느꼈고, 동시에 그 주택들에서 확실히 〈개인〉이 자라기 시작했다는 것을 지금 강하게 실감한다.

  프랑스의 파업은 그렇게 내가 저항해 온 세월을 떠올리게 하였다.

저항의 궤적 1

원점으로서의 〈도시 게릴라 주거〉

아직 의뢰인이 없던 시절, 세계 여행 중에 완성해 낸 주택의 상(像)
그리고 〈도시 게릴라 주거〉로서 〈도미시마의 집〉을 실현하기까지

어린 시절부터 나가야에서 살았던 나에게 집이 어둡고 좁다는 것은 아주 당연했다. 그러나 십대 중반에 나가야의 일부를 직접 설계하여 개조할 수 있는 기회를 얻었고, 거기서 생겨난 공간의 극적인 변화에 감동을 느꼈다. 그런 일이 있어서인지, 머리만 잘 쓰면 일본의 주거 환경도 더욱 풍요로워질 수 있다는 생각을 하기 시작했다. 책과 여러 자료를 통해 세계의 주택 건축을 보고 나자 그런 생각은 점점 더 강해졌다. 그리고 사소한 것에서라도 많은 꿈을 담은 주거를 만들겠다며 건축가가 되기로 결심했다. 그것은 사회의 모순, 주거 공간의 빈곤에 대한 불만에서 나온 나 자신의 커다란 꿈이었다. 지식이나 경험이라는 면에서 당시의 나는 건축에 거의 무지하다고 해도 좋을 상태였다. 그러므로 꿈의 실현을 위해 일단 달리기를 시작하기는 했으나 그 앞길에는 수많은 어려움이 기다렸다. 좌절을 반복하는 나날이었다.

    내가 조그마한 사무실을 마련하고 본격적으로 건축을 시작한 1960년대 말부터 1970년의 오사카 만국 박람회에 걸친 시기의 일본 경제는 고도성장의 절정기였다. 일반 사람들도 주택을 지을 만한 여유가 생겼고, 모던한 근대 건축물에 살고 싶다는 욕망이 퍼지면서 표면적으로는 밝고 아름다우며 생활의 풍요로움을 느낄 수 있는 주택들이 생겨났다.

    일본에서 탄생한 모던 주택의 대부분은 그 지리적 조건과 풍토를 일부러 무시하듯이 지어졌다. 근대성과 일본 특유의 풍토나 가치관 사이에서 갈등을 거치지 않았기 때문에 어울림의 감각이 결여되어 있었다.

    그러나 그런 모던 주택도 아주 드물었다. 1960년대 초 서민 주택에서는 아직 재래 공법(工法)으로 짓는 목조 건축이 주를 이루었고, 여기저기에 그것들이 밀집되어 늘어선 풍경이 보였다. 그곳은 비좁고 답답했으며 여름에는 덥고 겨울에는 추웠다. 물리적으로 도저히 살기 쉽다고 말할 수 없는 환경에서도 사람들은 그런 생활을 즐기려고 노력했다.

    내가 나고 자란 간사이(關西)[*], 특히 교토나 나라 주변에는 쇼인(書院)[**]이나 스키야(數寄屋)라는 다실풍의 전통 목조 건축물이 많았는데, 건축에 흥미를 갖기 시작한 십대 후반부터 그것들을 자주 보러 다녔다. 한편, 없는 용돈을 탈탈 털어 당시 수입되기 시작한 외국 잡지 등을 사 보며 서양 건축에 대한 정보를 얻었고 전혀 다른 그 세계에 강하게 끌렸다.

    1965년에 해외여행이 자유화되자 곧바로 유럽에 가기로 결심했다. 불안한 마음으로 가득 찬 여행이었지만 무엇보다 유럽의 건축물을 내 눈으로 직접 보고 배우고 싶다는 강한 욕망에 추동되었다. 세부에 집착하며 자연과 일체가 된 일

---

[*] 교토와 오사카를 중심으로 한 지역.
[**] 여기서는 쇼인즈쿠리(書院造り)로 지은 저택을 말한다. 무가(武家)에서 의식이나 접객에 이용했다. 쇼인즈쿠리는 다다미방의 정면에 바닥을 한 층 높여 만든 도코노마(床の間) 등이 있는 저택을 가리키는 경우가 있는데 엄밀하게 말하면 무가 주택으로 보이는 건물 양식을 말한다. 그러나 건축 양식으로서의 정의는 분명하지 않다. 요컨대 쇼인(書院)보다는 주로 쇼인즈쿠리라는 건축 용어가 쓰인다고 할 수 있다.

본의 건축물에 익숙해진 내 눈에, 그리스·로마의 고전에서 근대 건축에 이르기까지 서양 건축의 세계가 무척이나 신선하게 보였다. 그동안 사진으로만 접하던 것과는 달랐다. 뭔가 재미있는 것을 찾던 나는 직감적으로 그것을 배우고 싶다고 생각했다.

그런 마음이 점점 부풀어 갔으나 무엇을 어떻게 봐야 건축을 배울 수 있는지 알 수가 없었다. 생각에 비해 지식이 너무나 부족했다. 좀 더 지식을 쌓고 여행을 떠나는 것도 생각해 볼 수 있었겠지만 잘 모르는 대로 어쨌든 하루빨리 서양의 건축을 직접 접해 보고 싶었다. 대신 몇 권의 책을 여행의 동반자로 삼고 반복해서 체험해 나가자고 생각했다. 다행히 당시에는 열차나 선박 여행이 대부분이라 이동하면서도 책 읽을 시간은 충분했다. 그때까지 책과는 인연이 먼 생활을 해왔지만, 지크프리트 기디온Sigfried Giedion의 저작을 비롯해 근대 건축에 대한 세 권의 책을 읽으면서 실제 건축을 보러 다녔다. 이것은 건축에 대해 내가 처음으로 진지하게 생각해 볼 수 있는 기회였다. 전통에 기초한 기교나 감성으로 만드는 일본 건축과 달리 논리적 사고를 거듭하며 건축을 조립해 가는 구성의 논리, 단순하고 강력한 구조, 소재와 기능을 중시하면서도 윤리성이 높은 건축, 이런 것들을 수없이 보며 돌아다닌 첫 번째 유럽 여행에서 나는 실로 많은 것을 배웠다.

시베리아 철도를 경유하여 처음으로 발을 들여 놓은 핀란드는 북극에 가까워 겨울이 춥고 길다. 오해를 두려워하지 않고 말하자면, 변변찮은 불모의 땅이라 할 수 있다. 그러나 아름다운 자연 속에 엄중하게 세워진 청결한 건축물을 보고 나는 큰 감동을 받았다. 북유럽이라는 특수성은 있지만 그곳에서 처음으로 서양을 체험했다. 그리고 그 땅에서 많은 것을 배웠고 여러 가지 것들을 생각했다.

핀란드에 도착한 때는 5월로 마침 백야의 시기였다. 저물지 않는 태양은, 건축에 뜻을 두고 잔뜩 불안감을 안고 여행을 시작한 나에게 아주 좋은 기회를 주었다. 나는 하루에 열여덟 시간쯤 돌아다녔다. 건축은 역시 자연광 속에서 보아야 한다. 그래야 건축의 외관을 잘 알 수 있을 뿐 아니라 자연이 내부로 흘러들어 가는 모습을 느낄 수 있기 때문이다. 그런 의미에서 백야는 굉장히 고마웠다. 그 무렵의 나는 내가 생각해도 신기할 정도로 꾸준히 건축 책을 탐독했고, 실제로 건축물을 보거나 스케치를 하는 등 건축에 푹 빠져 있었다. 꿈속에서도 건축을 그려 보고 있지 않았을까 하는 생각이 들 정도로, 잠자는 시간까지 아껴 가며 순수하게 건축만 생각했다. 그러나 그것은 건축의 역사와 형태나 성립이 주였고 건축의 사회성에 대해서는 아직 생각이 미치지 못했다. 하지만 사람이 사는 가장 원시적인 행위와 관련된 사회의 양상이나 각지에 전해지는 생활양식에서 생겨난 주거 형식 등을 생각해 볼 기회는 되었다.

당시에는 아직 타피올라Tapiola*가 완성되지 않았지만, 핀란드의 뉴타운을 견학하고 그 청결한 정취에 감동했다. 또한 알바 알토Hugo Alvar Henrik Aalto나 헤이키 시렌 등의 건축을 수없이 보러 다녔다. 특히 알토의 「라우타탈로」라는 건물에는 매일같이 다녔는데, 그곳의 카페에서 지친 몸을 추스르며 건축과 그것이 서 있는 장소에 대해 생각했다.

* 핀란드 만에 면해 있고 헬싱키 시 서쪽에 위치한 에스포 시에는 네 개의 지구가 있는데 그중 하나가 타피올라 전원도시이다. 에스포 시는 성장을 계속하는 새로운 도시로, 현재 인구는 약 15만 명으로 핀란드에서 네 번째 큰 도시이다. 1950년대 초 헬싱키 시내의 인구가 증가함에 따라 도심에 10킬로미터쯤 떨어진 에스포 시내의 타피올라에 위성도시 건설 계획이 추진되었다. 그 계획에는 주택뿐 아니라 도로, 가로등, 공원, 상하수도, 발전소 등 도시 시설과 함께 기업 건설까지 포함되었다. 건설의 테마는 〈인간의 개성과 자연의 접촉을 지킨다〉였다. 따라서 수목을 그대로 남겼고 주택은 숲 속에 지었다. 경사지나 연못은 그대로 시민 광장이나 공원으로 활용했고, 고층 주택도 가능한 한 수목 높이보다 낮게 짓도록 제한했다. 일반적으로 타피올라 전원도시로 불리지만 핀란드를 대표하는 건축가 알바 알토를 비롯한 건축가들이 지은 집합 주택으로도 유명하다.

알바 알토, 「세이나찰로 타운홀」

　핀란드의 건축은 지역성에 깊이 뿌리내리고 있다. 그래서 그곳에 서 있는 것들이 무척이나 잘 어울린다는 느낌을 준다. 나라의 제한된 자원을 효과적으로 사용하기 위해 쓸데없는 것들을 모두 배제하고 내구성이 강한 것을 만들어 내지 않으면 안 되었다. 극한의 땅에 짓는 건축은 사람의 생명을 지키는 대피소의 성격을 강하게 띠는데, 그 때문인지 짓는 사람의 책임감이 절실하게 전해졌다. 그와 동시에 핀란드 사람들이 건축물을 매우 소중하게 사용하는 것에도 감동을 받았고, 지역에 따라 생활 방식이 다르다는 당연한 사실도 재확인했다. 이렇게 아직 유치한 사고를 거듭하면서 인간과 건축을 생각하는 나날이었다. 알토라고 하면 집성재(集成材)* 의자가 떠오르지만 그것이 탄생하기까지의 창의와 고안에서는 배울 점이 참 많았다.

　핀란드라고 하면 숲을 연상하는 사람이 많을 것이다. 그런데 핀란드에서는 건축이나 가구에 그대로 사용할 수 있는 양질의 목재를 구하기가 쉽지 않다는 사실은 별로 알려져 있지 않다. 같은 북유럽인 덴마크에서는 양질의 나무를 그대로 재료로 사용하여 많은 가구를 생산하지만 이와 대조적으로 재료가 부족한 핀란드에서는 오랫동안 가구 제작의 전통이 없었고 직공도 키워 내지 못했다고 한다.

* 다수의 판재나 각재를 접착제로 접합하여 만든 목재. 얇은 판을 접착한 합판과는 구별된다.

그런데 기술이 진보하면서 양질이라고는 말할 수 없는 목재를 가공하여 뛰어난 성능을 지닌 가구용 집성재를 만들 수 있게 되었다. 일찌감치 이것에 눈뜬 사람이 알토였다. 새로운 근대 기술과 그의 창조력이 결부되어 집성재를 사용한, 알토 특유의 곡면을 가진 가구가 탄생했다. 알토는 무에서 유를 창조했던 것이다. 그리고 집성재를 사용한 건축과 가구가 나라 전체에 보급되었고 결국 해외로도 수출되었다.

알토가 자신의 초상이 지폐에 새겨질 정도로 국민 영웅으로 대접받는 이유는 뛰어난 건축을 수없이 낳았을 뿐 아니라 집성재 가구로 산업을 일으키고 나라를 풍요롭게 했기 때문이다. 이렇게 자신의 직업을 통해 사회를 변혁하거나 풍요롭게 할 수 있다는 사실을 알게 된 것도 내가 건축으로 향하는 데 작게나마 영향을 끼쳤다.

스칸디나비아 건축이라고 하면 어떤 면에서는 청교도적인 경향이 느껴지지만, 쓸데없는 것을 철저히 배제하면서도 인간이 사용한다는 사실을 잊지 않으며, 아름다운 자연환경 속에 지은 핀란드 건축물에서는 역시 많은 매력을 느낄 수 있었다. 지금 다시 보면 지루한 느낌이 없지 않지만, 맨 처음 내 눈과 마음에 들어온 북유럽의 근대 건축은 무척이나 인상적이었다.

북유럽에서 독일을 거쳐 프랑스로 향했다.

프랑스에서는 무엇보다도 르코르뷔지에의 작품을 보고 싶어 여기저기 돌아다녔다. 제한된 책에서 얻은 쥐꼬리만 한 지식에 의지해 더듬어 본 르코르뷔지에의 생애는 투쟁의 연속이라는 인상으로 다가왔다. 내가 파리에 도착하기 몇 달 전에 돌연 세상을 떠난 르코르뷔지에는 자신의 신념을 굽히지 않고 기존 질서와 기성의 사회의식, 미학의 문제 등과 하나하나 부딪치며 끝까지 싸워 나간 사람이다. 그러한 그의 자세에서 나는 큰 감동을 받았다. 그에게 미치지는 못하겠지만 나도 평생을 그렇게 살고 싶었다. 어쩌면 나는 르코르뷔지에의 작품보다는 그의 삶의 방식에서 더 많은 영향을 받았는지도 모른다.

파리 교외의 푸아시까지 기차로 가서 「빌라 사보아Villa Savoye」도 견학했다. 당시는 수복 전이어서 마치 폐허 같은 상태였지만, 철근 콘크리트 기둥인 필로티pilotis, 수평창, 평지붕 등 이른바 미래로 열린 르코르뷔지에의 기법이 모두 집약되어 있었다. 르코르뷔지에는 주택을 〈살기 위한 기계〉라고 했다. 여기서 〈기계〉라는 말은 보편성을 가리킨다고 나는 생각한다. 그러므로 〈주택〉이란 〈보편성이 있는 것〉이라고 바꿔 말해도 좋을 것이다. 〈살기 위한 기계〉라는 은유가 〈주택=기계〉라는 단순한 도식으로 치환되어 약간 의미가 어긋나게 해석되었지만, 그러한 오해 때문에 오히려 한층 더 큰 영향력을 가지고 전 세계로 퍼져 나갔다고 할 수 있다.

1968년에 다시 유럽을 여행하게 되었는데, 그 전해 여름에 미국에 갈 기회가 있었다. 우선은 엄청나게 광활한 국토에

뉴욕

압도되었다. 잠시 서해안을 둘러본 후 그레이하운드 버스를 타고 며칠이고 거의 변함없는 풍경이 이어지는 길을 달려 뉴욕으로 향했다. 때로는 버스 정류장에서 잠깐씩 눈을 붙였고, 다시 버스를 타고 다음 도시로 가다가 마음에 든 도시가 나타나면 내려서 허름한 호텔에 묵으며 사람들이 생활하는 모습을 엿보았다.

당시 멀리 떨어진 베트남에서 전쟁을 벌이고 있었다고는 하나 미국 본토의 생활은 풍요로웠다. 햄버거나 코카콜라 등 현대를 상징하는 먹을거리가 길거리에 흘러넘쳤고, 호텔이나 자동차를 타고 들어갈 수 있는 식당·상점·영화관 등에서 풍족하게 사용되는 냅킨, 화장실 휴지, 티슈페이퍼에 놀라움을 금할 수 없었다. 그 무렵 일본에서도 색깔이 들어간 얇은 고급 종이가 일상생활에 쓰이기 시작했지만, 종이나 석유로 대표되는 풍요로운 물자와 그 소비 방식에 압도당하는 나날이었다. 그때까지 잡지 등에서 얻은 단편적 지식만으로 미국에 강한 동경을 품던 나는 총체적인 미국을 접했고 동시에 그 풍요로움의 기세에 눌려 역으로 정신의 풍요로움과 문화적 뿌리의 소중함을 통감하며 나 자신을 깨달았다. 겉모습만 모방해 봤자 아무것도 안 된다, 어울리지 않는다, 그 지역이나 사회의 문화나 정세에 걸맞은 생활이라는 것이 있지 않을까라는 생각을 하게 되었다. 전후 미국의 생활에 선망의 시선을 던지며 물질에 집착하고 편리한 생활을 추구해 온 일본인을 비난할 생각은 없지만, 국토나 자원이나 생활 관습의 문제를 빼버리고 너무나도 안이하게 그 편리함과 쾌적함에만 사로잡힌 게 아닐까라는 생각을 했다.

드디어 뉴욕에 도착했다. 뉴욕에는 동경하던 팬암Pan Am 마크가 붙은 고층 빌딩이 빛나고 있었다. SOM 사Skidmore, Owings & Merrill*의 「레버하우스Lever House 빌딩」이나 미스 반 데어로에의 「시그램 빌딩Seagram Building」이 보여 주는 늠름한 모습은 감동적이었다. 그때 처음으로 미스 반 데어로에의 건물을 실제로 본 것인데, 강력하고 너무나 균질적인 그 공간에 의문을 느끼기도 했다. 자재의 공업화가 급속히 진행되는 가운데 1919년부터 1923년에 걸쳐 반 데어로에가 이상으로 내세우던 균질 공간으로 구성된 프리드리히 거리의 사무용 빌딩 안(案), 유리의 마천루 안 등 일련의 프로젝트가 1951년에 처음으로 시카고에서 「레이크 쇼어 드라이브 아파트Lake Shore Drive Apartments」로 구현되어 있었다. 그때 이미 20세기의 건축은 반 데어로에에게 지배당할 운명에 놓인 것이었다.

여행을 하는 동안 뉴욕이나 시카고에서 보고자 했던 몇 개의 고층빌딩은 무한하게 이어지는 격자 모양으로 구성되어 있어 그다지 그 하나하나의 차이가 느껴지지 않았다. 이른바 인터내셔널 스타일이라 불리며 세계를 제패하던 이 균질 공간에서 과연 인간이 생활을 영위할 수 있을까 그리고 정신이 평온해지고 영혼이 자리 잡을 수 있을까라는 물음이 생겼다. 나는 무엇을 만들고 계속해서 무엇을 물을 것인가라는 의문을 스스로에게 던지며 앞으로 건축가로서 살겠다는 마음을 굳혔다. 동시에 근대건축에 대한 의문은 더욱 깊어졌다. 〈나는 무엇을 만들 것인가, 무엇을 만들고 싶은가〉를 자문자답하는 나날이었다. 광대한 대지의 잔디밭 위에 서 있는 하얀 집, 뉴욕 스타디움의 야구, 그리니치빌리지의 재즈……, 그것들이 만들어 내는 잡다한 에너지를 흡수하며 나는 대도회를 뒤로 했다.

1968년의 두 번째 유럽 여행에서는 베를린을 경유하여 빈으로 갔다. 나는 도시 빈의 매력에 흠뻑 빠졌다. 인간이 만들어 내는 문화적 분위기는 나라와 도시에 따라 얼마나 달라질 수 있는지를 배웠다. 빈이라고 하면 음악의 수도라는 이미지가 강하기도 했지만, 회화에서 세기말에 뛰어난 재능을 발휘한 에곤 실레나 구스타프 클림트의 배경을 알고 싶었다. 링슈트라세라 불리며 호프부르크(왕궁)를 둘러싸듯이 환상(環狀)으로 달리는 폭넓은 도로의 안쪽에는 마치 건축 전람회처럼 훌륭한 건축물들이 늘어서 있었다. 그곳에서 느낄 수 있었던 〈도시에 사는 풍요로움〉에 정신을 빼앗겼다.

일반적으로 인기가 많은 오토 바그너Otto Wagner나 요제프 호프만Josef Hoffmann의 건축보다 오히려 장식은 죄악이라고 단언한, 다소 편협하게 보이는 아돌프 로스Adolf Loos에게 나는 더 흥미가 갔다. 그래서 빈에서는 오로지 로스의 건축만 보러 다녔다. 그의 건축에는 이제껏 맛본 적이 없는 공간과 형태의 매력과 빛의 효과가 있었다. 로스의 건축은 〈사각 상자〉의 가능성을 철저하게 추구하여 단순하고 장식이 없다. 결코 균형이나 비율이 좋다고는 말할 수 없지만 금욕적인 느낌이 드는 한편 숨은 개인의 욕망과 강한 완력이 깃든 인상을 주었다. 하나의 건축 안팎으로 동시에 서로 다른 면이 표현된 흥미로움이, 오토 바그너의 모던하지만 어딘가 단조로운 반복의 미학보다 더 강한 인상으로 남았다.

빈에서 찾지 못한 호프만의 「스토클레 저택Stoclet House」이 벨기에의 브뤼셀에 있다는 것을 부주의하게도 그때는 알

* 1936년에 시카고에서 결성된 미국 최대의 건축 설계 사무소.

지 못했다. 훨씬 나중인 1992년에야 처음으로 알았고, 지인의 소개로 「스토클레 저택」을 방문할 기회를 얻었다. 정면 현관을 통해 내부로 들어가 커다란 보이드 공간인 거실에서 식당 그리고 그 밖의 모든 방을 구석구석 둘러보았다. 건물 뒤로 펼쳐지는 정원부터 건축은 물론 인테리어, 가구, 살림살이에 이르기까지 철저하게 계산된 작자의 의도가 느껴지는 아주 매력적인 건축물이었다. 그러나 내가 스물일곱 살 때 접한 아돌프 로스의 울퉁불퉁하고 뭔가 느낌이 살아 있는 건축물이 더 강한 인상으로 남아 있다.

  두 번째로 유럽에 갔을 때는, 지금은 세상을 떠난 니시자와 후미타카가 권해 준 페르낭 푸이용Fernand Pouillon의 『거친 돌Les Pierres Sauvages』과 고다 로한(幸田露伴)의 『오층탑(五重塔)』이라는 두 권의 소설을 들고 갔다. 이동 중에도 갈아타는 긴 대기 시간에도 그 소설들을 읽었다. 만드는 것에 대한 깊은 생각이 응축된 이 두 권의 책은 지금까지도 내 옆에 있다. 어려움을 겁내지 않고 건물을 짓는 데 전력을 쏟는 수도사와 도편수, 시대와 나라가 다른 이 두 사람의 정열이 불안감으로 가득한 내 여행에 용기를 주었다.

  『거친 돌』은 로마네스크 시대에 수도원 건설을 맡은 수도사가 대지를 찾아 산속을 돌아다니며 가장 알맞다고 생각되는 대지를 결정하고, 잘라 낸 거친 돌을 재료 삼아 평생을 바쳐 수도원 건설에 전력을 다하는 모습이 그려져 있다. 좀처럼 완성을 보지 못하지만 목숨을 걸고 전력을 쏟는 수도사의 숭고한 행위, 한편 광기에 사로잡힌 듯 혼자 힘으로, 재주 하나로, 마음 하나로 만들어 내는 〈느림뱅이 주베〉라 불리는

빈

아돌프 로스, 「슈타이너 저택」

도편수의 모습. 자신의 생각을 집약하여 하나의 건축에 열중하는 두 사람의 모습이 불안감을 안고 유럽을 여행하는 내내 나를 따라다녔다.

두 번째 여행에서 돌아온 지 얼마 안 되어 현재의 일과 직접 이어지는, 사실상 첫 번째 작품이라 할 수 있는 「도미시마의 집」(1) 설계에 전력을 기울였다. 오사카 시 오요도 구(현 기타 구)에 한 동의 나가야를 소유한 학창 시절 친구가 그 한 귀퉁이를 자택으로 개축하고 싶다고 했다.

드디어 일본에서도 모던한 주택이 통용되어 가는 시기였는데, 오랜 여행 동안 르코르뷔지에의 「빌라 사보아」를 비롯해 명작이라고 하는 몇 개의 주택을 둘러보면서 내가 건축의 본질을 표현할 수 있는 가능성이 주택에 있지 않을까라는 생각을 희미하게나마 했다. 먼저 사람이 현실에서 생활을 영위하는 주택을 통해 사회를 생각하고 자기 나름의 메시지를 던질 수 있을 것이라 생각했다.

그 당시 나를 포함하여 젊은 건축가가 주택을 의뢰받는 경우는, 예산이 부족하고 대지가 좁고 조건이 열악한 경우가 대부분이었다. 〈도미시마의 집〉의 경우도 시타마치*의 목조 나가야가 밀집된 좁은 대지였다. 예산도 빠듯했다. 그러나 의뢰인 없이 머릿속으로만 설계하던 내게 실제로 표현할 수 있는 기회가 주어졌다는 것만으로도 너무나 기뻤다. 나는 조그마한 그 주택과 온 힘을 다해 싸웠다. 이런저런 아이디어가 있었으나 제약도 많았다. 그러나 예산만은 어쩔 수 없다 해도 나머지는 안이하게 타협하지 않았고 짓고 싶은 것을 짓겠다는 일념으로 젊음과 정열을 모두 바쳤다. 「스미요시 나가야」(13)를 지을 무렵까지는 무리한 면이 있는 방식이기는 했다. 지금 가보면 춥기도 하고 보이드 공간은 있어도 방이 좁고 전체 면적에 비해 욕실이나 화장실이 비좁은 등 균형이 맞지 않기도 하다. 그러나 그러한 집에서는 강한 기운이 전해진다. 그 무렵의 나는 생각이 앞서 있었던 만큼 의뢰인의 의견이 귀에 잘 들어오지 않았을 것이다.

    1972년에 처음으로 「도미시마의 집」과 그 밖에 두 건의 계획안(2, 3)을 포함해 세 채의 주택을 건축 잡지(『주택특집 4집 — 별책 도시주택』)에 발표했다. 그때 쓴 글이 「도시 게릴라 주거」이다. 과밀한 대도시 지역의 협소한 대지 위에 독립 주택의 존재 의미를 부여하고자 쓴 글이 「도시 게릴라 주거」였다.

    나는 평소 부모와 자식의 관계에서도 서로가 자립할 필요가 있다고 생각한다. 각자의 인간관계를 유지해야 진정한 부모 자식 관계를 만들 수 있으며, 부모에게는 자식이 일찍 자립할 수 있도록 키울 책임이 있다고 생각한다. 하지만 지금은 책임을 회피하는 사회이다. 부모와 자식의 관계가 모호한 채로 서로 의지하는 무책임한 경우가 많은 것 같다.

    내가 자란 환경과도 관계가 깊겠지만, 철이 들 무렵부터 개인은 자립해야 한다고 생각한 나는 어떻게 자립하고 가족을 형성해야 하는지를 늘 염두에 두고 고민해 왔다. 그 원점에 주택을 두고 다시 묻게 되자, 종래의 표현이나 형태 안에서 건축을 할 것이 아니라, 나 자신도 일정한 형태로 건축 표현에 사상의 자립을 표명하지 않으면 안 된다는 결론에 이르렀다. 그래서 지금까지의 전통이나 역사를 포함하여 일본의 관습적 사회성을 부정한다면 어떤 해답을 얻을 수 있는지를 물었다. 그 답이 〈도시 게릴라 주거〉였다. 어떤 의미에서는 사회에 대한 이의 제기였다고도 할 수 있다.

    왜 〈게릴라 주거〉라는 이름을 붙였는가라는 물음에 답할 것도 없이, 그 무렵의 나에게는 살아가는 것, 만드는 것, 생각하는 것이 동의어였다. 나는 자신의 몸을 걸고 살아가는 게릴라의 삶에 공감했던 것이다. 어떤 상황에서도 자신의 신념을 지키고 자신의 발언에 책임을 지며 나약한 소리를 하지 않고 다수에게 의지하지 않으며 개(個)를 거점으로 삼아 기성 사회와 싸우는, 체 게바라로 상징되는 게릴라의 생활 방식이 홀로 사회에 뛰어든 자신과 겹쳐졌다.

    사무소를 열었으나 당연히 일할 기회는 오지 않았다. 의뢰인도 없이 몇 개의 공모전에 응모하거나 스스로 프로젝트를 구상하여 설계를 했다. 어쩌면 의뢰인이 없어 행복을 듬뿍 맛보는 나날이었는지도 모른다. 다음 날도 그다음 날도 사무소 천장을 보면서 책을 읽고 생각하고 모형을 만들고 스스로 비평하는 혼자만의 싸움을 즐겼다.

    그건 경험보다는 타고난 성질 때문일 것이다. 지금도 생각할 자유만큼은 무엇에도 속박당하고 싶지 않다. 의뢰가 없어

---

* 작은 공장과 상점이 많은 지역.

도, 일이 순조롭게 진행되고 나서 아무 일이 없는 상태에서도 스스로 생각하고 제안한 일을 기꺼이 착수해 왔다. 「나카노시마 프로젝트」나 「물의 교회」 같은 것이 그러했고, 1976년 「오카모토 하우징」(19)에서 시작된 집합 주택에 대한 제안이 「롯코 집합 주택」(30)으로, 그리고 그것이 2기(59), 3기(74)로 발전되어 현재 한신·아와지 대지진 이후 고베에서 계획하는 부흥 주택 제안(78, 79)으로 이어졌다고 할 수 있다.

중정의 우주

현대의 주택 설계 기법에서 벗어나 생활, 거주자, 마음을 생각한다

도시 게릴라 주거에서「스미요시 나가야」(13) 이후 현재에 이르기까지 내가 짓는 주택은 엄밀한 기하학적 형태를 띠기 때문에 어떤 의미에서는 몰개성적인 네모 상자라는 인상을 주기도 한다. 그러나 여기에는 얼핏 보기에 차가운 금욕적인 기하학이라는 제약을 스스로에게 부과함으로써, 건축 표현이 자의적인 것으로 떨어지는 것을 피하기 위해 객관적 이성을 우선시하려는 바람이 담겨 있다. 더구나 주택에 따라다니는 일상을 받아들이고 이해하면서도 어떻게 하면 건축 표현으로서의 자립을 확보할 수 있을 것인지를 고민했다. 즉 추상적인 공간과 구상적인 인간 생활의 자극적 충돌이 늘 나의 과제였다.

    우선 여기서 중요한 것은 다음과 같다. 그곳에서만 할 수 있는 생활을 원점에서 다시 묻기, 안이한 편리를 피하고 혹독하면서도 진실로 인간의 정신과 육체를 각성시킬 가능성을 지닌 건축 공간 만들기, 일상생활을 풍요롭게 영위할 조건을 충분히 가다듬을 것, 비율과 소재 그리고 빛과 바람이라는 자연 요소까지 대지의 개성과 함께 동시에 생각하여 자립적 건축 표현으로 부상시킬 것.

    개개의 주택에는 거주자의 가족 구성, 직업에 따른 특성, 취향이나 생활 습관 등 각기 다른 요구가 있다. 그러나 나는 단순히 그런 기능적 요청을 해결하는 것보다 진실로 의사(意思)를 가지고 거주할 수 있는 주거 만들기를 지향해 왔다.

「스미요시 나가야」, 1976

「스미요시 나가야」, 1976

「스미요시 나가야」는 과밀한 도시 환경 속에 있으며 외부로 열린 창이 없다. 밖에서 보면 폐쇄적이고 단순한 네모 상자로만 보이지만, 상자를 삼등분한 그 한가운데는 중정이 있어 하늘을 향해 해방되어 있다. 양옆이 이웃과 딱 붙어 있기 때문에 쓸데없는 것으로 생각되는 중정은 이 주거의 생명이라고도 할 수 있다. 〈비 오는 날에는 우산 없이 화장실도 못 가다니, 이 얼마나 난폭한 설계인가〉라는 비판도 많이 받았다. 그러나 오사카의 시타마치에서 살아온 서민에게는 논리 너머 어딘가 이해할 수 있는 것이 있다.

오랫동안 그 동네에서 살아온 사람들의 의식 아래에는 지역성이라기보다는 생활감이라고 할 수 있는 거주 방식이 있다. 이 「스미요시 나가야」 주변에 사는 사람들은, 이 집이 밖으로 열려 있지 않아도 벽 너머 안뜰에 해당하는 중정이 보이지 않아도 알아볼 수 있다. 실제로 건축 면적의 3분의 1을 중정이 차지하므로 그곳은 예상을 뛰어넘은 전혀 다른 세계가 펼쳐질 가능성을 품고 있다. 그와 동시에 자연은 때로 가혹해서 혹독함을 맛볼 수도 있지만, 편리함과 같은 뜻으로서의 쾌적함을 추구하는 근대건축이 잃어버린 생생한 현실성이 존재한다. 나는 늘 편리함과 인간이 느끼는 진정한 쾌적함은 근본적으로 다르다고 말해 왔다.

나 자신이 오사카 시타마치의 나가야에서 자라기도 해서 어린 시절부터 집이라는 것은 어쩐지 어두운 곳이라고 믿어 왔고, 춥고 더운 것도 당연하게 받아들이고 있었다. 우리 집의 작은 오픈스페이스는 안뜰이 아니라 서향의 뒤뜰이었다. 하루 중 아주 잠깐 동안 그곳에 비쳐든 햇빛이 무척이나 아름다웠다는 것을 지금도 또렷이 기억한다. 과밀한 지역에 지은 나가야였지만 통풍이 잘 되었고, 내가 자라던 무렵에는 차도 적었으며 에어컨 같은 것도 인공적인 난방도 거의 없던 시대였다. 자연환경도 지금과는 비교할 수 없을 정도였으므로 무더운 여름날 저녁에 지나치는 바람도 더할 나위 없이 시원하게 느껴졌다. 그런 사소한 쾌적함은 인간의 괴로움이나 아픔을 잊게 해주고, 주거 안에 깃든 어슴푸레한 어둠은 마음을 편안하게 해준다. 또한 빛이나 바람의 존재를 소중히 생각하는 마음도 자라나게 한다.

「스미요시 나가야」, 1976

다른 사람이 보면 「스미요시 나가야」의 그 작은 대지의 3분의 1을 차지하는 중정이 아주 쓸데없는 공간으로 보일 것이다. 그러나 그 쓸데없는 공간은 작은 우주가 되기도 한다. 의뢰인인 아즈마도 원래 그곳에 있던 나가야에 산 적이 있어서 중정 부분에 대해 별다른 반감이 없었고 이해도 빨랐다. 좁아도 그곳에서 살아온 사람들의 독자적인 세계가 있는 것이다. 중정이란 날씨가 좋으면 그곳에서 식사를 하기도 하고 친구들과 언제까지고 이야기를 나눌 수 있는 곳이다. 여기에는 쓰기가 편리하다 아니다라는 것과는 다른, 감동이라는 자극이 있다.

주택을 설계할 때는 그런 공간을 만드는 것이 중요하다. 사각의 단순한 상자 속에 전혀 예상하지 못한 이런 별세계를 만들기 위해서는 굳이 색채나 재료를 한정하고 오히려 그렇게 함으로써 거기에서 힘을 얻어 뭔가를 호소해야 한다고 생각했다. 콘크리트 바닥이나 벽만이 아니라 가구도 가능하면 소재의 특성을 살리고, 햇빛과 비 그리고 시간의 경과가 그곳에 새겨지는 것까지 생각했다. 20년이 지난 지금도 개축하지 않고 이 주택을 사랑하며 살고 있는 아즈마 부부에게서는 감동마저 느낀다.

여기서도 개(個)의 자립은 커다란 테마였다. 원래 일본인은 되도록 개인과 개인의 충돌을 피하면서 섬나라 안에서 공생하며 경제와 산업을 발전시켜 왔다. 상당히 능숙한 생활 방식으로 살아왔다고 생각하지만, 지금과 같은 국제화 사회에서 이는 가장 큰 문제가 되고 있다. 가족 안에 있어도 개인의 사고가 자라나면 충돌이 일어난다. 「스미요시 나가야」는 주거의 한가운데에 중정을 배치함으로써 그곳에서 다양한 대화, 때로는 충돌이 생겨날 것이라 생각했다. 충돌을 두려워하지 않고 대화를 반복하는 동안에 서로의 다름을 인정하는 상호 이해가 싹튼다고 보았다.

「스미요시 나가야」가 미디어에 처음으로 등장한 것은 1976년 10월 『아사히신문』의 문화란에 이토 데이지가 집필하던 연재 칼럼에서였다. 그전에 나는 다카야마에서 열린 세미나에 초대되었다. 교토, 오사카, 고베 지역의 신흥 주택지에는 집장수들이 지어 파는 주택들이 줄지어 세워진 곳이 많은데, 주거란 이래도 되는 것인가, 좁으면 좁은 대로 풍요로움을 추구해야 하는 것이 아닌가 하는 이야기에 이어서 「스미요시 나가야」에 대한 이야기를 했다. 이토 데이지는 그런 이야기를 듣고 그렇게 작은 집을 진지하게 짓다니 참 재미있는 사람이라고 생각한 모양이다. 이토 데이지는 다카야마에서 돌아가는 길에 오사카에 들러 「스미요시 나가야」를 직접 보고 돌아갔고, 건축 전문 잡지에 싣기 전에 신문에 먼저 기사를 썼던 것이다.

그 후 「도미시마의 집」(1)과 「스미요시 나가야」가 몇몇 건축 잡지에 소개되었다. 평화로운 시대에 사회가 오직 효율성과 쾌적함만을 추구하고 있는데 과연 주거가 편리함만 추구해도 좋은 것인가 하는 이의를 제기했고, 의지를 가진 개인의 자립을 호소하며 시대 상황에 역행하는 주거를 제안했는데 그것이 다양한 논의를 불러일으켰다.

그때 많은 생각을 했다. 개인이란 무엇인가, 쾌적함이란 무엇인가, 주거에는 육체가 사는 것과 동시에 정신도 산다, 각자가 각자의 풍요로움을 추구하는 곳이 주거다, 단순한 쾌적함과 편리함을 넘어 풍요로운 주거란 무엇일까라는 질문을 스스로에게 했다. 그때까지는 스스로 백 퍼센트 납득할 수 있을 때까지 표현하는 것만 생각하며 일했을 뿐, 비평의 대상이 된다는 것은 그다지 의식하지 않았을 때였다. 그래서 많은 것을 배울 수 있었던 경험이다.

자신에게 맞는 주거의 풍요로움을 생각해야 한다고 호소했지만, 일반 사람들에게는 그런 이야기가 좀처럼 제대로 전달되지 않았다. 각각의 가족에게 각각의 주거를 만들어 주고 싶었다. 설령 도시의 과밀한 지역의 코딱지만 한 대지라도, 그곳에 자리 잡고 살겠다는 의사를 가졌고 그곳에 대한 집착만 있다면 꿈을 좀 더 다른 형태로 실현시켜도 좋지 않을까? 하얗고 밝은 미국풍의 생활을 도입한 듯한 교외형 주거만이 주거가 아니다. 꿈은 각 가족 안에 깃들어 있다. 그 꿈에는 거주자의 책임도 따르고, 그 실현을 위해 집을 짓는 사람도 책임을 다한다. 산다는 것은 더욱 가혹한 것이므로, 서로 납득할 수 있을 때까지 의견을 교환한 다음에 진정한 주거란 무엇인가 하는 물음에 도전해 나가야 한다.

집을 짓고자 하는 사람이 찾아왔을 때 이런 이야기를 하면 대개 열 명 중 일곱 명은 두 번 다시 찾아오지 않는다. 나머지 20~30퍼센트의 사람들이 내가 짓는 집의 거주자가 된다. 지금도 그들은 그 주택에서 그대로 살며 설계자에게 알리지 않고 개조하는 일도 거의 없다. 한편 증축 설계를 의뢰받는 경우는 상당한 수에 이른다.

「스미요시 나가야」, 1976 (20년 후의 모습, 1996년 촬영)

「스미요시 나가야」, 1976 (20년 후의 모습, 1996년 촬영)

기하학의 미로

기하학적 형태가 받아들이는 자연과 사물, 자연과 인간, 인간과 인간에 대하여

「고시노의 집」(31)은 주된 개구부가 남서쪽을 향하고 있다. 건물에 비해 대지가 충분히 넓었기 때문에 정남쪽을 향하게 하는 것도 불가능하지는 않았다. 그러나 대지에는 몇 그루의 나무가 있었다. 그 나무들을 남기는 것을 전제로 하여 계획에 착수했으므로 지금과 같은 배치가 되었다. 「도미시마의 집」(1)과 거의 같은 시기에 착수한 「마쓰무라의 집」(11)을 계획할 때 어떤 사람이 나무와 건축의 관련성이 얼마나 중요한지를 가르쳐 주었다. 대지를 파악하고 그것을 주어진 조건으로서 최대한 살리는 것, 특히 이전부터 살던 생물을 소중히 다루어야 한다고 마음 깊이 느낀 것도 그때부터였다. 「마쓰무라의 집」에도 커다란 녹나무가 대지에 단단히 뿌리내리고 있었는데, 그 녹나무를 남기기 위해 건물을 남동쪽으로 향하게 했다.

일본에서는 남향 숭배라고 할 만큼 개인 주택이든 집합 주택이든 남향의 방을 가장 중요하게 생각한다. 나라의 제도도 장려하는 것 같다. 그러나 정말로 그것이 풍요로움을 가져오는지는 의문이다. 해외의 훌륭한 주택 중에는 여러 방위의 방이 있고, 사람들은 그것을 즐기고 있다. 그렇게 해야 계획할 때 자유도도 높아져서 더욱 풍부한 공간을 만들어 낼 수 있다.

나에게 방위는 확실히 중요한 요소이기는 하다. 하지만 어느 방위에든 저마다의 개성이 있다. 반드시 남향으로 하기보다는 거주자의 생활 패턴을 고려하고 대지와 이전부터 살아온 것들과 대화를 거듭하면서 거기에 장(場)을 활성화시키는 기하학적 형태를 삽입해 나가려고 한다.

「고시노의 집」을 설계하기 시작한 무렵은 모더니즘이 하나의 정점을 지난 시기였다. 그때 나는 다음과 같은 것을 추구하며 합리주의나 기능주의로는 말할 수 없는 주거를 생각하고 있었다. 이 집의 연건평은 약 80평쯤이었는데 규모로 보면 일본에서는 보통 수준이다. 별장지로 개발된 산지이며 남쪽으로 완만하게 경사진 대지였다. 몇 번인가 찾아가 보았고, 그 환경을 최대한 살리는 건물을 설계하고 싶었다. 게다가 자연환경에 매몰되지 않고 인간의 명확한 의사가 자연과 쌍을 이루는 형태로 표현되어야 한다고 생각했다.

인간 이성의 표상인 기하학은 고대 이집트에서부터 건축 사고의 기본이며 우주의 조화를 표현해 왔다. 이런 기하학을 기본으로 하여 그때까지 설계해 온 작은 주택들과 마찬가지로 장식 없는 콘크리트와 생활과 자연이 서로 마주하는 형태를 구상했다. 자연과 마주하는 것, 자연과 인간, 자연과 사물, 인간과 인간의 만남, 그것은 자연과의 대화이자 인간끼리의 대화

이기도 하다. 그것이 건축에서는 〈쌍〉이라는 표현이다.

쌍이라고 해도 시각으로 직관할 수 있는 형태상의 쌍이 있고, 자연과 인공물의 쌍이라는 얼핏 어울리지 않아 보이는 것들끼리 일부러 대면시키는 관념상의 쌍이 있다. 이런 관념상의 쌍, 사물의 관계성으로서의 쌍에 흥미를 가지게 된 것은 나 자신이 쌍둥이라는 것에도 기인한다. 예를 들어 「스미요시 나가야」에서는 직육면체의 상자를 삼등분하고 한가운데를 중정, 양끝을 거실로 만들었다. 이 중정과 거실 부분은 자연과 인공으로 이루어진 쌍이고, 그것들 사이에 자극적인 대화가 이루어지기를 기대했다.

한편 「소세이칸」(9)이나 「데즈카야마 타워플라자」(16)에서는 점대칭 등을 이용하여 순수한 형태상의 쌍 안으로 자연을 끌어들임으로써 일종의 비대칭을 초래하고, 공간이 복잡한 표정을 가지며 풍부해지도록 했다. 젊은 시절부터 나는 형태상의 쌍을 창출하는 데서 빼놓을 수 없는 기하학에 관심을 갖고 있었다.

단순한 숫자의 논리, 원점은 1에서 시작하고 그것이 모여 입체가 되어 가는 그리스 건축의 기하학이 역사상 수많은 건축에 계승되었다. 나의 건축에서도 그 영향을 느낄 수 있을 것이다. 라이트Frank Lloyd Wright(1867~1959)*가 보인 유기적인 구성 기법은 개인의 자질, 재능이나 개(個)의 체험에 근거하며 누구한테나 열려 있는 것은 아니다. 그러나 기하학에 의한 형태는 모든 사람이 보편적으로 사용할 수 있으며, 그렇다고 해서 그 단순한 형태를 이용해 누구나 풍요로운 건축을 할 수 있는 것도 아니다. 어디까지나 기하학적 조화 안에 있으면서 또한 그것을 극복하여 미로성(迷路性)이나 관능성이라고 할 만큼 인간을 해방시키는 발전이 있어야 한다.

여기에 건축의 어려움이 있다. 나도 몇 번쯤 기력을 잃고 콘크리트 상자에서 앞날을 찾아낼 수 없었던 때가 있었다. 「고시노의 집」을 설계하던 1970년대 말은 사무소를 시작한 지 10년쯤 되었을 때다. 마침 그 무렵은 기력을 잃어버린 상태에서 간신히 빠져나온 시기였다.

건축을 시작하기 전부터 현대미술에 흥미를 가졌던 나는 1960년대 중반에 자주 도쿄로 가서 당시 미술이나 영화, 연극계의 아방가르드들과 친교를 가졌다. 그 무렵 일본의 현대미술계는 마르셀 뒤샹Marcel Duchamp이나 잭슨 폴록Paul Jackson Pollock의 영향이 개화한 듯 활기찼다. 나는 이전부터 요시하라 지로의 구체미술협회 작가들과도 친교가 있었다. 그들과의 교류를 통해 현대미술에 대한 흥미를 심화시켰다. 단순한 직육면체의 조합에 의한 공간 구성은 나 자신 안에 뿌리내린 현대미술과도 무관하지 않았다.

그러한 흥미가 영향을 미쳐 「고시노의 집」을 설계하던 무렵에는 건축 존재의 구체성과 함께 몬드리안Piet Mondrian이 추구하던 추상 형태의 구성을 건축에 응용하는 방안을 생각하고 있었다. 철저하게 추상화된 형태에 흥미를 가졌던 것이다.

* 미국의 건축가. 환경과 일체화된 유기적 건축을 제창하여 현대건축에 커다란 영향을 끼쳤다. 작품으로 도쿄의 구(舊) 데이코쿠(帝國) 호텔, 뉴욕의 구겐하임 미술관 등이 있다.

「고시노의 집」, 1981

그렇다고 해서 그런 한쪽만 좇고 다른 한쪽을 버리는 것이 아니라 추상성과 구상성, 현실성과 허구성 등 그것들을 쌍으로 표현하고자 고민했다. 그 양의적인 것을 동시에 건축으로 표현하기 위해 자연 현상이 건축에 초래하는 영향을 도면상에서 생각할 수 있는 범위에서 모의실험을 했다. 그리고 여름 햇빛의 변화는 거실에 어떤 표정을 가져다주는지, 겨울 햇빛은 어떻게 비쳐 드는지, 겨울의 추위는 어느 정도인지 등 구체적인 문제를 깊이 생각했다.

이미 말한 것처럼 종래 일본에서는 주택을 설계할 때 방이 남쪽을 향하는 것을 가장 중요하게 여기는 경향이 있었다. 그래서 대지의 개성을 살리는 계획보다는 〈남향〉을 우선시해 왔다. 「고시노의 집」에서는 일본 주택에서 상식으로 여기던 그런 점을 검증하고, 그 평면 계획을 통해 일본의 근대건축에 의문을 제기하고 비판해 보고자 했다.

일찍이 요코야마 다다시가 「주택 50년」(『신건축』, 1976년 11월 임시증간호 『쇼와주택사』에 수록)이라는 제목의 글에서 〈일본의 근대건축에서 가장 질이 높은 것에는 반드시 다실(茶室)*의 미학이 얼굴을 내밀고 있다고 할 수 있을 만큼, 그것은 일본의 근대 조형을 지배하고 있다〉라고 말했고 후지이 고지, 호리구치 스테미, 무라노 도고, 요시다 이소야, 요시무라 준조 등의 작업을 통해 그 영향의 깊이를 시사했다. 그리고 다실의 문제점은 세부 디자인은 빈틈이 없지만 전체를 관통하는 구성 원리를 갖지 못한 점에 있고, 구성 원리가 있다고 한다면 뜰을 중심으로 한 여러 방의 전개, 다른 표현으로 하자면 방의 둘레에 뜰을 전개시키는 데 있다는 것을 지적했다. 그러한 일본의 전통적 사고를 답습하기만 해서는 세계를 향해 물음을 던져 나가기는 어렵다.

일본 건축은 지붕, 기둥, 마루와 부드러운 토벽, 게다가 장지문이나 맹장지라는 일시성과 가변성이 있는 칸막이 재료로 구성되어 있다고 해도 좋으며, 강한 벽이 없기 때문에 애매한 공간을 낳는 것이 하나의 큰 특징이다. 반대로 서양 건축은 모든 것이 벽에서 시작되고, 서양 근대건축의 여러 운동은 벽의 저주에서 건축을 해방시키는 과정이었다고 해도 과언이 아니다. 나는 진작부터 서양 건축의 원점이기도 한 이 벽이 가진 강인함에, 일본 건축에 함유된 유동성이 높은 공간의 사고를 중첩시켜 보고 싶었다. 「고시노의 집」에서 반드시 그것을 실천하려고 했다.

「고시노의 집」에서는 콘크리트 벽으로 둘러싸인 건물 전체를 절반쯤 땅속에 묻어, 뜰을 해방시키는 동시에 뜰과 하나가 되도록 했다. 대지에 접하는 듯 경사진 조형 방법도 한편으로는 일본의 쇼인(書院)이나 다실과 같은 사고에서 나왔지만, 어떤 의미에서는 전혀 다른 세계를 만들어 내고자 한 결과이다. 이리하여 일본 건축의 전통적 형태, 역사, 지역성을 근거로 삼는 동시에 근대건축의 존재 방식까지 묻고 싶었던 것이 「고시노의 집」이다.

근대건축을 기능주의적 측면에서만 보면, 쓸데없는 곳이 없는 공간이 요구되어 동선은 될수록 짧아지며 연속성이 불가결해진다. 그러나 주거란 쓸데없는 공간이 있어야 정신적 안락을 얻을 수 있고, 흐르는 듯한 동선이 분단되어 이물(異物)이 비집고 들어가거나 공백이 있어야 자극이 생긴다. 이 이물이 때로는 자연일 수도 막다른 곳일 수도 있는데, 얼핏 단순한 기

---

* 다회(茶の湯)를 위한 방 또는 그 방에 부속된 건축을 포함하기도 한다. 대체로 다다미 네 장 반을 표준으로 하고 그것보다 좁은 것은 고마(小間), 넓은 것은 히로마(廣間)라고 한다.

「고시노의 집」, 1981(1996년 촬영)

「고시노의 집」, 1981(1996년 촬영)

하학적 형태의 건축에 미로성이 높은 공간을 깃들게 하기 위해서라도 동선의 불연속성을 두려워하지 않고 공간을 구성해야 했다. 공간이 생명을 가지고 증식해 나갈 가능성도 이미지로서 전하고 싶었던 것이다.

일반적으로 일본인의 건축은 세부에 생명이 깃든다는 데 관심이 높아 필요 이상으로 세부에 집착한다. 하지만 건축에는 이미 세부에 필연을 부여하는 건축 개념이 견고하게 자리 잡고 있고, 바로 공간 구성에 힘이 잠재되어 있는 것 같다.

또한 「고시노의 집」에서는 가구에 대해서도 고려했다. 처음으로 미국에 갔을 때 보스턴 교외에 남아 있는, 예전에 셰이커 교도*가 살았던 핸콕의 집단 마을과 그들의 가구가 전시된 필라델피아 미술관을 방문했다. 고도의 자급자족 생활을 영위했던 셰이커 교도들은 자신들에게 필요한 것을 스스로 만드는 데서 기쁨을 발견했고 그 열정을 숭고한 형태로 표현했다. 그중에서도 특히 가구가 훌륭했다.

이는 『거친 돌』이 묘사하는 세계와 비슷하다. 신념을 가지고 물건을 만들어 가는 사람의 순수성이 전해진다. 특히 셰이커의 가구**는 필요가 낳은 미, 소재, 형태, 기술을 간직했고 간소하고 조심스러운 생활과도 미묘하게 균형을 이루어 강하게 끌렸다.

셰이커, 로마네스크의 빛과 공간 구성, 콘크리트 그리고 일본의 민가와 그 안의 가구가 갖고 있는 단순하고 강력한 아름다움, 공간의 연속성과 불연속성, 소재와 색채의 관계. 이 시기의 주택에서 이것들을 능숙하게 중첩시킬 수 있다는 가능성에 희망을 걸었다.

---

* 퀘이커교이 일파. 18세기 후반부터 규조 앤 리에 의해 건설된 공동체로, 세속과 결별하고 완전한 자급자족의 금욕적인 생활을 계속해 온 종교 집단이다. 철저하게 금욕과 순결을 지향하는 집단으로 사유재산을 금하고 섹스도 부정했다. 셰이커 교도들은 말도 허식을 피하고 간소해야 한다고 주장했으며 그들이 만든 탁자, 의자, 식기 등의 생활도구와 건축도 실용성을 극단적으로 추구하여 쓸데없는 부분이 없다. 얼핏 소박해 보이지만 거기에는 철저한 합리성에서 오는 아름다움이 있다. 그러나 그들의 순결성과 결벽성은 사회에 영합하는 것을 허락하지 않아 결국 멸망한다. 최후의 셰이커 교도는 1965년쯤까지 생존했으나 지금은 남아 있지 않다.

** 셰이커 양식으로 유명한 가구는 뉴욕이나 뉴잉글랜드 지방의 전원에서 소규모 가내공업으로 만들어진 목공품을 기원으로 한다. 그것들은 콜로니얼 양식을 단순화한 형태로 각 지방으로 퍼져 나갔다. 셰이커는 이러한 가구에서 불필요한 장식을 제거하고 형태가 가진 본질적이며 기능적인 요소를 발전시켰다.

빛과 공간 구성

한정된 소재, 추상화된 공간이 낳는 것. 소재 그대로의 콘크리트에 대하여

르코르뷔지에의 「라투레트 수도원」은 거친 표면의 콘크리트가 그대로 드러나 있지만 아름답다. 자갈이 그대로 드러난 거친 콘크리트이지만, 그 표정만큼은 뭔가를 말하는 듯하다. 그러나 일본인의 감성으로 보기에는 다소 고통스럽다. 가혹한 자연환경과 석조 건축의 전통을 가지고 있기에 안성맞춤인지는 모르겠지만, 겹치듯 인가가 지어진 일본 거리에서 콘크리트 표면은 인간의 일상생활에 아주 가깝게 받아들여지고 있다는 것을 고려해야 한다. 그렇다면 일본인이 가진 전통과 미에 대한 감성이 받아들일 수 있는 콘크리트의 감촉이란 대체 어떤 것일까? 그 이상적인 형태를 모색하며 지금까지 갖가지 시도를 거듭해 왔다.

    나무와 종이로 만들어진 건축에 친숙한 일본인의 감성은 부드러운 소재를 요구하는 경향이 있다. 그런 일본인에게도 소재 그대로의 콘크리트를 시각적·촉각적으로 납득할 수 있게 하려면 어떻게 해야 할까? 특히 촉각이 중요시되기 때문에 매끈하고 손에 닿는 감촉이 부드러운 콘크리트를 만들려고 했다. 그렇다면 어떻게 해야 콘크리트로 매끈하고 아름다운 표면을 만들고 또한 단단하게 타설할 수 있을까?

    매끈하고 섬세하고 아름다운 콘크리트 표면을 만들기 위해서는 통상 유동성을 높여야 하기 때문에 수량(水量)을 늘리게 된다. 그러나 수량을 늘리면 분리나 침하 현상 등이 일어날 확률이 커지고 내구연수(耐久年數)도 짧아진다. 따라서 아름다움을 오래 유지하기 위해서는 되도록 단단한 콘크리트를 매끄럽게 타설할 필요가 있다. 일반적인 콘크리트의 슬럼프 *slump*[*]는 20 정도인데, 현재 우리는 15로 타설하는 데까지 그 수준을 높였다. 콘크리트를 소재 그대로 아름답게 만들어 내기 위해 물과 시멘트의 배합, 철근과 스페이서 *spacer*^{**}, 철근 사이 간격이 최적이 되도록 치밀하게 점검하고 있다.

    또한 거푸집을 두고도 여러 가지 궁리를 했다. 처음으로 거푸집 베니어에 페인트를 칠한 것은 1970년경, 즉 「스미요시 나가야」를 짓기 전쯤이다. 그때까지는 거푸집을 그대로 쳤기 때문에 떼기가 힘들었다. 그 후 몇 번의 시행착오를 거쳐 거푸집에 수지(樹脂)를 바르게 되었고 지금의 콘크리트 끝손질이 가능해졌다. 그러나 수지를 너무 많이 바르면 표면에 기대한 표정이 나오지 않고, 거칠고 투박한 콘크리트만의 독특한 질감까지 사라져 개성 없는 표정이 나오기도 한다. 그만큼 조절이 어려운 상당히 까다로운 문제이다. 건축에는 디자인이나 구조 설계의 균형도 물론 필요하지만, 내구성을 생각하면 시공 감

---

* 콘크리트의 연도(軟度)를 측정하는 척도.
** 철근콘크리트를 타설할 때 형틀의 판과 철근의 간격 또는 철근 사이의 간격을 적절하게 유지하기 위해 사용된다. 소재로는 콘크리트, 강철, 플라스틱 등이 있다.

리 역시 중요하다. 지난번의 한신·아와지 대지진에서도 구석구석까지 감리가 미치지 못한 건물들에서 많은 문제가 생긴 것 같다.

콘크리트가 가지는 제한된 가능성 중에서 노출된 표면이 주는 느낌과 함께 색채도 될수록 소재 자체의 자연스러운 색을 사용하고 싶다. 내가 바라는 공간을 만들기 위해서는 새시의 색도 최소한으로 억제하고, 콘크리트나 다다미의 색, 나무의 색 등 일본의 민가처럼 소재 자체의 색만으로 충분하다. 그러나 거주자는 좀 더 화려하고 모던한 이미지를 떠올리며 주택에 화려한 색이 깃들기를 바라는 경우가 많다. 그래서 색에 대한 나의 생각을 반기지 않는 일도 있다.

예컨대 평소와 다르게 경사스러운 행사 때만은 빨간색이 사용되었던 것처럼, 일본의 건축에서는 색채에 의해 그곳 생활이 다양하게 변할 수 있는 가능성이 있다. 원래는 거주자가 나날의 생활에서 가능성을 넓히고 색을 더해 갈 일이라고 생각하지만, 내가 지은 집이 무뚝뚝하다는 말을 하기도 한다. 그러나 어디까지나 건물은 기본적인 색채만으로 통일하고 주변의 나무나 식물, 빛이나 바람이 공간을 채색하고 여기에 거주자가 색을 더해 화려한 생활공간으로 연출해 가야 한다고 생각한다.

실제로 똑같은 회색 콘크리트라고 해도 그 안에는 다양한 깊이의 색채가 있다. 예컨대 화가 이브 클라인의 블루라고 해도 한 가지 색만 있는 것이 아니다. 그 블루는 작품마다 미묘하게 다르다. 이러한 깊이의 미묘한 차이가 여러 가지 색이 되는 것처럼, 생활공간에 대한 깊은 생각이 여러 가지 색채로 나타난다. 그래서 색채는 매우 중요하다.

「고시노의 집」(31)에서는 형태적인 장식은 버리고 빛을 공간 구성의 중요한 요소로 삼았다. 예를 들어 로마네스크식 교회에서는 일체의 장식이 거부되고 형태에도 그다지 변화가 없으며 건물의 정면조차 안팎 모두 장식이 없다. 오도카니 창이 열려 있는 정도이다. 그러나 그 차가운 석조의 냉엄한 공간에 들어서면 명암이 또렷이 나뉘어, 빛이 순수하게 정신을 내리덮는 듯한 감동을 느낀다. 나는 그렇게 강력하게 정신에 호소해 오는 건축물을 늘 짓고 싶다.

르코르뷔지에의 「롱샹 교회Chapelle de Ronchamp」를 보면, 그에게 「빌라 사보아」를 지었던 무렵에 비하면 큰 변화가 있었음을 쉽게 알 수 있다. 극히 육감적이고 조조적이지만 빛을 추구하는 것만으로도 충분히 건축을 완성할 수 있다는 것을 가르쳐 준다. 반사광만으로도, 직사광이나 나뭇잎 사이로 비치는 햇빛만으로도 다양한 빛에 감싸여 전혀 다른 공간의 질이 생겨난다. 요즘에는 이런 미묘한 빛의 공간을 받아들이는 감성이 희미해진 탓인지 그저 직접적인 조형성을 가진 것이 많고, 빛의 채색이나 공간의 깊이를 호소하는 건축물이 적어졌다.

1960년대가 끝나갈 무렵, 시카고 교외 라신에 있는 프랭크 로이드 라이트의 「존슨 왁스 빌딩Johnson Wax Building」을 방문했다. 빛이 중요하게 다루어지고 있는 것에 감동했다. 빛의 튜브, 높은 하늘에서 쏟아지는 빛의 기둥, 틈으로 새 나오는 미묘한 빛, 여기서도 빛이 만드는 공간의 한없는 가능성을 강하게 느꼈다. 그것이 지금도 깊은 인상으로 남아 있다.

서양 건축에 비해 일본 건축에서는 공간의 빛이 옅고 강력함이 없지만, 일본 전통 가옥의 장지문으로 쏟아져 들어오는

「고시노의 집」, 증축, 1984

빛과 그림자의 조화는 무척이나 아름답다. 인간의 정신을 감싸는 듯 안으로 깃드는 빛이라고 해도 좋다. 그에 비해 서양 건축의 빛은 직접적이다. 로마의 판테온에서 돔의 꼭대기부터 대리석 바닥으로 직접 쏟아져 내리는 한 줄기 빛을 바라보고 있으면, 구체의 가운데를 이동하는 듯한 느낌이 든다. 일본에는 원래 그런 역동적인 빛과 공간이 없다. 일본에서는 어둠이 떠도는 천장이나 도코노마*의 희미함, 장지문의 어슴푸레함, 바로 그림자 그림 같은 세계를 볼 수 있다. 그런 일본의 빛 공간과 서양의 입체적 빛 공간을 체험하면서 나는 내 나름의 빛 공간을 창출하고 싶었다.

그러나 이렇게 논리를 뛰어넘은 미학적이며 감성의 판단에 기대는 건축 공간을 추구하다가는, 한편으로 폐쇄적이고 자폐적인 건축 방식만으로 사회와 대응하지 못하는 좁은 세계에 머무는 게 아닐까 하는 마음이 내 안에 있었다. 그런 의미에서 어떤 하나를 계속해서 추구하는 사람은 어떤 면에서는 사회와 어긋나지 않을 도리가 없다. 그러므로 그 어긋남을 안고 있다는 불안과 계속해서 싸워 나가지 않으면 안 된다.

* 다다미방의 정면에 바닥을 한 층 높여 만든 곳으로, 벽에는 족자를 걸고 바닥은 꽃이나 장식물로 꾸며 놓는다.

「고시노의 집」, 증축, 1984

「오요도 다실」(베니어 다실), 1985

극한의 공간성

극소 공간의 추구 또는 순수성의 극한을 추구하는 의미에 대해

〈일을 선택하는 기준은 무엇인가〉라는 질문을 자주 받는다. 그 기준은 비용도 아니고 건축의 종류도 아니며 크기도 아니다. 의뢰인과 얼마나 꿈을 이야기하고 도전해 나갈 수 있는지가 무엇보다 중요하다. 오히려 악조건인 상황이 그것을 극복하는 재미를 주기도 하고, 그때까지 없었던 난해하고 복잡한 기능의 프로그램이 또 하나의 도전이 되기도 한다. 그러나 실제로는 일단 일을 받아들인 후부터 큰일이 된다. 어떻게든 실현시켜 보려고 노력하지만 매번 고전을 못 면한다. 한 번 힘든 과제를 해결했다고 해서 그다음이 편해진다는 보장도 없다. 바로 방정식이 통하지 않는 세계인 것이다.

현재 일반적인 단독주택의 예산은 2,500만 엔에서 3,000만 엔 정도가 한계이다. 하지만 나름의 신념을 갖고 있기 때문에 우리는 아무리 규모가 작아도, 예산이 적어도 가능성만 보이면 맡고 있다. 이미 진행 중인 저예산 주택도 몇 개 있다. 모두 악전고투하고 있다. 꿈을 갖고 분발하려는 사람이 의뢰하고 그 꿈의 실현을 위해 우리도 분발할 수 있다는 확신이 들면 아무리 조건이 나빠도 포기하지 않고 도전한다.

1993년에 「갤러리 노다」(73)를 의뢰받았을 때, 의뢰인은 갤러리, 아틀리에, 주거라는 세 가지 기능을 바란다고 했다. 지금까지 없었던 그런 프로그램이 나에게는 굉장히 매력적이었다. 그런데 준비된 대지는 단 8평뿐이었다. 예산은 2,500만 엔. 더구나 욕실에는 큼직한 서양식 욕조가 있기를 원했다. 잠깐 이야기를 듣는 것만으로도 꿈과 현실이 너무 동떨어졌다는 것을 알 수 있었다. 보통의 경우에는 예산이 부족하고 대지도 좁으니 어쩔 수 없다며 포기했을 것이다. 그러나 균형에 맞지 않은 의뢰인의 요구를 어떻게든 실현시켜 보고 싶어 맡았다. 역시 계획 단계에서도, 공사가 시작되고도 난관의 연속이었다. 결국 계단식 갤러리를 생각해 냈고 그 발상을 기초로 설계를 해결했고 여러 사람들의 열의와 노력으로 완성해 낼 수 있었다.

건물을 짓는다는 것은 함께 싸우는 일이므로 의뢰인과 내가 열의를 가지고 해나간다는 것이 첫 번째 조건이다. 긴장감을 갖고 힘든 일에 들러붙는 것은 자신에게도 자극이 되고 젊은 스태프들에게도 좋은 공부가 된다. 그런 일이야말로 한 치도 소홀히 할 수 없고, 항상 비용을 염두에 두지 않으면 안 되기 때문이다.

타협하지 않고 생각에 생각을 거듭해서 만든 안을 실현시키기 위해서는 시공해 줄 건설사를 찾아야 한다. 당연히 시공을 담당하는 사람이 있어야 하고 무엇보다 힘든 것이 시공해 줄 건설사를 찾는 일이다. 건설사는 이익이라는 면에서 빡빡할

뿐만 아니라 규모가 작아 품이 많이 드는 일은 좀처럼 맡지 않으려고 한다. 적은 예산으로 인한 건설사의 입장을 모르는 바는 아니지만, 시공하는 측의 마음가짐도 시대에 따라 상당히 달라졌다는 걸 실감하고 있다.

1980년대 중반에 콘크리트블록, 베니어, 천막을 소재로 한 세 개의 다실(54, 55, 56)을 지었다. 다실을 짓기로 결심한 이유는 차를 즐기기 위해서가 아니었다. 보통의 건물에는 만들 수 없는, 적극적인 기능을 갖는 매력적인 공간을 창출할 가능성이 있었기 때문이다.

다실에 손님을 초대하는 것은 그저 차를 대접하기 위해서만이 아니라 그에 따르는 문화적인 행사를 손님에게 보여 주기 위해서일 것이다. 사무소 근처의 나가야를 빌려 콘크리트블록, 베니어, 천막으로 아주 작은 다실을 지었는데, 손님에게 진기한 공간을 제공하여 이곳에서는 평소와 달리 이런 것도 생각할 수 있다는 발상의 모습을 보여 주고 싶었기 때문이다. 아마 다실이 가진 원래 의미도 그런 데 있을 것이다. 그러나 오늘날에는 소유자나 건축가의 취향과 교양보다는 경제적인 여유를 다투어 자랑하는 비싼 목재의 경연장이 되어 버렸다.

나는 일상에서 가장 구하기 쉬운 재료인 콘크리트블록, 베니어, 천막을 사용하여 극한의 공간성을 느낄 수 있는 다실을 만들고 싶었다. 거기에 놀라움과 발견의 장을 만들어 내고 싶었던 것이다.

실제로 그곳에 들어가기 위해서는 급한 경사의 계단을 통해 기존의 지붕으로 올라가야 한다. 모험심을 부추기는 재미가 있으나 힘들기도 하다. 게다가 천막 다실은 바로 옆으로 전철이 달린다. 먼 산의 경치를 정원의 일부로 이용할 만한 조망까지는 아니지만, 빽빽이 들어찬 오사카 시타마치의 집들이 이어지는 전망이나 전철의 소음은 현실의 상황을 노골적으로 드러내 주었다. 한편 그곳에서 뒹굴고 있는 자신이 지금 어디에 있는지, 순식간에 장소에 대한 감각을 잃어버릴 것 같은 기분도 드는 등 현실과 상상력이 그 극소의 공간에서 서로 메아리치는 다실이었다.

이 다실은 1991년에 헐었다. 다실이란 원래 가설(假設)하는 것이라고 생각한다. 역사의 어떤 시기부터 리큐(利休, 1522~1591)*의 다실처럼 항구적인 것이 되었지만, 다실은 하나의 장소를 갖고, 자꾸 이동하고, 결국에는 사라지는 퍼포먼스 같은 것일지도 모른다.

예전에 어딘가에 쓰기도 했는데, 내가 처음으로 흥미를 느꼈던 건축물은 중학생 때 본 집이다. 우리 집 근처에 있는 요도가와 강변의 공원 안, 연못을 둘러싸고 서 있던 무허가 건축물들 가운데 하나였다. 그것은 목조 오두막 같은, 4층으로 증축한 집이었다. 멀리서 바라보다 보면 꼭 한 번 안으로 들어가 보고 싶었다. 처마까지의 높이가 2미터인 데도 있고 3미터나 1.5미터인 데도 있는 아주 괴상한 집이었다. 계단도 그 높이나 발 디디는 곳이 제각각이었다. 가까스로 딱 한 번 그 집에 들어갈 기회가 있었다. 그때의 공간 체험은 잊을 수가 없다. 제대로 된 집이라기보다는 필요에 쫓긴 주민이 예산도 없이 급한

---

* 다인(茶人). 더 이상 깎아 낼 것이 없을 때까지 쓸데없는 것을 없애 긴장감을 만든다는 와비차(わび茶)의 완성자로 알려져 있다. 도요토미 히데요시의 할복 명령을 받고 죽었다.

「오요도 다실」(베니어 다실), 1985

「오요도 다실」(천막 다실), 1988

「오요도 다실」(베니어 다실, 천막 다실), 1988

대로 주변에서 긁어모은 재료로 만든 집이었는데, 그 신기한 공간의 매력은 건축을 하는 나에게 지금도 영향을 주고 있다.

그 무렵만 해도 일본은 아직 가난했으므로 주변 주민들에게는 그다지 희귀한 집이 아니었는지도 모른다. 하지만 나에게는 놀라움과 발견의 장이었다. 그러한 체험이 세 개의 다실로 이어졌다. 그러고 보면 나가야 위에 아주 작게 가설한 공간이라고 해도 증축은 불법이다. 가설한 다실 정도는 너그럽게 봐줄 수도 있다고 생각하지만, 어떤 면에서 사회적 책임을 지고 공적인 일을 하는 입장인데도 일면 장난기가 늘 발동하고는 한다. 그런 즐거움은 언제까지고 놓치고 싶지 않다.

처음으로 극소 공간에 도전한 몇몇 건축가의 작업을 알게 된 것은, 전후의 재출발 과정에서 나타난 〈최소한의 주거〉에 대한 시도에서였다. 당시 일본의 건축가들은 건축이라는 행위 안에서 상당히 진지하게 사회성을 생각하며 다양한 악조건과 싸웠다고 할 수 있다. 예컨대 15평도 안 되는 좁은 공간에서 시도한 갖가지 도전이 전후의 건축가를 단련시키고 키워 냈다고 볼 수 있다.

RIA*의 그리드 구성에 의한 평면의 가능성 추구나 마스자와 마코토(增澤洵)**가 9평 정도의 작은 주택에서 비교적 단순한 형태의 해방 공간을 만들어 내고 소재에서도 일본의 전통을 느끼게 한 점 등은 새로운 시대에 대한 표현으로 보였다. 사회성을 표방한 건축가 중 대표적 인물인 마에카와 구니오(前川國男)도 전후에는 프레모스 주택***에서 시작했다. 간사이(關西)****에서 전후의 새로운 주택은 RIA건축종합연구소에서 시작되었는데, 특히 나라의 가쿠엔마에에 라무다하우스(집성재로 지은 목조 주택)가 지어진 당시에는 나도 그것을 보러 갔다. 전후의 건축가가 극한의 공간과 싸우는 모습을 본 것인데, 한편으로는 거기에서 공간의 유희도 보아 인상에 남았다.

---

* Research Institute of Architecture, 1934년에 설립된 일본의 건축 사무소.
** 일본의 건축가로 1952년에 발표한, 보이드 공간이 있는 9평의 개인 주택 「최소한의 주거(最小限住居)」 등으로 유명하다.
*** 보급형 목조 주택. 프레모스는 바닥과 벽을 패널로 만든 작은 나무 상자를 뜻한다. 마에카와는 종전 직후 극도의 주택난 속에서 프리패브*prefabrication* 주택, 즉 보급형 조립식 주택인 프레모스를 발표했다. 기존 주택에 비해 목재의 양이 절반만 필요해 저렴하고 신속하게 근대적 생활을 제공할 수 있는 것이 특징이었다. 그러나 급격한 인플레이션으로 재료 원가가 올라 천 동 정도를 짓고 그 역할을 끝냈다.
**** 오사카를 중심으로 교토, 고베와 그 주변 지역.

「니폰바시 주택(가나모리의 집)」, 1994

미스 반 데어로에, 「판즈워스 하우스」

빈에서 아돌프 로스의 건축물을 보고 큰 감동을 받았었다. 같은 기회에 볼 수 있었던 루트비히 비트겐슈타인의 「스톤보로 하우스」*도 잊을 수가 없다. 당시에는 아직 체코 대사관으로 수용되어 있어 지금처럼 깨끗하게 복구되어 있지 않고 너덜너덜했지만, 그중에서 문만은 제대로 남아 있던 것이 인상적이었다. 이 주택은 철저하게 순수성을 추구하고 장식을 배제했으며, 정밀한 기계를 만드는 듯이 문의 크기에서 손잡이의 위치까지 엄밀하게 시각적 비례를 점검하여 지어졌다. 실제로는 사용이 대단히 어려워 유용한 건축으로는 보이지 않는다. 그러나 버릴 것은 철저하게 버리고 그 안에 남은 것만 엄밀하고 완벽하게 표현함으로써 생기는 공간의 설득력이 멋졌다.

나는 미스 반 데어로에의 금욕적 세계는 르코르뷔지에가 이상으로 삼은 세계와는 상당히 다르다고 느끼지만, 미스 반 데어로에의 「판즈워스 하우스」만큼은 이 「스톤보로 하우스」와 겹쳐 보인다. 「판즈워스 하우스」도 처음에는 그 유명한 〈적을수록 많다 Less is more〉라는 말을 단순하게 이해하고 보러 간 것이었는데, 어떤 장식도 배제하며 재료 선택부터 최적의 공간 비례를 낳는 그 극적이고 엄격한 미의식, 그리고 그런 점이 사람이 사는 것을 거부하면서도 여전히 주택으로 성립한다는 것에 강한 인상을 받았다. 거기에는 다른 건축가가 도저히 도달할 수 없을 듯한 엄격함이 있었고, 미스 반 데어로에가 말한 〈유니버설 스페이스〉가 사회에 전혀 다른 형태로 유포되어 있음을 알았다.

건축의 표현은 꿈의 표현이라고 할 수 있다. 거기에는 꿈을 자유분방하게 해방시켜 표현하는 방법과 꿈이 크면 클수록 자신 안으로 억누르고 응축하여 표현하는 방법이 있다고 본다. 나는 다실에서 자유를 느끼는 한편 「스톤보로 하우스」나 「판즈워스 하우스」에서는 응축되고 추상화된 꿈의 표현을 본다.

결국 그 양쪽을 모두 의식하고 있다. 건축을 계속해 나가다 보면 때로는 그 양쪽의 표현이 동시에 나오기 때문에 나 자신의 입장도 분명하지 않다. 재료가 거의 콘크리트이고 형태도 단순하므로 사람들은 그렇게 보지 않을지 모르지만, 양쪽 표현에 모두 흥미가 있어 갑자기 조형적인 것이 나오기도 하고 금욕적인 것이 나오기도 한다.

그것은 아마도 두 가지 꿈을 동시에 좇았기 때문일 것이다. 자신의 이상주의에 이끌려 전 세계를 유례없는 행동력과 에너지로 뛰어다닌 르코르뷔지에의 「사보아 하우스」에서 「롱샹 교회」에 이르는 세계에 매료되기도 했고, 한편으로는 「스톤보로 하우스」나 「판즈워스 하우스」의 엄격한 세계에도 강한 동경을 느꼈다. 아마 한동안은 그 양쪽을 오갈 것이다.

---

* 철학자 비트겐슈타인이 누나 그레틀을 위해 구상한 집이다. 건축은 전쟁 중에 친구였던 파울 엥겔만이 진행했다.

손의 흔적

〈설계도〉에 담긴 아틀리에의 에너지, 그 원천은……

건축의 세계에도 컴퓨터는 말단에까지 도입되어 지금은 도면도 컴퓨터로 작업한다. 모든 정보를 기호나 수치로 치환하여 입력하는 컴퓨터에 의한 설계는, 인간의 두뇌와 오랫동안 익혀 온 기술을 훨씬 능가할 기세로 만연하고 있다. 이것은 결코 남의 일이 아니다. 우리도 일정 규모를 넘어선 건축은 캐드CAD를 이용하지 않을 수 없다. 그러나 아무리 큰 건물이라도 어느 정도 안이 정해질 때까지는 컴퓨터를 사용하고 싶지 않다. 그래서 기본 설계까지는 빈틈없이 사람 손으로 하고, 이제 이것으로 되었다고 확신하는 단계부터 캐드를 이용하고 있다.

확실히 캐드에 의한 도면 작성이 더욱 진보하여 누구라도 쉽게 컴퓨터로 형태를 조작할 수 있고 복잡한 입체 그림도 순식간에 그릴 수 있게 되면 지금까지의 발상과는 전혀 다른 건축도 가능할 것이다. 그러나 캐드의 보급은 새로운 시대의 표현으로서 건축계에 획기적인 것을 가져올 가능성이 있지만 동시에 도면에서 손의 흔적이 사라진다는 것을 의미하기 때문에 문제도 많을 것이다. 컴퓨터 화면에 그린 도면은 아름답다. 손으로 그리는 것보다 단시간에 훨씬 정밀한 도면을 작성하게 해 주는 캐드는 많은 사람들을 사로잡는다. 그러나 손으로 그려야 모호한 생각이나 불완전하게 해결된 부분에서 작도자의 고뇌나 망설임까지 표현된다. 그것이 다음 과정으로 나아가는 발판이 되기도 하는데, 캐드의 도면에서는 그런 부분을 엿볼 수가 없다. 다시 말해 컴퓨터가 그려 내는, 완전하게 보이는 무기질의 아름다움은 해결되지 않은 곳도 해결된 것처럼 보여 주는 위험성을 안고 있다.

캐드에 안이하게 길들여져 비판 능력을 잃어버린 사람은 도면의 불완전한 부분을 못 보고 쉽게 지나칠 수 있다. 이처럼 일견 아름답고 정합성이 높은 도면은, 건축에 치명적인 기능상의 결함을 초래할 수 있다. 또한 건축의 기능적인 면 외에서 생각해 보아도, 도면 자체의 아름다움에 사로잡히면 사람이 그 안에서 생활을 영위한다는 현실감이 희박해지고, 자칫 도면 혼자 걸어가는 사태가 생길 수도 있다. 그러면 인간의 상상력이 작동할 여지는 없어진다.

이는 단순한 공업 제품과 다른, 현실성과 허구성을 동시에 갖는 건축에서라면 문제가 된다. 전자두뇌가 도출한 해답을 훨씬 뛰어넘은 곳에 인간의 풍부한 상상력의 세계가 있어야 한다. 하지만 총체적 인간이 갖추어야 할 풍부한 경험과 배움이 소홀해지기 쉬운 오늘날의 교육 시스템이 배출한 젊은이들에게 컴퓨터는 더욱 절대시되어 간다.

그러나 경험 공학이면서 창조라는 영역에 들어가는 건축이 수량화·기호화할 수 없는 다양한 요소를 갖고 있다는 것은 앞으로도 움직이기 힘든 사실이다. 그러므로 우선 어떤 것을 만들고 싶은가 하는 가장 원초적인 욕망이 없는, 생명력이 결여된 사람이라면 인간의 영혼을 뒤흔드는 공간을 창출하지는 못할 것이다.

예를 들어 르코르뷔지에의 드로잉을 보면 그 자신의 흘러넘치는 생명력과 함께 하나의 작품이 탄생하는 시대의 정신과 에너지가 전해진다. 르코르뷔지에의 경우, 20세기의 조각이나 회화가 변모해 나가는 모습과 그의 드로잉이 서로 민감하게 반응한다. 우리는 지금도 그런 점을 볼 수 있다. 그러나 본격적인 컴퓨터 시대가 열린 오늘날에는 최근의 전위적 예술의 움직임을 봐도, 그 최신의 표현에서 인간의 감정이나 생명력, 시대정신이 전해 오는가 하는 데는 의문을 갖지 않을 수 없다. 건축은 건축, 회화는 회화, 음악은 음악일 뿐 교류가 없으며 서로가 자극을 주는 일도 적어졌다.

근대과학과 산업혁명이 건축 생산의 공업화와 건축 언어의 근대화를 초래하면서 근대건축이 전 세계로 확대된 것처럼, 현대를 살아가는 사람에게 컴퓨터의 사용은 자연스러운 흐름이다. 나 역시 결코 그것을 부정하지 않는다. 다만 컴퓨터와의 교류가 필연이라면, 그럴수록 대극에 있는 인간의 신체 감각이나 감성을 각성하는 일의 중요성을 의식하는 데에 소홀해서는 안 된다. 근대건축이 그 창시자들의 꿈이나 의도에 반해 효율에만 중점을 두게 되었고 인간성이 결여된 채 확대되었음을 우리는 잊으면 안 된다.

컴퓨터는 정합성이 높다. 정합성이 높은 만큼 용솟음치

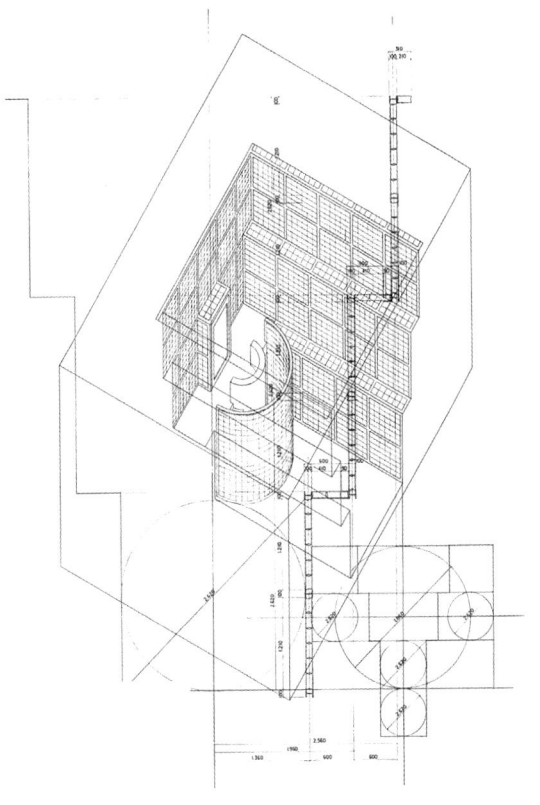

「유리블록 집 (이시하라의 집)」, 1978

는 건축가의 생각은 점점 단조롭고 냉정해지는 경향으로 흐를 것이고, 뭔가를 만드는 행위에서 자신의 생각이 시대와 어긋나는 불가결한 일도 건축에서는 점차 사라질 것이다. 캐드가 도면을 만들고 모형도 전문적으로 만드는 사람이 만들며 그 건축에 아무런 생각도 감정도 없는 사람들끼리 프레젠테이션을 하는 사태가 무비판적으로 반복되고 있다. 결국 건축을 거의 모르고 도면으로 공간을 파악할 수 없는 사람이 캐드를 조작하고 도면을 그리는 꼴이다. 그렇게 되면 인간의 정신과 영혼을 움직이는 설득력 있는 건축의 가능성은 개인을 위한 주택 정도에만 한정될지도 모른다.

그리고 컴퓨터화가 진행된 후에는 그때그때 건축가의 사고나 구상을 전하는 스케치나 드로잉이 더욱 강한 의미를 지닐지도 모른다. 적어도 스스로의 건축적 사고를 언제나 스케치로 바꿔 나가는 습관이 몸에 밴 나로서는 앞으로도 손으로 그리는 도면에 대한 집착을 버리지 않을 것이다.

벌써 20년도 더 된 일인데, 아직 실험 단계에 있던 캐드 도면을 보고는 앞으로 건축계에서는 건축가 자신이 손의 흔적을 남기는, 직접 손으로 그리는 도면이 사라질 것이라고 예측했다. 이제 그 두려움은 현실이 되었다. 건축가의 망설임과 고투의 흔적이 담기고 게다가 예술적인 냄새까지 밴 도면에서는, 디지털화된 도면에서 기대할 수 없는 단순한 정보 이상의 뭔가가 강하게 느껴진다. 건축이 사고나 표현의 과정까지도 문제로 삼는다면 그것은 중요하다. 하지만 만약 신체와 관련된 손의 흔적을 문제로 삼지 않는다면 누가 만들어도 다르게 보이지 않는 건축이 되고 말 것이다. 좁아도 괜찮고 살기가 불편하다고 해도 자기 나름의 집을 짓고 싶다는 의뢰인은 나타나지 않을 것이고, 집에 대한 명확한 생각을 가진 사람들도 적어질 것이다. 그저 적당히 아름답고 사용하기 쉬운 주택만이 사람들에게 환영받을 것이다.

미스 반 데어로에가 극한의 건축미를 추구하며 만든 미국 일리노이 주 플래노의「판즈워스 하우스」도 폭력적일 정도로 인간의 정신에 영향을 미치는 위험한 작품이다. 앞으로의 세계에서는 그러한 주택이 지어지는 일도 없고 또 그런 건물을 짓고 싶어 하는 사람도 없어 그대로 사라지고 말지도 모른다.

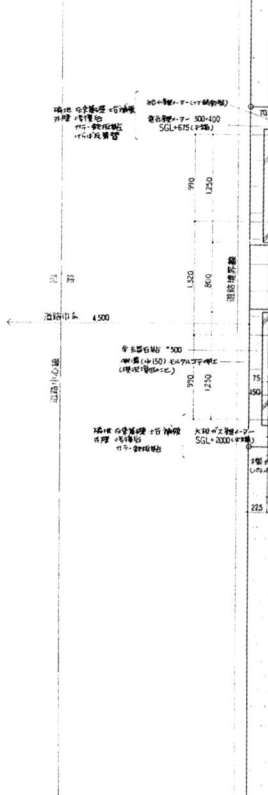

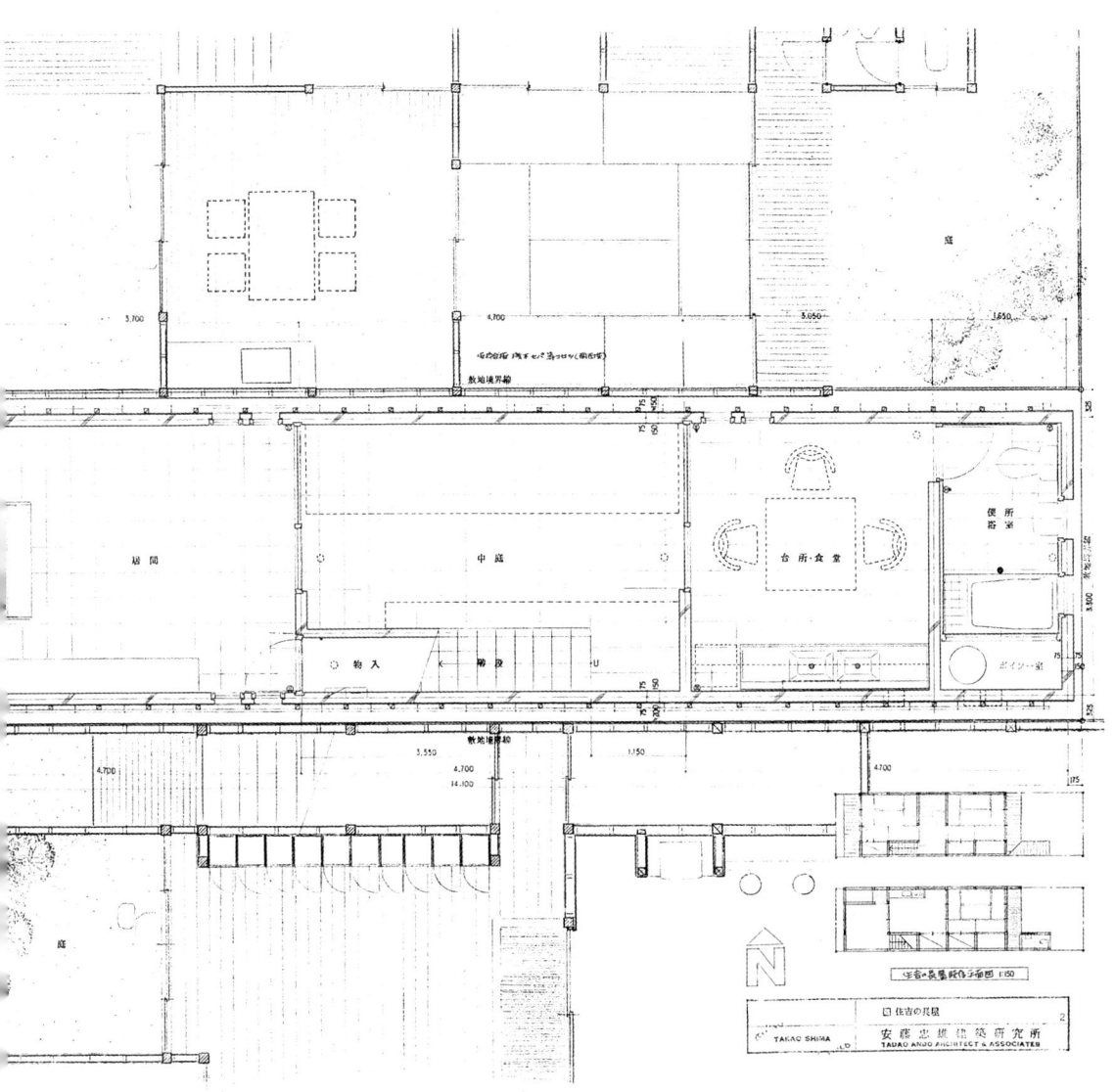

「스미요시 나가야」, 1976

건축과 가구

심플한 나무 가구로 구성된 실내, 가구에 대한 흥미에 대하여

　　최근 지바 현의 후나바시에 지은 주택 「이(李)의 집」(72)의 의뢰인 이 씨는 한국에서 태어나 일본에서 자란 사람이다. 그가 경영하는 사업은 조국에까지 확대되어 있고, 나와 함께 한국을 여행한 적도 있다. 내가 도쿄 근교에 짓는 현대건축에 한국인 가족이 살게 된 것이다. 이에 대해 여러 가지로 생각해 보았다.
　　사람은 각자 고향을 갖고 있다. 만약 물리적으로 돌아갈 고향이 없어도 사람은 인생에서 무슨 일이 있을 때마다 마음속의 고향으로 돌아간다. 그리고 자기 자신이 어떤 사람인지를 확인하고 용기를 얻어 싸움에 임하는 법이다. 가상현실이 인구에 회자되고 현실감이 점차 희박해지는 오늘날, 자신의 출발점인 고향이야말로 생명의 근원이기에 더더욱 잊어서는 안 된다.
　　한국의 문화에서 나는 특히 조선시대의 가구를 좋아한다. 이 씨에게 그런 이야기를 하고 집 안의 모든 가구를 조선시대의 가구로 구성하자고 제안했다. 주택 공간을 조선시대의 가구로 구성함으로써 민족의 긍지를 전하는 집으로 만들면 어떻겠느냐고 이야기했더니 흔쾌히 이해해 주었다. 그래서 내가 짓는 건축에 어울릴 가구와 살림살이를 찾으러 한국에도 몇 번 갔다. 가구만이 아니라 생활 속 높은 문화 수준을 보여 주는 당시의 장식물과 깔개, 의상인 치마저고리까지 구해 왔다. 조선시대의 가구는 기하학적인 모습을 보여, 일본의 전통 건축과도 통하는 점이 있다. 또한 한국의 문화로서도 민족성을 지닌 동시에 보편성을 지녔다고 생각했다.
　　현관에서 거실을 거쳐 침실에 이르기까지 모두 조선시대의 가구로 구성했다. 콘크리트의 현대건축에도 의외로 위화감 없이 어울리는 것 같았다.

「이(李)의 집」, 1993

「이(李)의 집」, 1993

나는 예전부터 내가 짓는 현대건축에 조선시대 가구를 사용한 것에 필적할 만큼, 철저하게 일본의 민가 가구만을 사용하여 민족성이 강하게 표현되는 공간을 만들어 보고 싶었다. 현대건축의 내부를 이중 구조처럼 가구로 구성하는, 바꿔 말하면 가구가 또 하나의 건축으로 그 안에 있는 듯한, 가구로 뒤덮인 듯한 건축을 만들고 싶다. 그 첫 시도가 「이(李)의 집」이었다.

그러한 가구들은 가구로서 그저 놓여 있는 것만이 아니라 가구가 하나의 표현체로서 자립해 있다. 매킨토시Charles Rennie Mackintosh가 지은 주택도 만약 그 가구가 없었다면 평범한 집이라고 할 수 있을 정도로 가구가 큰 역할을 한다. 나도 건축 안에서 가구를 그런 식으로 다루어 보고 싶었다. 다만 일본의 민가에서 사용되어 온 가구는 제각기 향토색이 있어서 독특한 취향이 두드러질 위험성이 있다. 때문에 민예 가구의 정신을 이어받으면서도 그것을 세련되게 다듬어 어디까지나 추상화된 형태로 만들어야 할 것이다. 「이(李)의 집」에서는 의뢰인의 문화적·민족적 배경과 조선시대 가구에 대한 나 자신의 흥미로 건물에 어울리는 가구를 찾아다녔다.

비교적 초기의 주택부터 최근 작업에 이르기까지 내가 직접 디자인한 붙박이 가구는 늘 중요한 테마였다. 공간과 하나가 된 가구를 생각하거나 무슨 일이 있어도 기성 제품의 가구를 들여오고 싶지 않은 경우, 기성의 것으로는 원하는 느낌을 보여 줄 수 없는 경우 등 다양하지만 언젠가는 철저하게 가구 하나하나까지 직접 만들고 싶다.

「스미요시 나가야」, 1976

「기도사키의 집」, 1986

지형이라는 건축

토지의 개성에서 건축과의 관련성을 어떻게 파악할 것인가

전후에 일본의 급격한 경제 지향형 사회에서는 토지가 갖는 의미를 한번 거두어 내고 평균화하고 나서 건축을 해왔다. 나는 창조란 사물에 대한 소박한 의문과 비판 정신을 원동력으로 하여 생겨난다고 생각해 왔지만, 건축을 둘러싼 이러한 상황은 상품을 양산하는 태도와 마찬가지로 반대하는 입장이다. 인간이 도시에 산다는 것을 원점에서 다시 물으려는 마음을 가지고 주택 건축에 임하는 사람은 극히 적었다.

평지가 적은 일본에서 도시가 확장됨에 따라 뉴타운은 교외에서 대지를 구했다. 그래서 자연스럽게 경사지에 위치하는 일이 많았다. 그런데 경사면의 토지는 표토(表土)가 거칠게 다루어져 그 개성을 빼앗긴 채 획일적인 계단 모양의 주택으로 조성된다. 그런 모습에 늘 안타까움을 금할 수 없었다.

이는 일본 각지에서 볼 수 있는 현상이다. 오사카에서는 센리(千里) 뉴타운이 그렇다. 뉴타운은 원래 무한한 가능성을 간직하고 있는 지형을 평균화해 버린다. 이것은 어떤 의미에서 보면 일본의 민주주의와도 아주 유사하다. 민주주의에서는 기회의 평등이 보장되어야 하고, 나오는 결과는 같지 않아도 좋다. 그런데 대부분의 일본인들은 민주주의에서의 평등의 의미를 착각하여 결과의 평등까지 희구한다.

최근에는 꽉 막힌 사회 상황을 타개할 방법의 하나로 모든 분야에서 개성의 중요성을 외치고 있다. 그러나 한 번 평균화되고 평평해진 사회에서 개성을 되돌리기란 지극히 어렵다.

1968년, 두 번째 유럽 여행을 떠났을 때 알프스가 바라보이는 베른 교외에서 건축 회사 아틀리에 파이브Atelier 5가 착수한 「지들룽 할렌Siedlung Halen」*을 방문했다. 30도 정도로 완만하게 경사진 삼림 지대에 묻혀 있는 그곳은 본격적인 경사지 집합 주택의 선구였다.

그곳에서 나는 숲속의 공동체로 살겠다는 선언문을 본 것만 같았다. 또한 그곳에서는 개인과 집단의 관계가 훌륭하게 확립되어 있다는 실감도 들었다.

그에 비해 고도 경제 성장기에 우후죽순처럼 세워진 일본의 집합 주택은 공적 정신을 기초로 한 진정한 개인이 확립되지 않은 상황에서 사생활만 강조된 것이었다. 모여 사는 데서 생겨나는 풍요로움에 대한 사고는 전무에 가까웠다. 할렌의 집

---

* 스위스 베른에서 5킬로미터 떨어진 곳에 위치한 주거 단지. 경사지에 계단 모양으로 계획된 저층 연속 주택이다.

합 주택을 실제로 본 나는, 언젠가 일본에서도 대지의 개성을 살리면서 계획의 근간에 개인을 놓고 게다가 모여 사는 데서 생겨나는 풍요로움을 실감할 수 있는 집합 주택을 짓고 싶었다.

1970년대에 들어 실제로 몇 군데에서 소규모 집합 주택 건설에 착수했다. 1976년에 고베의 히가시나다 구에 「오카모토 하우징」(19)을 설계했다. 「스미요시 나가야」(13)를 짓던 무렵에도 「네 세대 나가야 계획」(17)이 있었는데, 이것은 죽 이어진 네 가족의 주거 위에 다시 네 가족의 주거를 올리는 계획이었다. 대지도 이미 정해져 있었다. 그러나 결국은 거주자 사이의 조정이 이루어지지 않아 실현되지 못했다. 1976년에 오사카·데즈카야마(帝塚山)에 점포가 붙은 네 동의 집합 주택 「데즈카야마 타워플라자」(16)를 지었다. 그때 집합이라는 논리가 얼마나 재미있는지를 알았고, 동시에 모여 사는 데서 오는 여러 현실의 문제도 생각하게 되었다.

모여 사는 풍요로움이 생겨나는 곳, 예컨대 한 가족이 사는 보통의 집에서는 각 개인의 방을 잇는 거실이 그렇다. 「스미요시 나가야」 같은 특이한 조건의 극소 주택에서는 중정이 그 역할을 했다. 서로 다른 세대가 모인 데즈카야마에서는 네 채의 건물의 여백 부분이 그 역할을 맡았는데, 그것을 점차 확장해 가면 재미있는 것이 될 수 있다는 깨달음을 그때 얻었다.

한신(阪神)* 지역인 니시노미야(西宮)에서 산노미야(三宮)에 걸친 지역은 거의 남향의 경사지인데, 특색 있는 그 지형을 살려 집합 주택을 만들려고 한 첫 번째 시도가 앞에서 말한 「오카모토 하우징」이다. 평면 모양도 단면 모양도 불규칙한 자연의 지형에, 일부러 균질한 프레임을 구성함으로써 그리드의 입체적인 어긋남이 생기고, 역으로 그 토지에서만 가능한 풍요로움이 생겨나지 않을까 하는 발상에서 진행한 프로젝트였다. 그런데 경제적, 법규상의 이유로 단념하지 않을 수 없었다.

그러나 1978년에 같은 롯코(六甲) 산의 산기슭 경사지에 집합 주택을 계획할 기회를 얻었다. 그것이 「롯코 집합 주택 1기」(30)이다. 원래 준비된 대지는 그 경사지 바로 아래, 사면을 깎아 평지로 만든 곳이었다. 그런데 배후에 우뚝 솟은 경사지에 강하게 끌려, 의뢰인에게 경사가 급한 그 산지를 대지로 쓰게 해달라고 강력하게 부탁하여 승낙을 얻었다. 처음으로 그 대지를 찾아갔을 때 나는 60도로 경사진 사면의 토지에 완전히 매료되었다. 개성이 강하여 만만치 않은 이 대지에 도전을 하려니 불안감을 느끼면서도 마음이 들떴다. 그리고 그곳에 세울 건축의 가능성과 새로 생길 풍경에 마음이 부풀었다.

요즘에는 게니우스 로키 *genius loci*(토지의 정령·수호신)와 풍수에 관심을 갖고 있다. 건축이란 원래 공학적인 연구나 순수한 형태상의 문제를 넘어, 역사는 물론이고 민속, 풍토적 특징 및 민족적 감성, 더욱 구체적으로는 공기의 흐름, 빛의 흐름, 거리의 냄새까지 포함해 종합적으로 생각하고 계획해 나가야 하는 분야이다. 그러므로 무엇을 기점으로 삼아 구상하건 지형이나 지세를 깊이 읽는 작업은 필수이다. 정통 풍수까지는 아니더라도 토지를 읽는다는 것은 자연과 인간이 어떻게 관

* 오사카 시와 고베 시 사이의 지역

련되었는지를 알아 가는 것이라고도 할 수 있다. 한신 지역은 남쪽의 오사카 만과 북쪽의 롯코 산줄기, 즉 바다와 산 사이에 동서로 좁고 길게 펼쳐진 땅에 일곱 개의 강이 흐르는, 전 세계에서도 드문 지형을 갖고 있다. 산의 녹음을 등지고 남쪽은 바다가 펼쳐져 있다. 게다가 바람은 늘 산에서 바다 쪽으로 불기 때문에 의외로 염해(鹽害)가 적다.

해안가의 건축은 철이 녹슬기 쉽다지만, 이곳에서는 예전 거류지의 오랜 건축물들이 많이 남아 있다. 포트아일랜드 Port Island*나 롯코 아일랜드**의 건물도 이미 10년쯤 지났지만, 염해는 비교적 적다는 보고를 받고 있다. 그것도 바람의 흐름 때문일 것이다.

* 고베 항 안에 있는 인공 섬.
** 고베 시 히가시나다 구에 있는 인공 섬.

「롯코 집합 주택 1기·2기」, 1983·1993

「롯코 집합 주택 1기·2기」
1983·1993

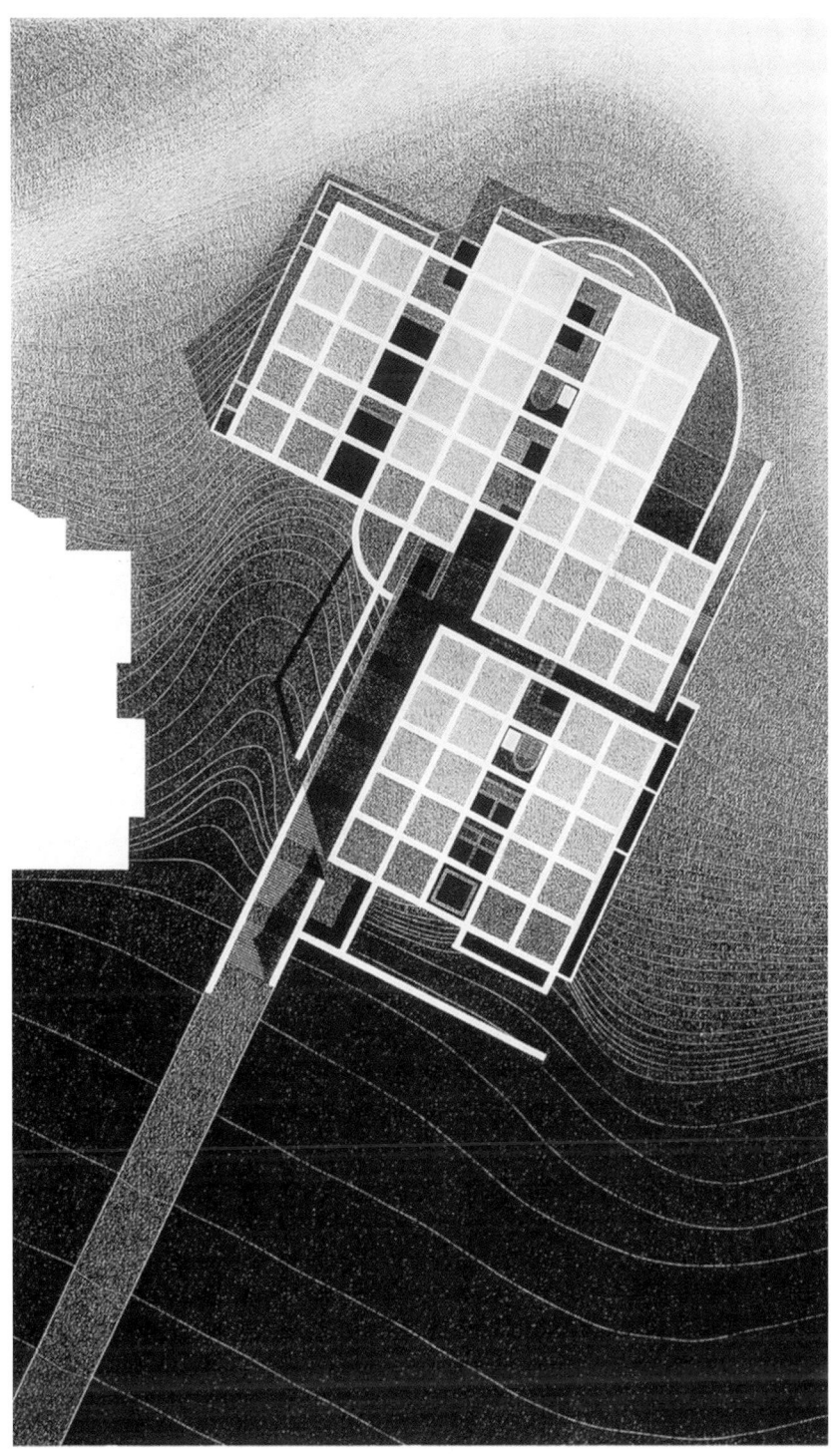

「롯코 집합 주택 1기·2기」
1983·1993

그러나 사람이 살아가기에 좋은 자연 조건을 갖춘, 일본에서도 손꼽힐 만큼 양호한 환경을 가진 주택지에 그 개성을 잘 살린 건물은 그리 많지 않다. 나는 이곳에 한신 지역의 매력을 체현한 건물을 지으려고 생각했다. 당연한 일인지도 모르지만, 60도의 급한 경사면에 건물을 짓는다는 것은 상당한 모험이다. 지금 돌이켜 보면, 아직 젊어서 경험이 미숙하다는 부정적인 면이 오히려 긍정적으로 작용하여 용기를 내게 했을 것이다.

나로서는 규모 있는 집합 주택에는 처음으로 도전한 것인데 하나하나가 배우는 일이었다. 이것저것 생각은 깊었지만 실제로 시공자를 찾는 일이 고생이라면 고생이었다. 우선 대형 회사는 주저했다. 위험을 무릅쓰고 우리의 생각을 이해하고 공사를 맡아 준 곳은 현지의 시공사였는데, 현장에 젊은 감독을 보내 주었다.

「롯코 집합 주택」은 경사가 급한 지형에 지어야 했으므로 「오카모토 하우징」때처럼 규격화된 부품이 균질하게 들어가지는 않았다. 오히려 그렇기 때문에 경사지는 집합 주택에 적합하다고 생각했다. 왜냐하면 주거란 원래 장소에 뿌리내린 다양한 것이어야 하고 또한 집합 주택에는 비슷한 유형의 사람들만 있는 것이 아니라 풍부한 방의 배치에 다양한 구성의 가족이 거주하는 것이 이상적이라고 생각했기 때문이다.

그리고 그리드의 어긋남에 의해 생기는 틈새를 이어 공용 공간으로 하고, 아래층 세대의 지붕을 위층 세대의 테라스로 이용함으로써 각 세대는 단독주택에서는 얻을 수 없는, 모여서 사는 풍요로움을 얻을 수 있을 거라고 생각했다. 그리드의 어긋남에서 생겨나는 틈은 종래의 집합 주택 계획에서 애로 사항이었던 채광과 통풍 문제를 해결하는 데도 중요한 구실을 했다.

1983년에 1기가 완성되었고 곧바로 2기(59) 계획에 착수했다. 이 1기와 10년 후에 완성한 2기는 의뢰인이 달랐다. 도시 안에 모여 산다는 것에서는, 개발 주체는 달라도 서로가 공통된 감각을 갖고 훌륭한 주거 환경을 함께 만들고자 하는 강한 의지가 중요하다. 또한 1기와 2기가 서로 그 구성 기법이나 규모가 다르고 1기에서 철저하지 못했던 부분을 2기에서 관철했다는 점이 있지만, 둘 다 상승 감각과 하강 감각을 즐길 수 있는 공용 공간을 설치함으로써 장소의 고유성을 표현하려고 했다.

그렇게 2기의 계획도 집합 주택의 기본적인 존재 방식을 묻는다는 점에서 1기의 사고를 그대로 철저하게 이어받아 건축했다. 하지만 이번에는 집합 주택 두 동이 인접하게 되었으므로 두 건물의 관계성을 생각할 필요가 있었다. 그래서 세대 사이에 만든 것보다 더 큰 공용 공간을 만들었다. 즉 1기와 2기 두 건물 사이에 나무를 심어 400~500평의 작은 녹지 공원을 만들었다.

이러한 생각은 르코르뷔지에의 「위니테 다비타시옹Unité d'Habitation」[*]에서 힌트를 얻었다. 「위니테 다비타시옹」은 1층이 필로티pilotis[**]로 들어 올린 인공 지반으로 시민에게 개방되어 있고, 최상층은 탁아소 등의 공공시설이다. 르코르뷔지에는 상하로 설치한 공용 공간 사이에 집합 주택을 끼워 넣은 것이다. 그런 점에서도 나는 르코르뷔지에가 가진 뛰어난 구

---

[*] 르코르뷔지에가 설계한 일련의 집합 주택. 〈주거의 통일체〉와 〈주거의 단위〉라는 이중의 의미를 갖고 있다.
[**] 르코르뷔지에가 제창한 건축 양식으로 지상층을 사람들의 자유로운 왕래와 자동차의 통행을 위해 개방하는 것이 목적이다.

상력을 느끼는데, 나도 여기서 배워 경사면을 오르는 1기와 2기의 건물 위아래와 건물 사이를 녹음이 우거진 공용 공간으로 만들려고 했다.

대부분의 주택에서는 공용 부분을 햇빛이 잘 들지 않는 등 조건이 가장 나쁜 위치에 둔다. 그런데 2기의 건물에서는 일부러 가장 좋은 위치에 거주자가 공동으로 사용할 수 있는 공동 수영장과 운동 공간을 설치했다. 함께 사는 사람들이 각 세대에 틀어박히지 않고 눈 아래로 펼쳐지는 바다를 조망하면서 서로 친밀하게 얼굴을 마주할 수 있게 하기 위해서였다.

1기, 2기가 완성되기 전부터, 아직 의뢰인이 없는 상태였지만 그 인접 토지를 두고 자유롭게 생각을 발휘해 3기 계획(74)을 설계했다. 그 꿈의 구상이 지금 현실이 되어 공사를 앞두고 있다. 당초 계획했던 탁아 시설은 넣지 못했지만 1기와 2기에서 지형을 반영시키는 자세, 공용 공간, 녹지공원 콘셉트 등을 이어받고 더욱 발전시켜 개인에 근거하면서도 모여 사는 매력의 가능성을 더욱 키워 나가는 곳으로 만들고 싶다.

3기에서는 완성된 1기, 2기 그리고 주위의 자연, 거리까지 끌어넣어 하나의 환경이 되는 건축을 해나갈 생각이다.

「롯코 집합 주택 1기·2기·3기」
1983·1993·건설 중

계속 살아가는 집 — 증축

계속 살아가면서 집의 원점을 향한다. 또 하나의 새로운 주택, 증축에 대하여

하나의 일을 마치면 그것을 건축 잡지에 발표한다. 거기에 실린 사진을 보고 이 건물에는 가구도 없고 사람도 없고 생활도 없다는 비판을 받은 일이 있다. 나는 그래도 좋다고 생각한다. 즉 거기까지가 건축의 일이라고 생각한다. 그저 상자에 불과한 것을 매력적인 생활공간으로 키워 가는 것은 거주자가 할 일이다. 이 세상에 건물을 낳는 것은 우리이고, 그것을 키워 가는 것은 거주자이다. 물론 태어날 때까지도 고생은 많으며, 생활을 받아들일 잠재력이 갖추어지도록 최대한 노력한다. 그러므로 낳은 부모로서 거주자가 어떻게 키워 나가고 있는지가 늘 마음에 걸린다.

사람의 경우도 각자 다른 잠재력을 가지고 태어난 아이가 그 개성을 신장시키며 성장해 가는 것이 중요하다. 그리고 어떤 환경에서 키우는가 하는 것은 아이의 개성을 키우는 데 있어 매우 중요한 요소이다.

아이가 성장하는 과정에서의 만남에는 우선 가족이 있고 지역이 있고 국가가 있고 세계가 있다. 그리고 성장함에 따라 자기 자신과 만나고 자신의 이상, 자기 자신의 존재 방식을 묻는다. 그렇게 함으로써 스스로를 단련하며 성장하고, 각각의 장에서 싸워 나간다. 그렇게 생각하면 개인이 성장하는 원점이 되는 집은 상당히 중요하다. 집이 갖고 있는 힘은 개인에게 다양한 의식이 싹트게 한다.

그러나 집을 집으로 성립시켜 온 다양한 역사나 요소는 시대의 변화와 함께 크게 변해 왔다. 사회의 급격한 변화와도 무관하지 않게 핵가족화는 당연한 일로 받아들여지고, 경제의 논리에 끌려 이제 집은 정신적인 힘을 갖는 존재라기보다 새로 사서 바꿀 수 있는 공업 제품 같은 것으로 취급받고 있다.

전후 사회는 과연 인간 생활을 중심으로 생각되어 왔을까? 아무것도 없는 곳에서의 출발은 그런 것을 생각할 여유를 주지 않았다. 나는 개인이 다양한 자극을 받으면서 점차 그 장소에 익숙해지고 뿌리를 내려 정착할 수 있는 집을 지으려고 전력을 다해 왔다. 그런데 집에 대한 건축가의 생각, 거주자의 의식, 사회의 시각은 늘 어딘가 어긋나 있고 제각각이었다.

「스미요시 나가야」(13)에서 외부인 중정을 사이에 두고 방이 이어진 것을 나는 특별히 문제가 될 만한 일이라고 생각하지 않았다. 물론 일반적인 해답이 아니라는 것은 충분히 알고 있었다. 실제로 생활을 하면서 겪을 불편도 생각하지 않은 것은 아니다. 그러나 그때까지도 안뜰이 있고 벽으로 칸막이가 난 나가야에서 살아온 거주자 아즈마에게는 그다지 어려운 일

이 아니었으나 다른 사람들에게는 좀처럼 이해가 힘든 일이었다. 〈안도 씨 같은 별난 사람한테 맡기니까 이렇게 된 거예요. 춥죠?〉라며 개탄하는 소리를 자주 들었을 것이다. 우리에게는 중정으로 들어오는 바람이나 빛이 중요했다. 그러나 일반적으로 말하는 것처럼, 춥고 불편한데 이런 바람이나 빛이 뭐가 그리 좋겠냐고 한다면, 그저 생각이 다르다고 말할 수밖에 없다. 「마쓰타니의 집」(27)이나 「고시노의 집」(31)에서도 마찬가지였다.

거주자와의 관계에서 보면 1970년대 초반 무렵, 좌우지간 내 집을 갖고 싶다, 나 자신의 생활을 꾸리고 싶다고 거주자가 강한 의사를 갖고 있던 저비용 주택의 경우에는 오히려 서로의 어긋남이 적었다. 최근에는 광고 문구처럼 자신만의 하늘을 갖고 싶다, 자신만의 태양을 갖고 싶다는 등 개인적인 욕망이라기보다는 표층적인 이미지가 선행된 요망이 많아져 다소 어긋남을 느낀다.

사회 전체는 경제적으로 풍요로워졌다고 하지만 아직도 20여 년 전과 같은, 그야말로 예산이 빠듯한 의뢰를 받아 한 치의 허튼 구석도 허락하지 않는 극소 주택에도 전력을 기울이고 있다. 그래도 요즘은 집을 짓고 싶다고 찾아오는 사람 중 절반가량은 실제로 집을 짓고 있으므로 초기보다는 착수 확률이 훨씬 높아지기는 했다.

「반쇼의 집」(15), 「고시노의 집」, 「마쓰타니의 집」, 「이와사의 집」을 비롯해 갖가지 증축을 해왔다. 지금까지 설계한 집들 중 대략 30퍼센트는 증축까지 했다. 이것은 우리 사무소의 특징 가운데 하나이다. 가족 구성의 변화 또는 경제적으로 여유가 생겨 새로운 기능이 요구되는 것이 주된 이유인데, 짓고 나서 10년쯤 지나 증축하는 경우가 많다.

증축을 의뢰받았을 때 나는 다시 한 번 새로운 주택을 의뢰받았다는 생각으로 전력을 다한다. 이전의 주택에 단지 방만 추가하는 것이 아니라 모처럼 다시 한 번 기회를 얻은 것이므로, 때로는 그때까지의 성격을 완전히 뒤집어버리는 일이 있더라도 새로운 요구에 전력을 다해 부응하려고 한다. 그러므로 의뢰인과 서로 부딪치는 일도 꽤 있지만, 그럼으로써 새로운 주거가 탄생한다. 원래 처음부터 증축을 염두에 두고 지은 것도 아니고 언제나 완결된 것으로 생각하기 때문에, 증축할 때는 이전 건물은 기본적으로 〈대지〉라고 생각하려 한다.

현재의 내 사무소는 원래 1973년에 지은 주택인 「도미시마의 집」(1)이다. 1970년대 말에 자녀가 늘어 비좁게 된 도미시마로부터 양도받아 사무소로 쓰기 시작했다. 이후에 건물을 짓는 사람뿐만 아니라 사용하는 사람의 고충도 서로 나누어 가지고 싶어 내 돈으로 네 번쯤 증축을 거듭하여 현재에 이르렀다(34). 마지막 증축을 하고 나자 「도미시마의 집」이었던 부분은 완전히 없어졌고, 지금은 5층 높이의 보이드 공간을 가진 지하 1층, 지상 5층의 완전히 새로운 건물이 되었다. 그러나 최초의 「도미시마의 집」이 갖고 있던 이미지의 흔적이 증폭하여 남아 있다고도 할 수 있다.

물론 엘리베이터 같은 것은 없고, 수직 동선은 보이드 공간을 도는 계단과 곧은 트랩뿐이다. 그러므로 4층에서 한창 이야기를 나누다가 아래까지 내려갔다 다시 4층까지 돌아오는 일이 자주 있다. 역시 사무소라는 기능 면에서 보면 다소 불편하다. 이 건물을 옆으로 눕힌 듯한 평평한 사무실이었다면 편할 거라고 생각하지만, 5층 높이의 보이드 공간이 있으므로 좁고 꽉 막힌 느낌은 들지 않는다. 그리고 하늘을 올려다보고 호흡할 수도 있고 계단을 오르락내리락하면서 각층의 스태프 얼굴도 볼 수 있다.

결국 개성이라는 것은 그런 것일 게다. 다양한 거주자의 집을 증축하면서 거주자의 생각, 자신의 생각을 뒤섞고, 사람이 산다는 원점으로 돌아가 집을 생각하고 싶다.

「마쓰타니의 집」
증축, 1990

「마쓰타니의 집」
1979

부흥 주택 계획 — 고령화 사회의 도시

한신·아와지 대지진의 부흥 계획, 피해 지역과 인연이 깊은 건축가의 제안

1995년 1월 17일, 효고(兵庫) 현 아와지시마(淡路島) 북부를 진원지로 한 대지진이 우리를 덮쳤다. 오랫동안의 활동 거점이었다고 할 수 있는 한신 지역의 여러 도시가 괴멸되는 피해를 당했다. 부흥은 무리라고 여겨질 정도로 엄청난 타격이었다. 절대로 무너질 일이 없다고 믿던 고속도로는 갈가리 찢겨 쓰러졌고 철도와 전차 노선도 붕괴되었다. 여기저기에서 콘크리트 빌딩과 맨션이 무너져 내렸다. 상상조차 할 수 없었던 지옥 같은 광경이었다. 현대의 대도시를 습격한 직하형(直下型) 지진에 의한 피해는 사람들의 예상을 훨씬 뛰어넘었다. 그 후 1년이 지난 지금, 집을 잃은 수만 명의 사람들이 임시 주택 등의 악조건 속에서 살아가는 싸움을 계속하고 있다.

대지진 후 각 피해 지역에서는 복구를 서둘렀다. 공공시설의 복구와 함께 개인의 거처를 확보하기 위한 모든 가능성이 검토되었다. 특히 경제적·시간적 조건을 고려하여 주택도시정비공단이나 시영(市營), 현영(縣營) 등의 공공 기관이 부흥 주택 계획을 세우고 있다. 그러나 도심에서 그다지 떨어지지 않은 지역에서 광대한 대지를 구하는 일은 쉽지 않다. 그런 과정에서 계획의 대상이 된 몇몇 대지를 볼 수 있었다. 거기에서 부흥 주택의 존재 방식을 다시 물었다. 〈도시 안에 모여 산다는 것은 어떤 것인가〉, 여기서도 산다는 것의 근저에 있는 문제가 떠올랐다.

그 하나는 공공의 집합 주택이란 공공 기관이 짓는 주택일 뿐만 아니라 주민이 함께 사용할 수 있는 공용 공간을 중심으로 한 주택이어야 한다는 것이다. 지금 계획되고 있는 부흥 주택은 공공이 짓는 주택이면서도 관리가 어렵다는 이유로 될 수록 공용 공간을 억제하고 따로 돈이 드는 것도 하지 않으며, 어쨌든 쓸데없는 것은 하지 않는다는 방침을 고수하는 것으로 보인다.

돌이켜 생각하면 도시에 모여 살아온 오랜 역사를 가진 유럽의 여러 도시에 지은 공공 집합 주택에서는 배울 점이 참 많다. 예를 들어 베를린이나 프랑크푸르트의 전후 부흥 계획에서는 우선 사람들이 친숙하게 생각해 온 광장을 중심으로 주변 경관을 다시 만들어 갔다. 그것은 그 장소에서 살아온 사람들이 공유하는 기억을 소중하게 생각하기 때문이다. 정신적 안정을 위해 오래된 것과 새로운 생활을 의식적으로 연결하려고 한 것이다.

그에 비해 지금 계획이 진행되고 있는 공영 부흥 주택에서는 공적 공간을 최소한으로 억제하고 기억을 단절시키더라도

편리함과 효율성만을 중시한 주거의 집합체를, 어쨌든 필요한 세대수만큼 만들고 있다. 마치 자연 조건을 고려해서는 그 수를 맞출 수 없다고 말하는 것처럼, 이 지역의 특장인 바다와 산의 관계를 끊어 버리는 것이 실상이다.

지금이야말로 1년 후, 2년 후가 아닌 다가올 새로운 세기를 시야에 품은 주택지를 만들어 가지 않으면 안 된다. 그런 의미에서 보면 시간과 예산에 쫓기는 지금, 대지진 피해 복구라는 이름 아래 이루어지는 방법으로는 매력적인 건축을 할 수가 없다.

예컨대 피해가 극심했던 한신 지역은, 앞에서도 지적한 것처럼 원래 주택지로서 뛰어난 환경을 갖고 있었다. 한편으로는 그 온화한 분위기가 사람들을 끌어당겨 거리 전체가 관광지가 되었고, 다른 고장 사람들에게는 가보고 싶고 살고 싶은 곳이라는 이미지를 갖게 했다. 이 점을 생각하다 보면 각 건축물에 본래의 강인함이 갖추어졌는지, 진실로 매력적인 환경이었는지 어땠는지, 의문도 남는다.

고대 로마 시대, 마르쿠스 비트루비우스 폴리오가 제창한, 건축에서 빼놓을 수 없는 〈유용성*utilitas*·견고함*firmitas*·아름다움*venustas*〉이란 건축이 기능적이면서도 강인하고 매력적이어야 한다는 점을 가리켰다. 이번 대지진은 건축에 대한 사람들의 생각에 큰 영향을 주었는데, 부흥 주택에 대해서도 〈유용성·견고함〉은 충족시키지만 〈아름다움〉은 고려 대상이 아닌 쓸데없는 것으로 치부하는 일이 있어서는 안 된다. 각각의 건축물이 아름답고 매력적인 것은 거리 전체의 경관에도, 인간의 정신적 충족에도 커다란 역할을 하기 때문이다. 그런 것을 생각하면서 몇 번인가 대지진 직후의 피해 지역을 돌아다녔다.

이 한신 지역에서조차 이렇게 절망적인 피해를 입었다는 사실을 생각하면, 초거대 도시 도쿄나 오사카에서 무슨 일이 일어나기라도 한다면 그야말로 옴짝달싹하지 못하게 될 것이다. 이는 거리가 한 사람 한 사람의 논리로 만들어진 것이 아니라 국가의 논리나 기업의 논리로 만들어진 결과이며, 경제성을 가장 중요시하고 모든 일이 그것에 종속된 사고로 결정되어 왔기 때문이다.

폐허가 된 낯익은 거리를 걷자니, 그러한 종속에서 자립하여 좀 더 인간을 위한 거리를 만드는 일, 사람이 안심하고 생활할 수 있는 집을 만드는 일에 건축가라는 직업을 걸고 나서지 않으면 안 되겠다는 생각이 들었다. 자연이 가진 헤아릴 수 없는 힘에 경외심을 가지고 동시에 그 장소에서만 실현할 수 있는 건축을 생각하며, 좀 더 바다와 산과 자연을 거두어들이고 인간과 자연이 함께 살아가는 관계를 찾아 정면으로 대화해 나가야 한다. 이런 점도 부흥 주택을 짓는 데 도움이 될 것이다.

1923년의 간토대지진 후의 부흥에서는 도준카이(同潤會)* 가 조직되어 몇 채의 철근콘크리트조 집합 주택이 건설되었다. 단순명쾌하고 장식이 없으며 심플한 건축물이기는 했지만, 거기에는 그때까지와는 다른 새로운 생활에 대한 희망이 있었다. 공동욕실, 식당, 사교실, 이발소 같은 공용 공간이 비교적 중심부에 갖추어졌다. 기요스나(淸砂), 사루에(猿江), 에도가

---

* 간토대지진 후 1924년에 국책으로 설립한 재단법인이다. 제도(帝都) 부흥의 일환으로 주택 공급을 목적으로 했다. 전시 체제 중인 1941년에 주택영단(住宅營団)이 발족하면서 그곳에 업무를 넘기고 해체했다.

와(江戶川) 등의 시타마치, 또는 야마노테(山の手)˚인 다이칸야마(代官山), 아오야마(靑山) 등 각 지역에 맞는 공용 부분을 도입한 주거용 건물 구성이 고안되었다. 당시의 주택으로서는 획기적인 계획이었을 것이다. 또한 요코하마에는 부흥 사업의 기념물로서 야마시타(山下) 공원이 생겼는데, 70년이 지난 지금도 사람들의 사랑을 받고 있어 시민 공원으로서도 성공했다.

또한 간토대지진 당시에는 구획 정리를 통하여 토지 소유자에게 공용 용지로 토지를 공출하게 하는 겐부(減步)라는 시스템이 도입되었다. 현재와 사회 상황이 달랐던 당시에는 나름대로 잘 기능한 것 같은데, 이번에도 겐부 방식을 도입하려 하고 있다. 그러나 이러한 관(官)의 일방적 논리에서 생겨난 방식은 지금과 같은 민주사회에서는 제대로 시행될 리 없다. 더군다나 지가가 급상승하여 토지에 대한 집착이 당시와는 비교가 안 될 정도여서 문제가 되고 있다.

그것보다는 다시 한 번 현실에 뿌리내린 문제점을 생각하여 새로운 방식을 찾아내 도준카이나 야마시타 공원에 필적하는 부흥을 이루어야 한다고 생각한다. 하지만 현실은 좀처럼 그런 방향으로 나아가지 않는다.

그래서 지금 내가 생각하는 것은, 이번 지진 피해에서의 부흥은 무엇보다 〈고령화 사회 속의 도시〉를 염두에 두어야 한다는 점이다. 우리는 인류가 지금까지 경험한 적이 없는 고령화 사회에서 살고 있다. 65세 이상의 고령자가 차지하는 인구 비율이 이제 14퍼센트를 넘어섰고, 그 고령자들을 부양하는 젊은이는 극단적으로 적다. 이는 아이를 적게 낳는 시대가 반영된 결과이다. 그러므로 고령자는 젊은 사람들에게 의존하는 생활을 바랄 수 없다. 고령자는 자신이 가진 힘을 끌어내 자립하고 또 젊은이들과 적극적으로 관계하며 살아갈 가능성을 찾아야 한다.

앞으로의 고령화 사회는 지금까지 노인에게 하나의 이상향으로 여겨지던, 시끌벅적한 도시에서 멀리 떨어져 녹음으로 둘러싸인 환경에서 노인을 위한 멋진 시설을 지어 여유 있게 생활하는 것이 아니다. 이제는 노인이 도시에서 살아가는 시대이다. 그러므로 고령자도 젊은이나 아이들과 함께 다들 도시에 모여 사는 방식이 추구되어야 한다.

그곳에는 다양한 생활 기능이나 공용 공간이 있으며 모든 사람이 그것을 잘 사용할 수 있어야 한다. 주거, 일, 배움, 즐거움이라는 다양한 기능이 뒤얽힌 곳이 도시라면, 개인이 소유하던 것에서 도시의 기능이나 시설을 잘 이용하는 것으로 가치관이 변해 가는 시대가 되지 않을까?

그렇게 생각하면 현재의 대도시인 도쿄나 오사카도 고령자가 걷기에는 위험하고 무서운 거리이다. 그들이 즐길 수 있는 시설도 적다. 뭐든지 젊은이를 기준으로 한 거리가 아니라 노인이 좀 더 안심하고 편하게 살아갈 수 있는 거리를 만들어야 한다. 부흥 계획에서도 미래를 생각하는 이런 계획의 필요성을 주장하고 있기는 하지만 이해를 얻기란 꽤 힘들다.

구체적으로는 예전에 공업 지대였던 고베 시의 임해 지구에 전장 1.5킬로미터, 7,000세대 주거를 중심으로 한 도시인 「바다의 집합 주택」 계획(78), 아시야하마(芦屋浜)를 매립하여 만든 인공 대지에 계획하고 있는 「아시야하마 집합 주택」 다카라즈카 시 교외 구릉지대에 800세대의 경사지 집합 주택인 「언덕의 집합 주택」 계획(79)을 제안하고 있다.

˚ 고지대인 무가(武家) 지역을 〈야마노테(山の手)〉라고 부르고 저지대인 상공업 지역을 〈시타마치(下町)〉라고 부른다.

이 집합 주택의 콘셉트는 땅에 접한 저층 부분은 노인이 사는 것을 고려한 코트하우스 coat house*, 중층부는 각각 옥상 정원이 딸린 가족 세대를 위한 주거, 고층부는 독신자를 위한 플랫 flat**이다. 특히 「바다의 집합 주택」에서는 공용 공간이 앞쪽의 바다로 이어지고, 각 세대 안으로 끌어들인 전용 뜰은 공용 공간과 연결된다. 「언덕의 집합 주택」은 언덕을 평평하게 조성하지 않고 그 기복을 따라 비스듬히 줄을 지어 여섯 개의 계단 모양의 건물을 배치한다. 각 건물 사이에는 경사면의 경사에 따라 공용 공간이 입체적으로 설치된다.

그러나 새로운 제안을 해도, 예컨대 창이 남쪽을 향하지 않는다는 이유로 주택금융공고(住宅金融公庫)의 융자를 얻을 수 없게 된다거나 하는 사소한 문제가 현실에서 여러 가지로 나타난다. 그러한 문제를 하나하나 해결해 가면서 미래를 응시한 부흥 주택을 만들어 가지 않겠느냐는 이야기를 각 방면에 하고 있지만 아직 실현되지는 못하고 있다.

부흥을 위해 몇 가지 제안을 했는데, 그중에서 실현될 것 같은 것이 딱 하나 있다. 〈효고 그린네트워크〉 프로젝트이다. 개인이나 기업 등 민간에서 기부금을 모아 지진 피해 지역의 새로운 주택지에 나무를 심는 운동이다. 도·도·부·현(都道府縣)과 시에 협조를 구하여 지진 피해 지역의 공원과 거리에 각 현의 숲과 시의 숲을 만드는 것으로 부흥의 손길을 내밀자는 제안이다.

작년의 대지진 후 다소 안정을 되찾은 3월에서 4월경 피해 지역 여기저기에서 되살아난 나무들이 하얀 꽃을 피웠던 광경이 인상에 깊게 남아, 하얀 꽃이 피는 목련이나 백목련을 부흥의 상징으로 심는 것도 생각하고 있다.

작은 힘을 모아 피해 지역에 생명을 되찾아 주는 이 녹음 네트워크 운동을 추진하고 싶다. 〈효고 그린네트워크〉 프로젝트와 함께 대지진 직후부터 제안하고 있는 것은, 사람들의 기억에 남는 거리를 지키자는 것이다. 도시 안의 기억을 단절시키지 않기 위해 지진 피해를 입지 않았거나 가까스로 그 일부나마 남은 옛 건물을 되도록 보존하자는 것인데, 만약 벽이나 기둥이 남아 있다면 그것을 살려 다시 짓자는 것이다. 비용이나 시간이 더 많이 들기 때문에 쉽지는 않겠지만, 단순히 파사드 façade***를 보존하는 것보다는 의미 있는 일일 것이다. 그러나 무슨 일에나 〈똑같이〉라는 생각을 가진 일본의 특이한 민주주의를 따르는 부흥 방식을 보면 실현으로 가는 길은 아득하기만 하다. 건축가는 그저 그 길로 갈 뿐이다.

* 건축 양식의 하나로 건물이나 담장으로 둘러싼 안뜰 coat을 가진 주택을 말한다. 안뜰은 외부 공간으로부터 완전히 차폐되어 사적인 공간이면서도 절반은 옥외 공간이며 채광이나 통풍을 확보할 수 있다. 유럽의 도시에서 흔히 보이는 스타일로 건축물이 밀집해 있고 개구부를 확보하기 힘든 장소, 흔히 대규모 집합 주택에 채택된다.
** 연립 주택 같은 구조의 3~4층 집합 주택으로, 주로 영국의 집합 주택에서 많이 보인다.
*** 건축물의 정면. 유럽 건축에서 중시된다. 정면과 같은 정도의 장식이 이루어지면 측면에 대해서도 파사드라고 한다.

「바다의 집합 주택」, 계획안

「언덕의 집합 주택」, 계획안

2

이미지의 전개
— 스케치

오요도 아틀리에 I

초기 작업의 하나인「도미시마의 집」을 친구인 의뢰인으로부터 넘겨받아 아틀리에로 사용하기 시작했고, 그 후 몇 번 증축했다. 증축할 때마다 생각이 달라졌다. 그리고 그때마다 나름대로 전력을 다해 설계하는데도 반드시 불만이 생긴다. 그래서 또 증축한다. 더 이상 증축해도 자신의 욕구가 충족되지 않고 기능적으로도 납득되지 않는 단계가 되어서야 개축을 결심했다. 그렇게 해서 현재의 아틀리에가 되었다. 그래도 역시 불만은 있다. 다시 증축해 볼까 하는 생각도 있다. 이 스케치를 보고 있으면 신축, 몇 번의 증축, 개축하던 그때그때의 마음이 떠오른다.

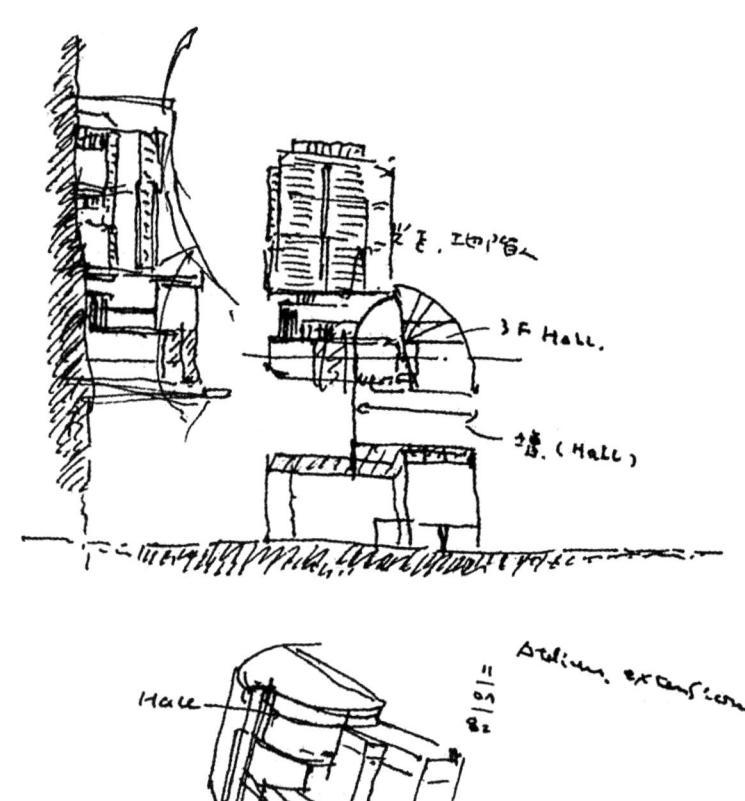

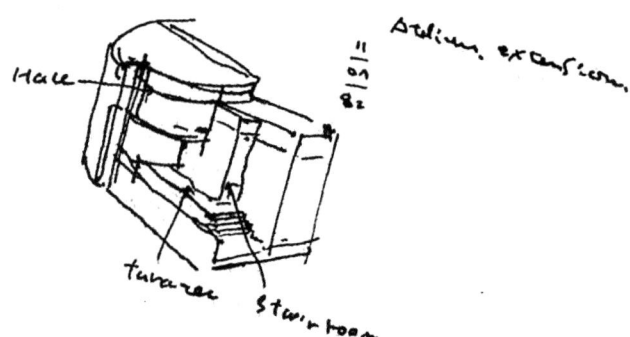

이미지의 전개
— 스케치

2

짓는 사람의 생각

안도 다다오는 그때그때 떠오른 생각이나 아이디어를 담는 스케치를 수없이 그린다.
건축의 이미지에서 공간의 파악, 축선(軸線)의 구성, 계획의 검토에서 세세한 치수 점검까지
문득 생각나는 대로, 또는 스태프와의 협의 중에 남긴 몇 장의 스케치.

1
스미요시 나가야

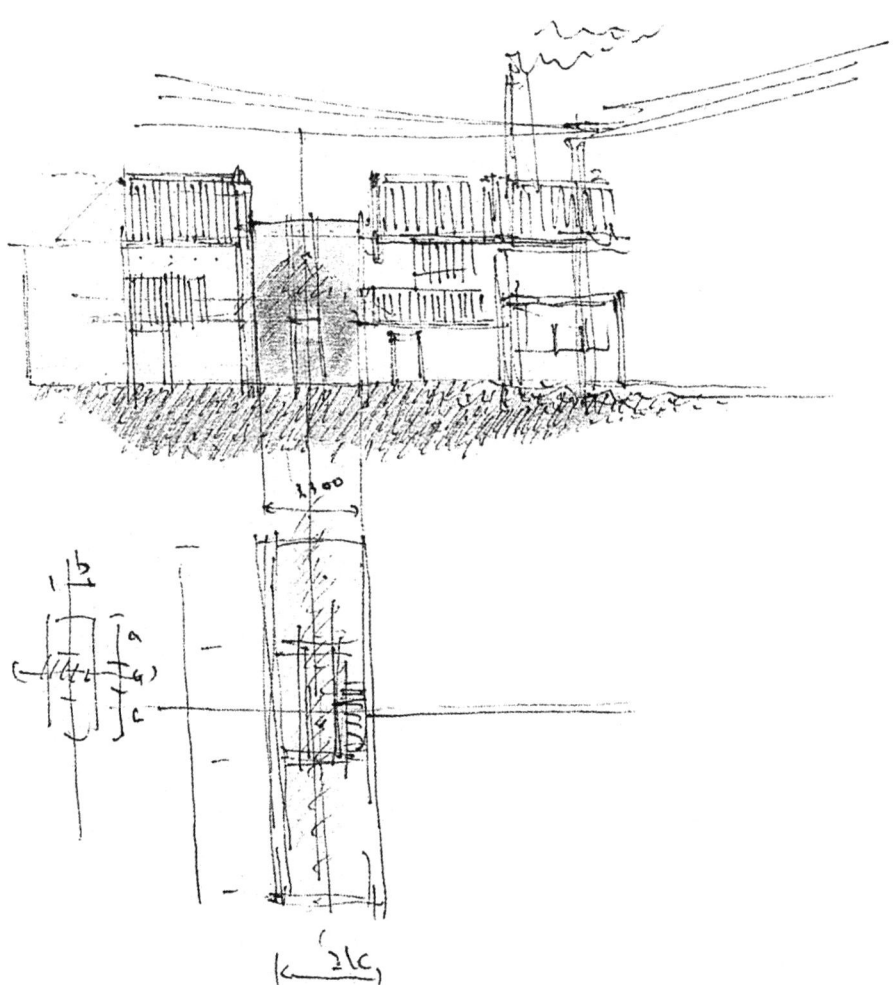

오요도 아틀리에 I

초기 작업의 하나인 「도미시마의 집」을 친구인 의뢰인으로부터 넘겨받아 아틀리에로 사용하기 시작했고, 그 후 몇 번 증축했다. 증축할 때마다 생각이 달라졌다. 그리고 그때마다 나름대로 전력을 다해 설계하는데도 반드시 불만이 생긴다. 그래서 또 증축한다. 더 이상 증축해도 자신의 욕구가 충족되지 않고 기능적으로도 납득되지 않는 단계가 되어서야 개축을 결심했다. 그렇게 해서 현재의 아틀리에가 되었다. 그래도 역시 불만은 있다. 다시 증축해 볼까 하는 생각도 있다. 이 스케치를 보고 있으면 신축, 몇 번의 증축, 개축하던 그때그때의 마음이 떠오른다.

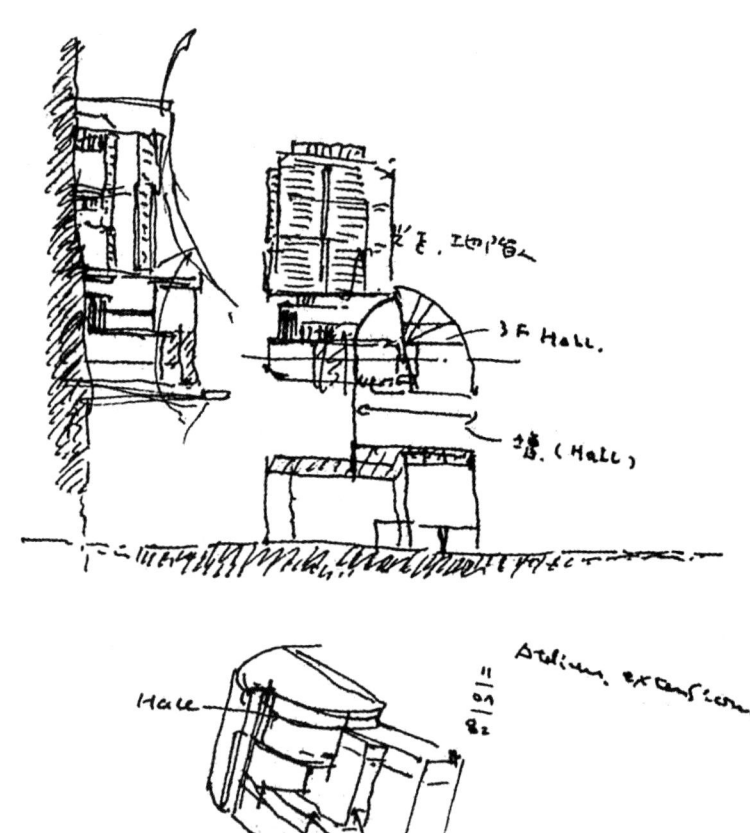

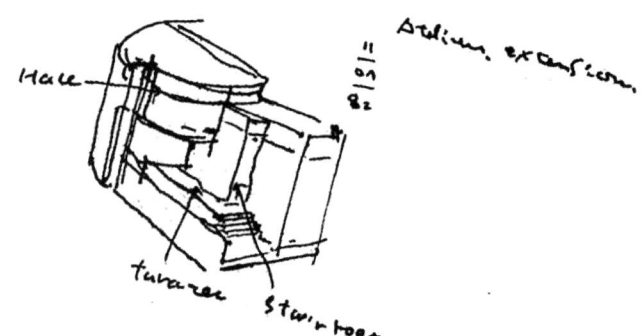

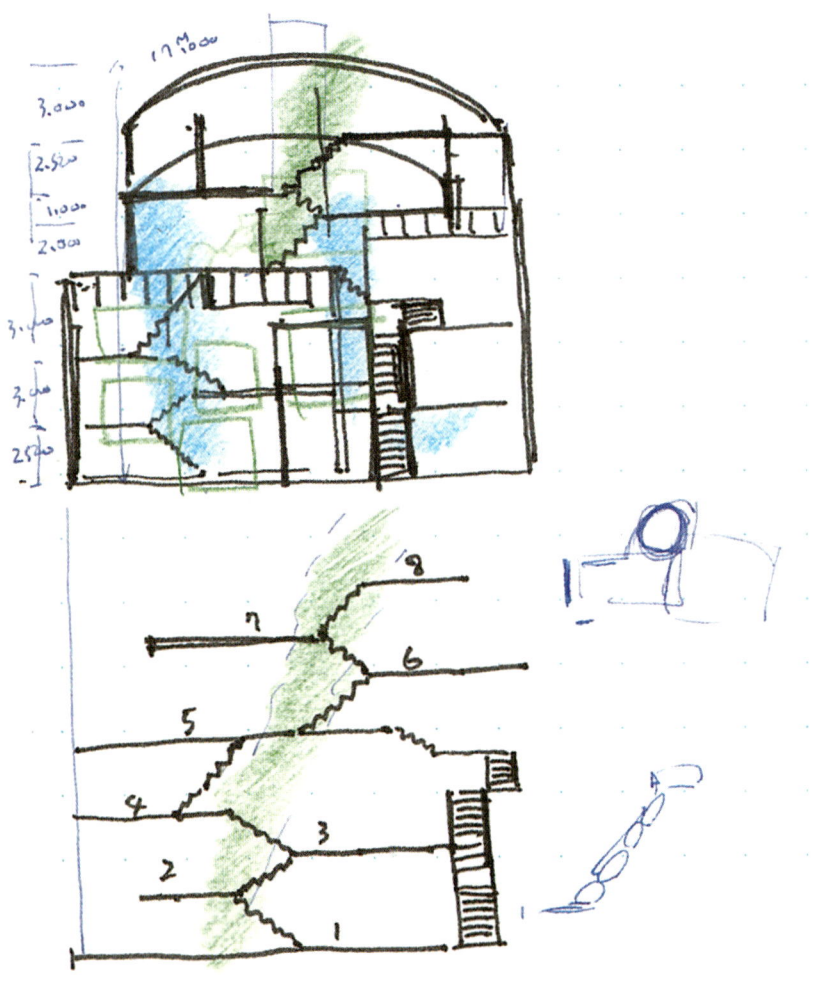

Tadao Ando

3

고시노의 집

원과 정사각형이라는 단순한
형태를 이용하고, 그 규칙적인 반복
속에 압도적으로 복잡한 공간을
담으려고 구상을 가다듬는다.
스케치에서 그런 갈등을 읽어 낼 수
있는가?

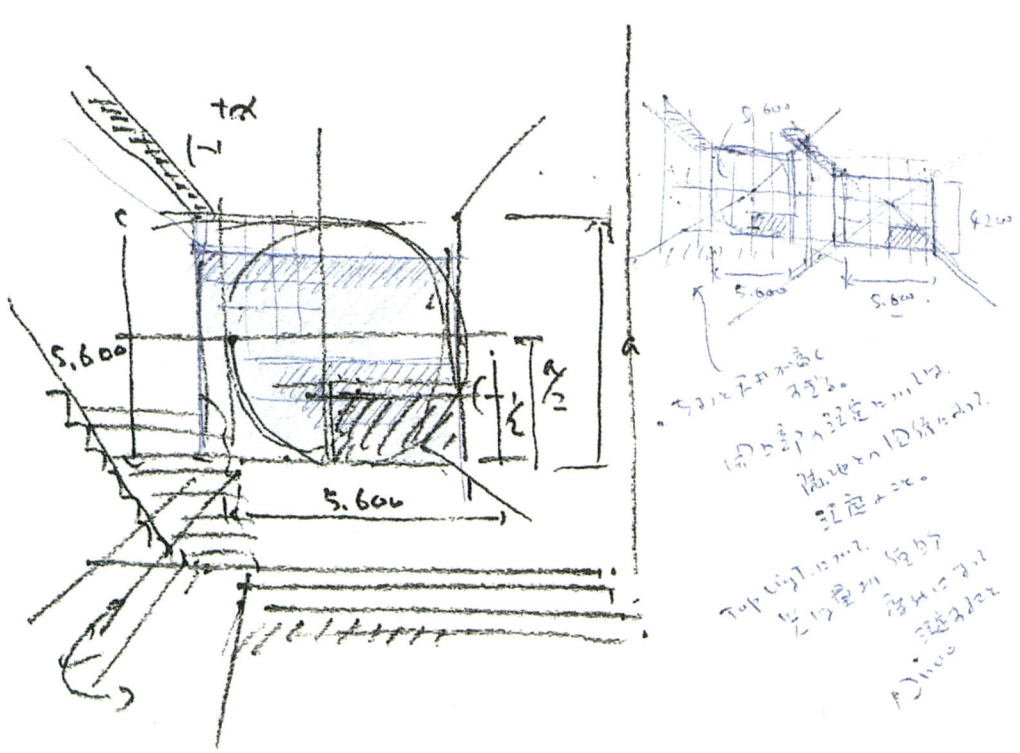

고시노의 집 증축

늘 증축은 새로운 구상안과 같다는 생각을 한다. 그러면 기존 건물은 새로운 대지의 일부가 된다. 또 하나의 건물을 이미 주어진 조건으로 갖춘 대지도 개성이 있어 흥미롭다.

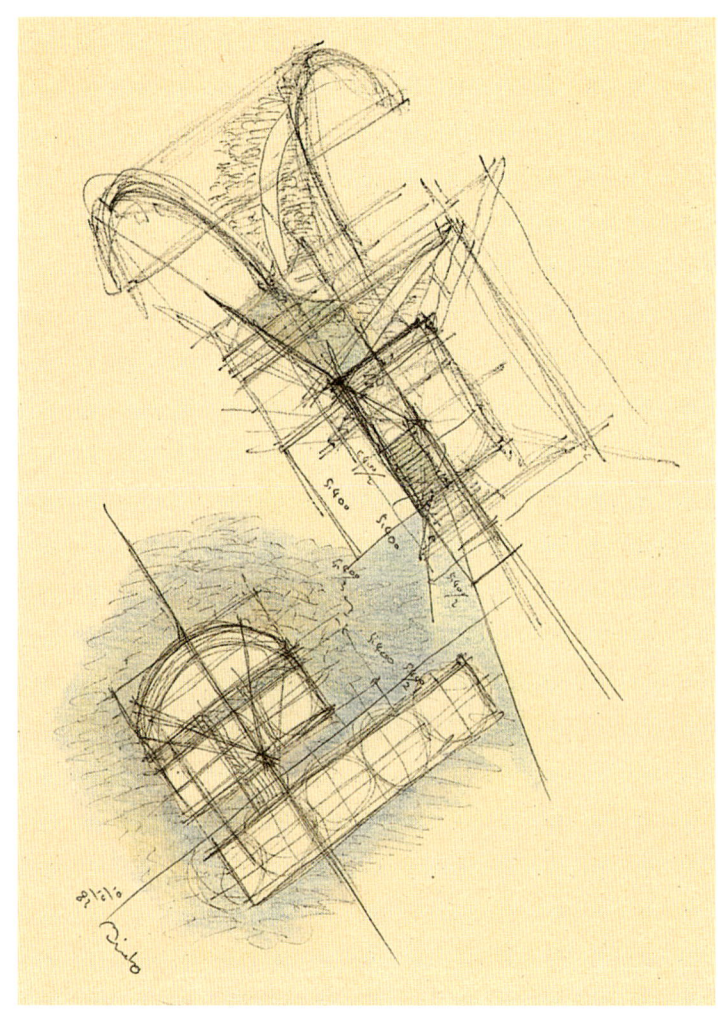

롯코 집합 주택 1기

대지를 보고 곧바로 머리에 떠오른
이미지를 그려 놓은 것이다.
60도나 되는 경사면을 앞에 두고
여기에 실제로 건물을 지으려면
꽤나 어렵겠다는 생각을 했다.
그러면서도 어떻게든 실현시켜
보자고 마음을 다잡았다.

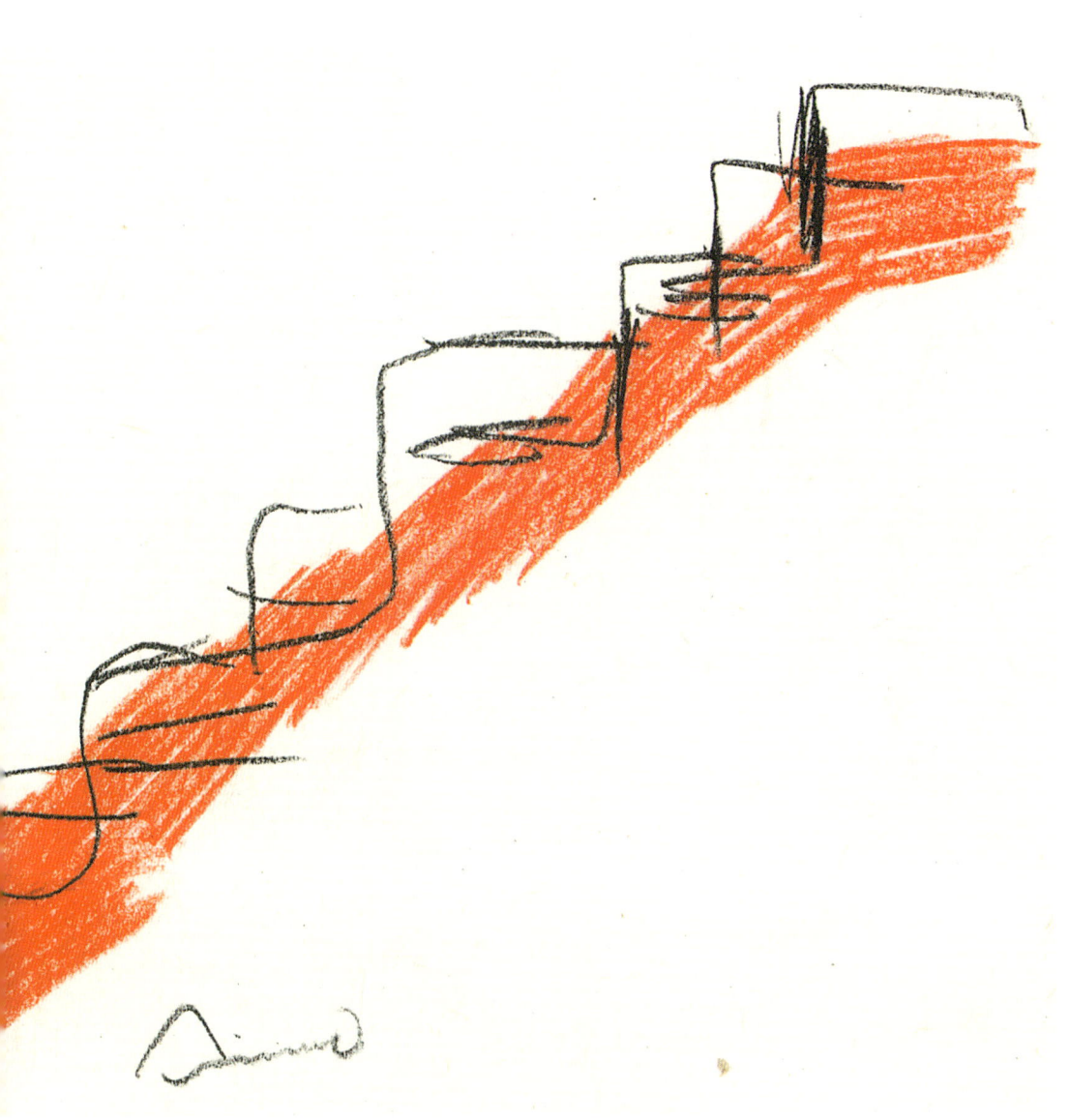

롯코 집합 주택 1기·2기·3기

2기를 지을 때는 1기를, 3기를 지을 때는 1기와 2기를 주어진 지형의 일부로 삼아 계획했다. 1기에서 3기에 이르기까지 20년의 세월이 흘렀다. 3기에 걸친 이 계획으로 새로운 지형이 창출되었다고 한다면 지나친 말일까?

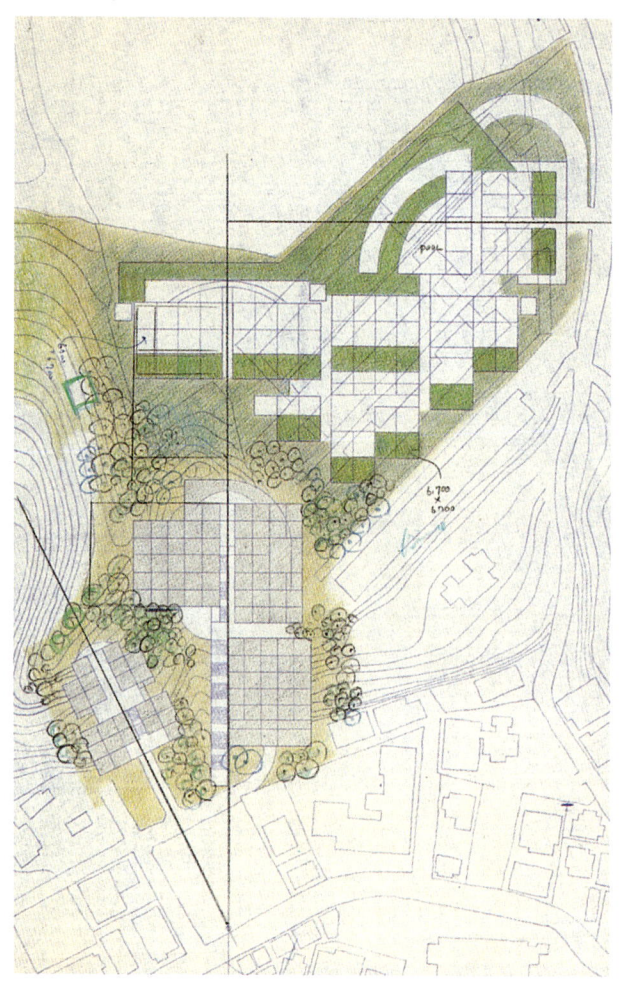

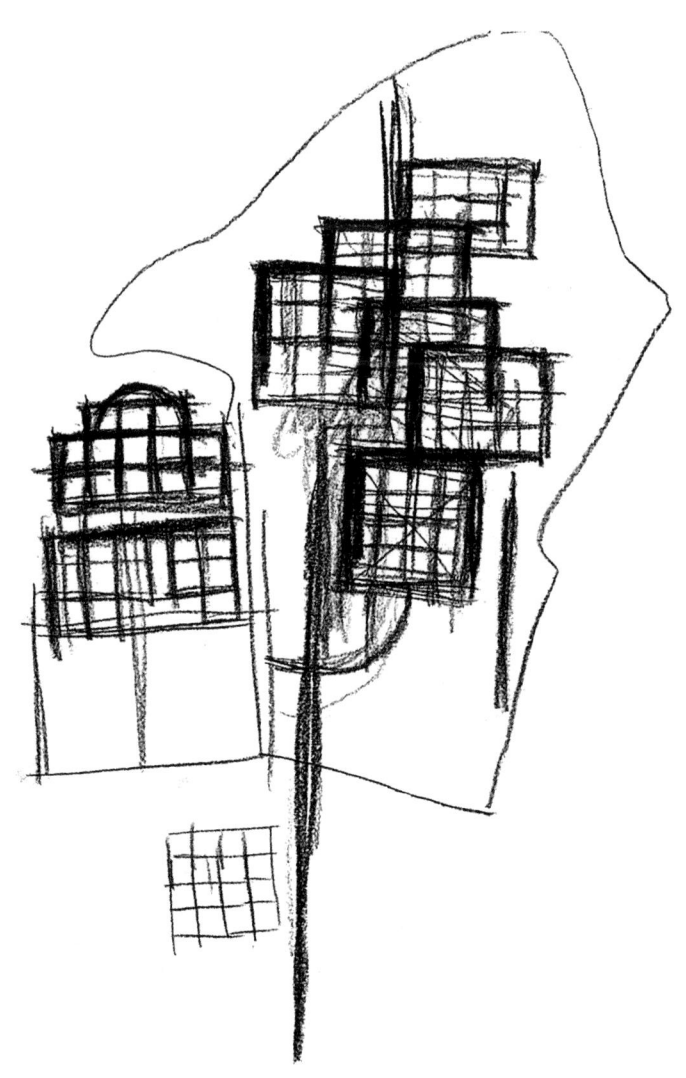

7

오요도 다실

오늘날 가장 구하기 쉬운 재료로,
가장 간단한 디테일로, 게다가
가장 싸게 지어 보려고 한 것이
이 다실들이다.

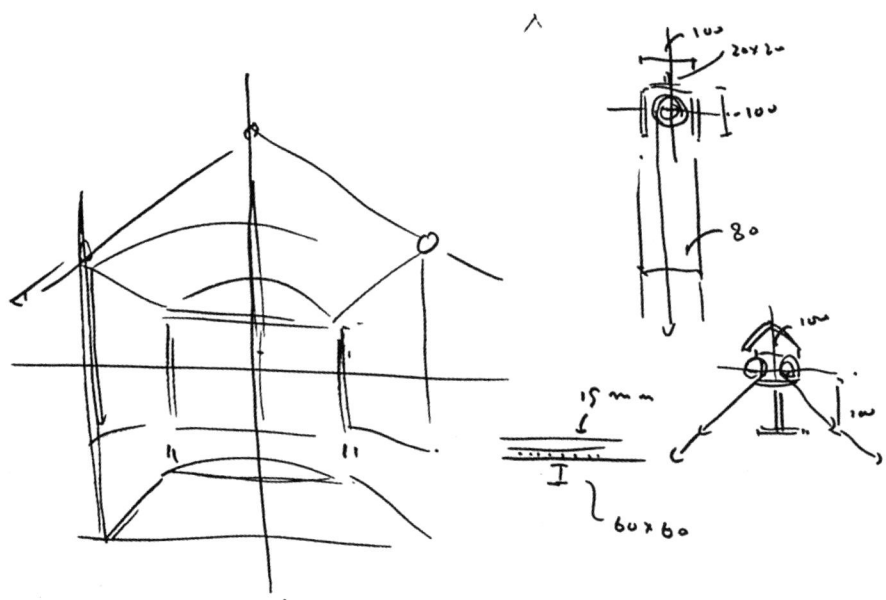

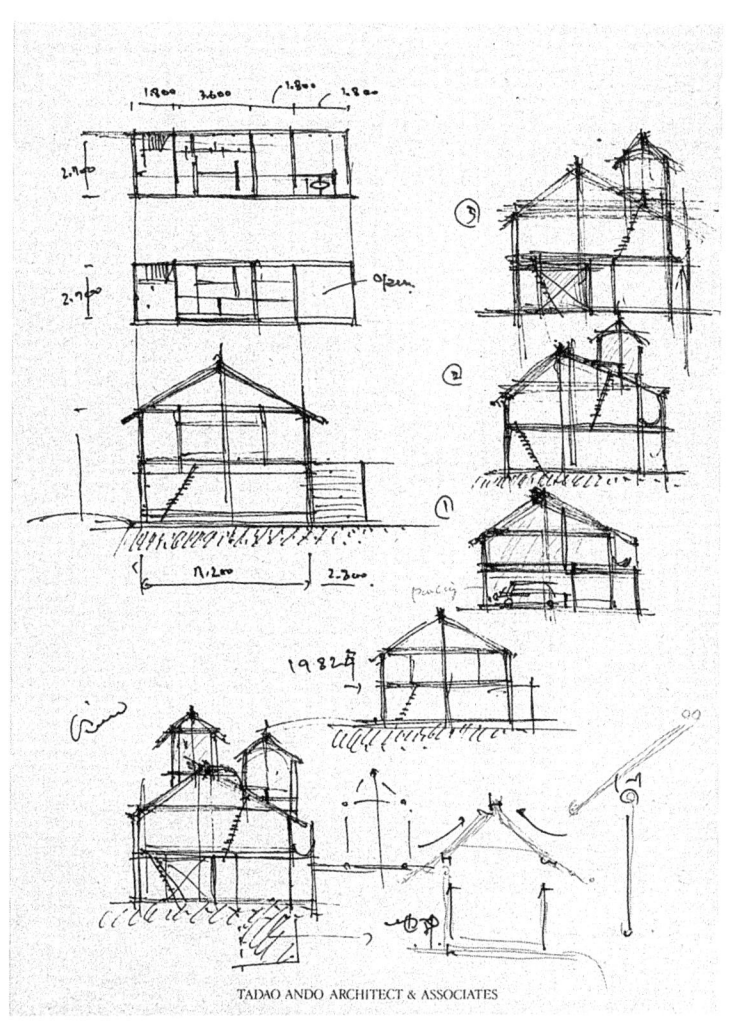

니폰바시 주택(가나모리의 집)

계단이 그대로 집이 되었다. 스케치를 하면서 이것이 정말 건축이 될까라는 생각을 했다. 그러나 완성하고 보니 확실히 좁기는 해도, 굉장히 매력적인 공간을 가진 건축물이 되었다.

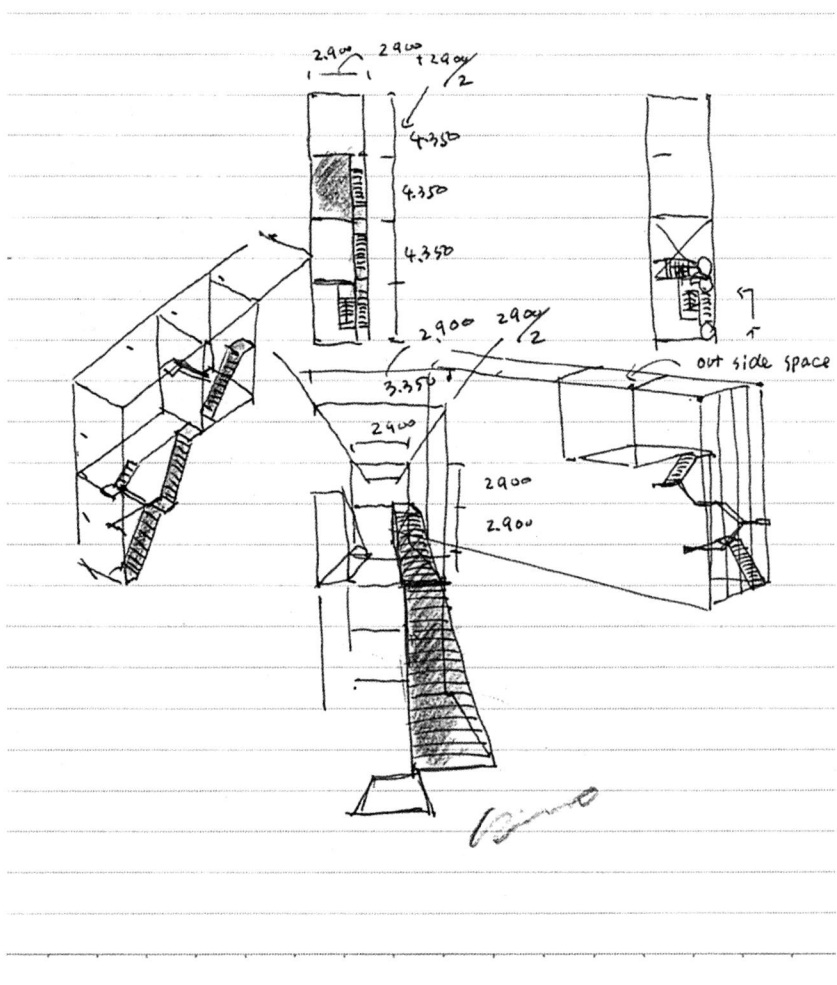

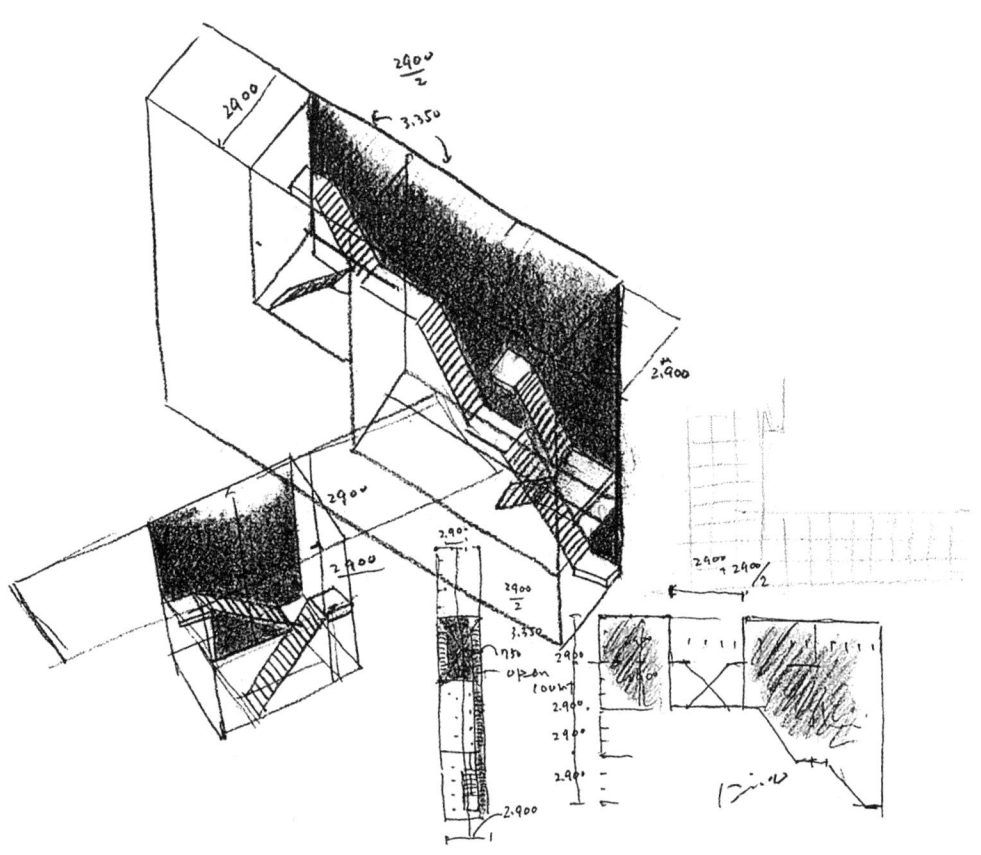

발 상 의 과 정 「갤 러 리 노 다」

1991년이 저물어 갈 무렵부터 설계를 시작한「갤러리 노다」는 아주 좁은 대지에다 아주
열악한 조건에서 지은 건축물이었는데, 첫 이미지를 담은 메모나 회의 중에 그린 스케치에서
조금씩 구상이 도드라지는 과정이 엿보인다.

1

의뢰인은 갤러리와 아틀리에와 주거 그리고 천장이 높은 넓은 거실과 큼지막한 욕조를 원했으므로 상당히 넓은 대지일 거라 생각하고 보러 갔다. 두 개의 도로가 교차하는 곳에서 30평쯤 되는 대지를 발견하고 〈이런 곳에 어떻게 그런 터무니없는 요구를 하는 거지〉라고 생각했는데, 웬걸 의뢰인이 가리킨 곳은 그 옆의 더 좁은 12평의 대지였다. 너무 부풀어 버린 꿈, 비좁고 비뚤어진 대지, 빠듯한 예산, 균형이 맞지 않는 그런 악조건과의 싸움이 시작되었다.

대지의 모양을 보고 곧바로
떠오른 것이 트라이앵글이라는
이미지였다. 사무소 내의 공모를
통해 스태프의 안을 모집하고
대지의 모양, 법규 등을 고려한 뒤
의뢰인의 요구를 충족시킬 만한
것이 있는지 검토했다. 내가 생각한
첫 번째 안은 처음 이미지대로
삼각형을 모티브로 하고, 그것을
이중으로 겹친 것이었다. 그러나
공간이 좁아 현실미가 떨어졌다.

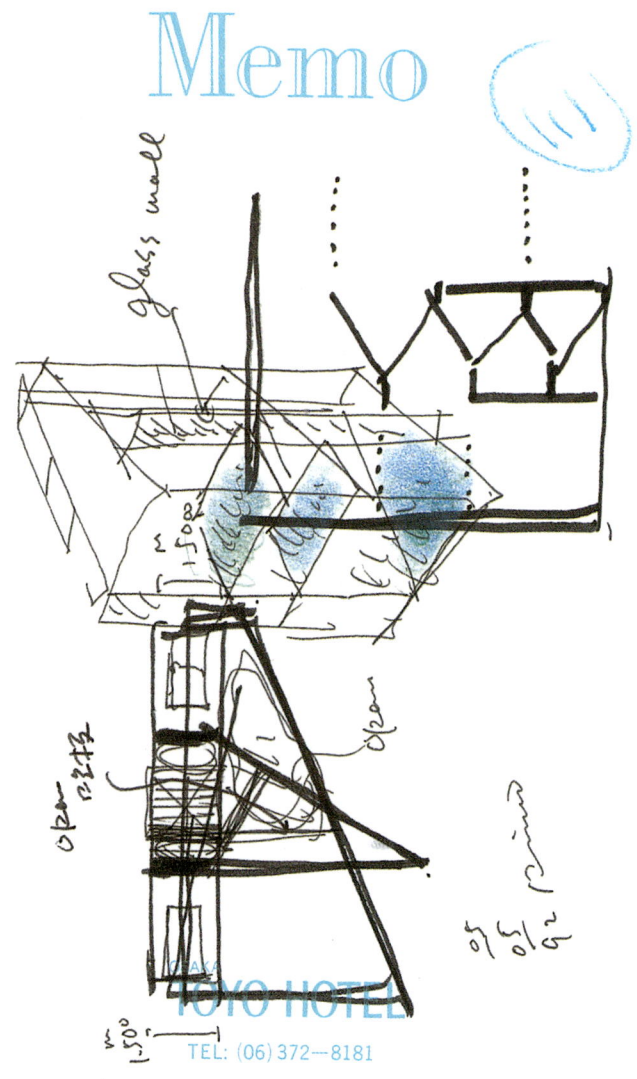

3

두 번째 안은 1층에서 4층까지 보이드 공간을 두는 단면 계획이었다. 그러나 보이드 공간을 크게 두었기 때문에 기능하는 연건평이 너무 적어졌다. 공간적으로는 꽤 매력적이었지만 거주자를 생각하면 포기할 수밖에 없었다.

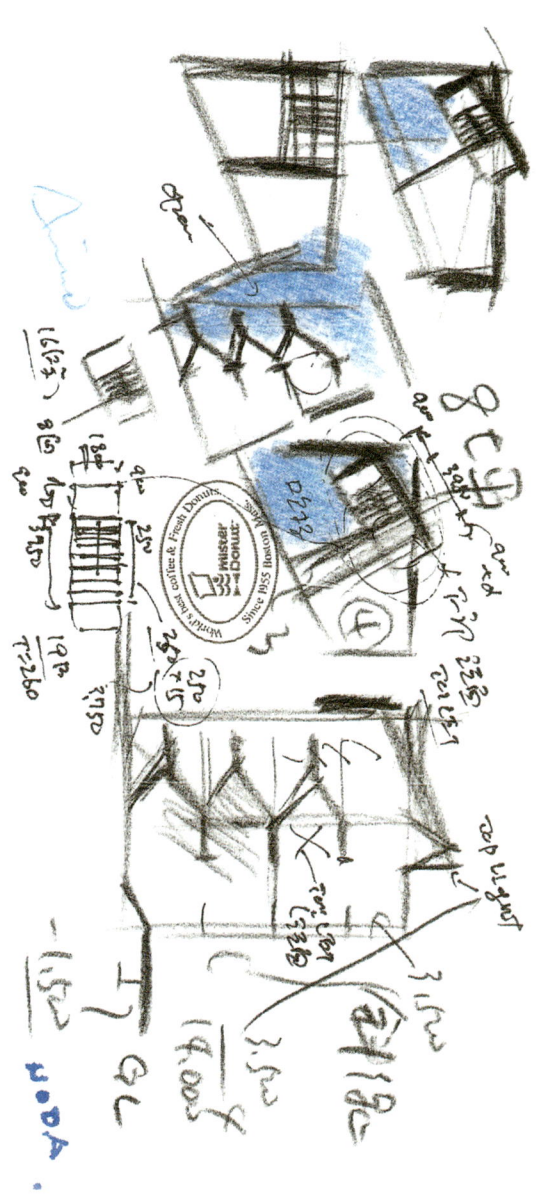

4

삼각형의 계단을 빙빙 돌아 올라가는 안. 스킵플로어 *skip floor** 형식이다. 각 바닥이 너무 작게 잘려 있어 실용적 면에 문제가 있을 것 같지만, 보이드 공간을 안고 있는 계단은 매력적이다.

* 건물 각 층의 바닥 높이를 일반적인 건물처럼 한 층 높이만큼씩 높이지 않고, 각 층계마다 반층차(半層差) 높이로 설계하는 방식이다.

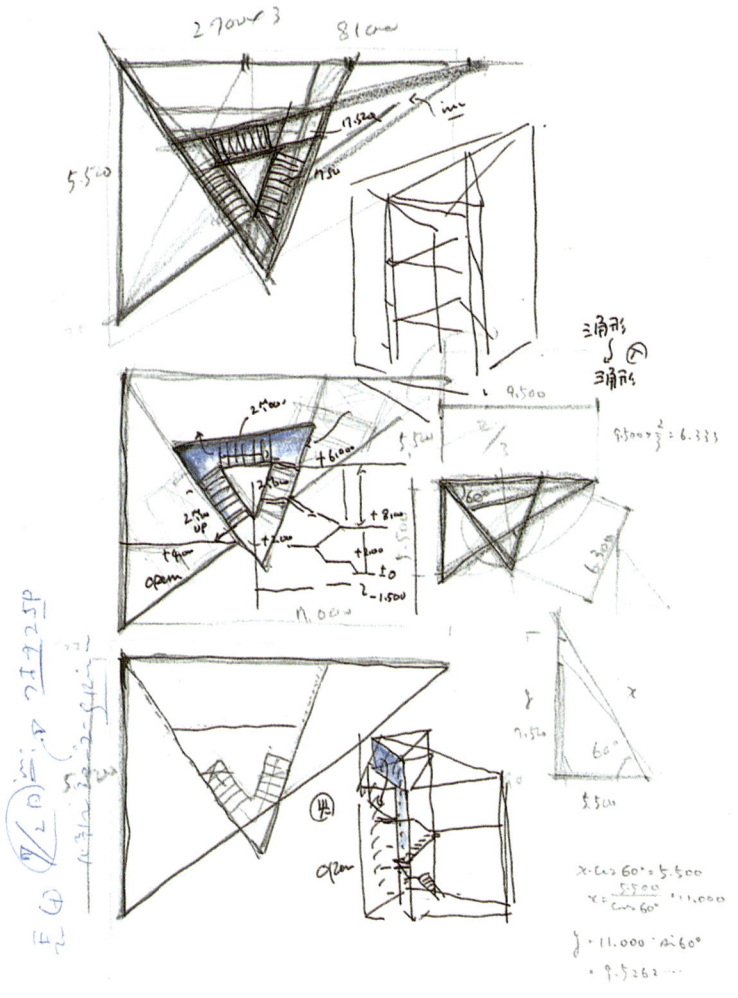

5

삼각형의 평면에 삼각형의 계단실을 넣는 안으로, 건물의 주된 부분의 용적과 계단실의 용적을 비교해 본다. 매력적인 수직 동선을 도입하자니 그것만으로도 상당한 비율을 차지해 버린다. 계단실을 적극 활용하는 방향으로 생각을 시작한다.

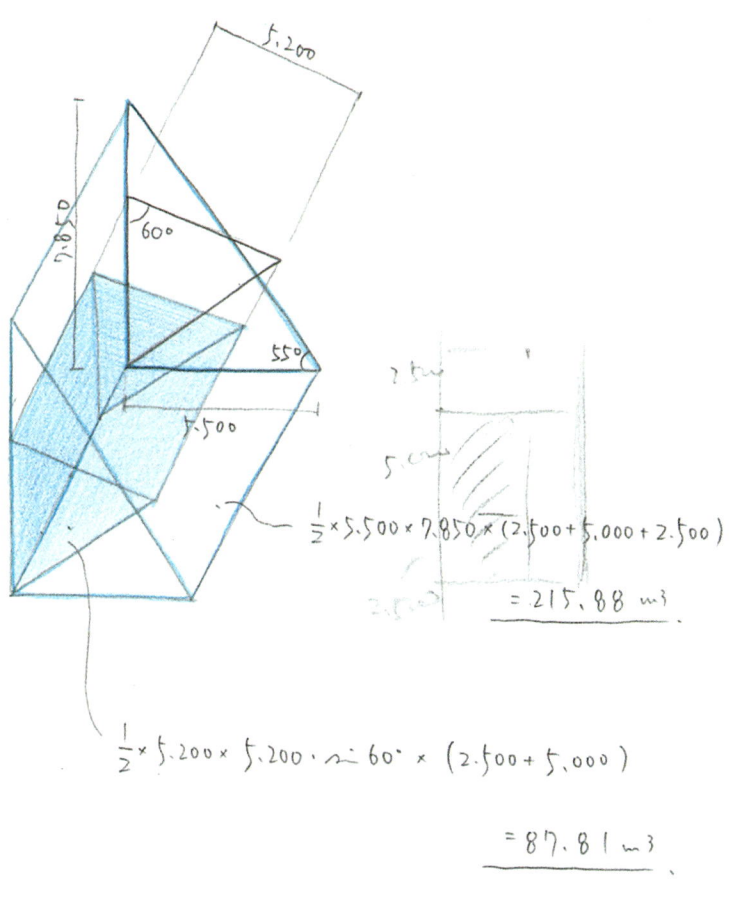

$$\frac{1}{2} \times 5{,}500 \times 7{,}850 \times (2{,}500 + 5{,}000 + 2{,}500)$$
$$= 215.88 \, m^3$$

$$\frac{1}{2} \times 5{,}200 \times 5{,}200 \cdot \sin 60° \times (2{,}500 + 5{,}000)$$
$$= 87.81 \, m^3$$

$$87.81 \, / \, 215.88 = 40.67\%$$

개념적으로 생각하던 삼각형 계단을 넣은 안을, 대지의 모양까지 고려하여 더욱 현실적으로 검토해 본다.

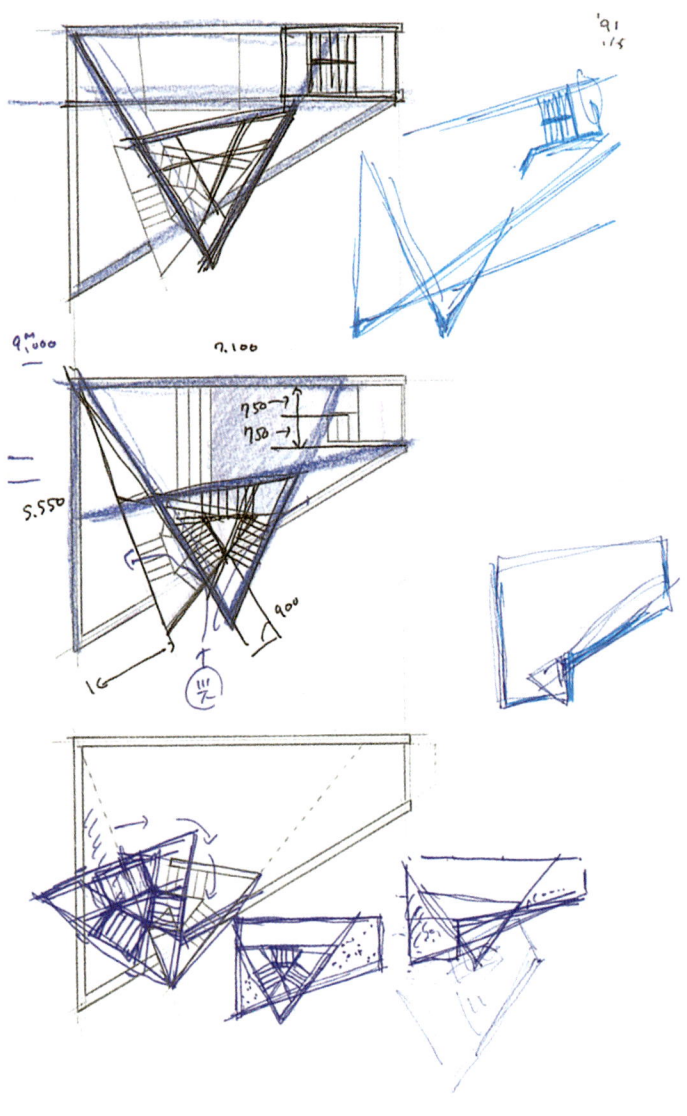

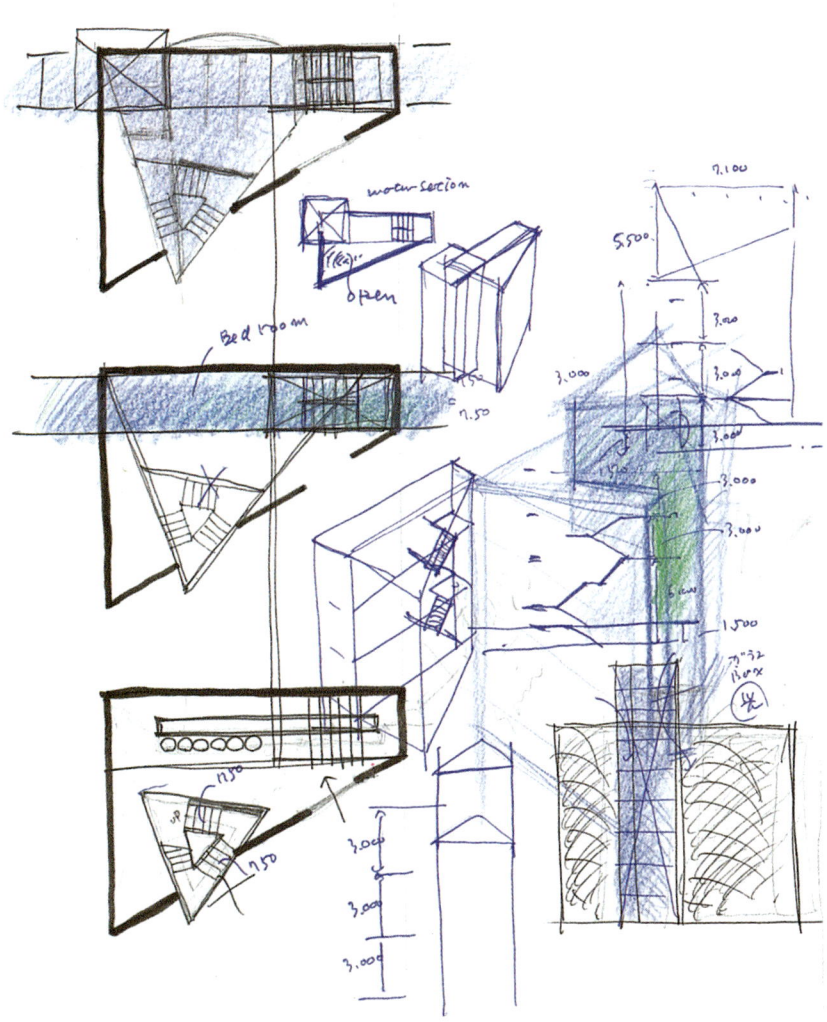

7

극적인 공간을 만들고 싶다는 감정과 기능을 충족시켜야 한다는 생각 사이에서 갈등한다. 교착 상태를 극복하기 위해 기능을 분화시켜야 한다는 고정관념을 버리고 발상을 전환했다. 계단을 보이드 공간과 묶어서 크게 잡는다. 이 정도로 부푼 공간이 있으면 갤러리라는 기능을 겸하는 것도 가능할 것 같다. 나머지 부분에서는 비교적 한 덩어리가 된 공간을 얻을 수 있다.

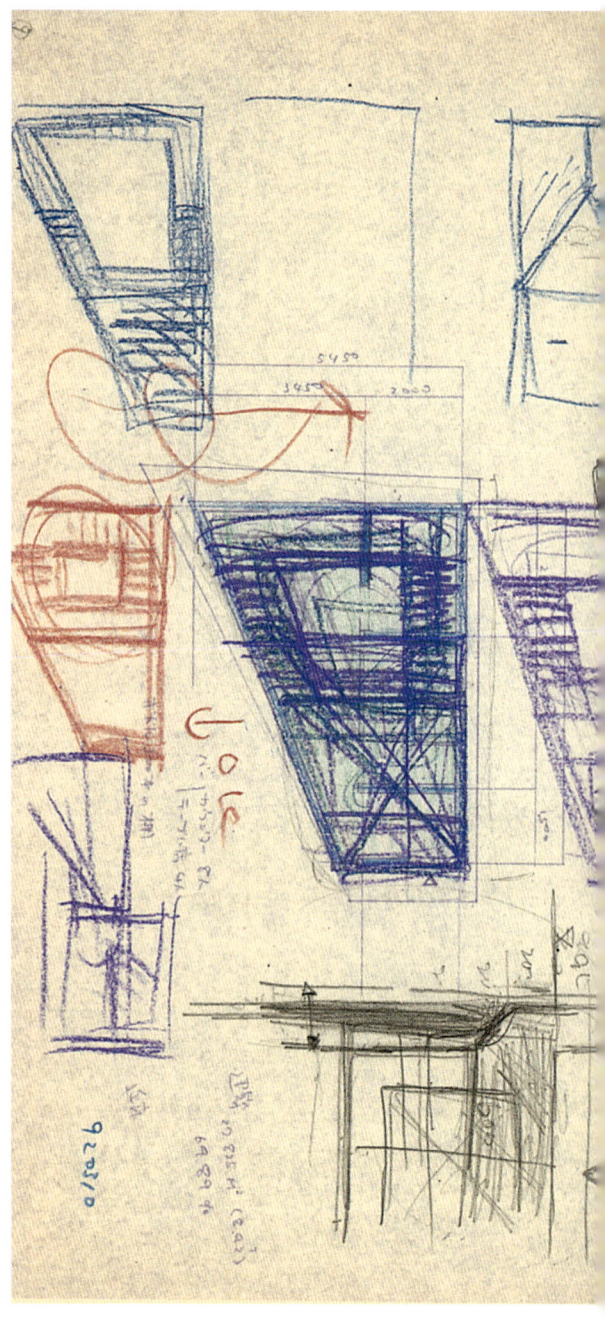

결국 1층은 반 층 내려 갤러리로 정하고, 그 위는 계단을 돌면서 보이드 공간 너머로 마주하는 벽에 걸린 그림을 보는 계단식 화랑으로 구상했다. 이곳으로는 채광용의 천창 top light에서 표정이 풍부한 자연광이 쏟아져 내린다. 2층은 두 층 높이의 보이드 공간을 가진 아틀리에이다. 계단을 다 올라가면 의뢰인의 주거가 있다. 욕조는 없고 샤워 부스만 있는 욕실이 된다. 의뢰인이 바라는 대로 생활하기 위해서는 목욕은 근처의 공중목욕탕에서, 식사는 카페에서, 느긋한 공간에서 그림을 보고 싶으면 가까운 미술관으로, 이런 식으로 주변 환경을 충분히 활용하지 않으면 안 될 것이다. 바로 그렇기 때문에 진정한 도시의 거주자라고 말할 수 있을지도 모른다.

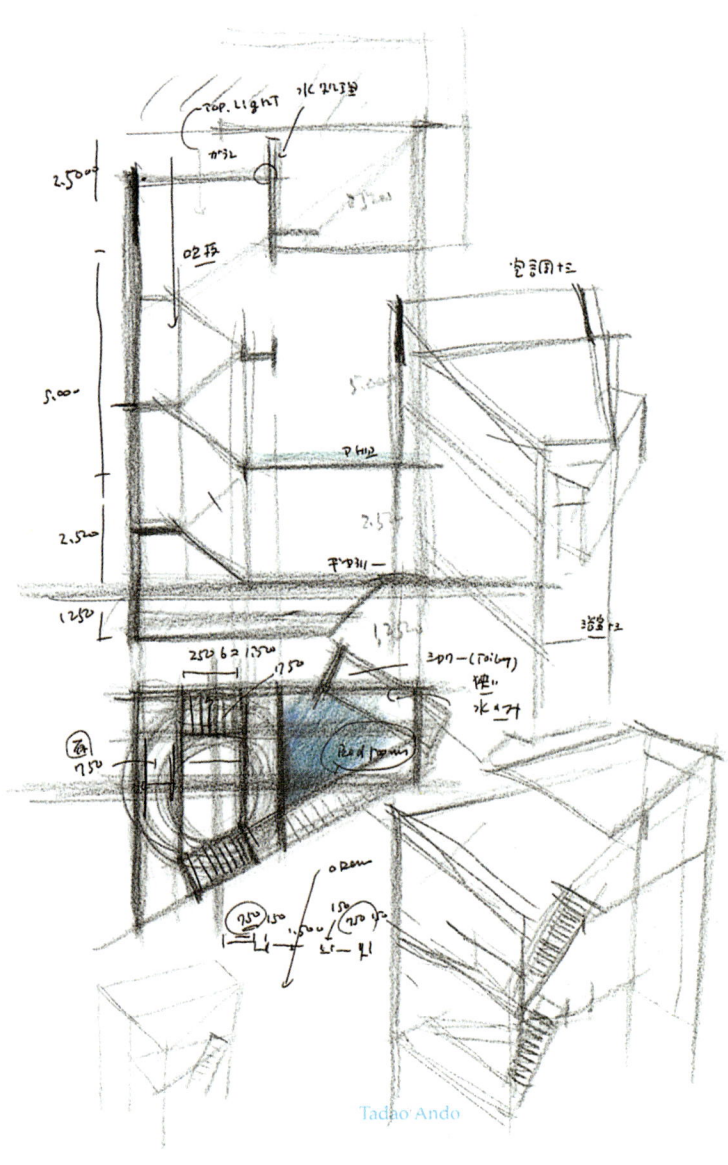

9

이차원으로 본 거의 확정된 안의
전체 구성. 내부 공간을 스케치하여
이미지를 입체적으로 확인한다.
검토라기보다는 스스로 콘셉트를
재확인하기 위한 그림이다.

건축에는 벽, 바닥, 천장이라는
요소가 있으며 그것들의
관계성이 중요하다. 평면은
평면도, 단면은 단면도로 나눠
그리는 종래의 도면으로는
좀처럼 그 관계를 파악할 수
없었다. 건물의 세부를 사무소
내에서 검토한다거나 우리의
생각을 현장에 정확히 전달하기
위해서는 복잡하게 뒤얽힌
요소들을 동시에 입체적으로
파악할 수 있는 도면이 필요했다.
어떻게 하면 좋을지를 두고
시행착오를 거듭한 끝에 평면도,
단면도와 아이소메트릭isometric,
엑소노메트릭axonometric*을
조합하여 하나의 도면에 합치는
방법을 생각했다.

* 대상물을 입체적으로 표현하는
기법에는 크게 평행투상도paraline
drawing와 투시도perspective가
있다. 실제로 평행한 선을 그림에서도
그대로 평행하게 나타내는 것이
평행투상도라면, 평행한 선이
소실점vanishing point을 향하도록
나타내는 것이 투시도이다.
평행투상도는 또다시 두 가지로
나뉘는데, 하나는 엑소노메트릭이고
다른 하나는 오블리크oblique이다.
아이소메트릭은 엑소노메트릭의 한
형태로서 X, Y, Z 세 축 모두 실제 길이가
나타나도록 그리는 기법을 말한다. 이
경우 X축과 Y축을 120도로 교차시켜
그리기 때문에 평면이 실제보다
왜곡되어 보이는 단점이 있다.

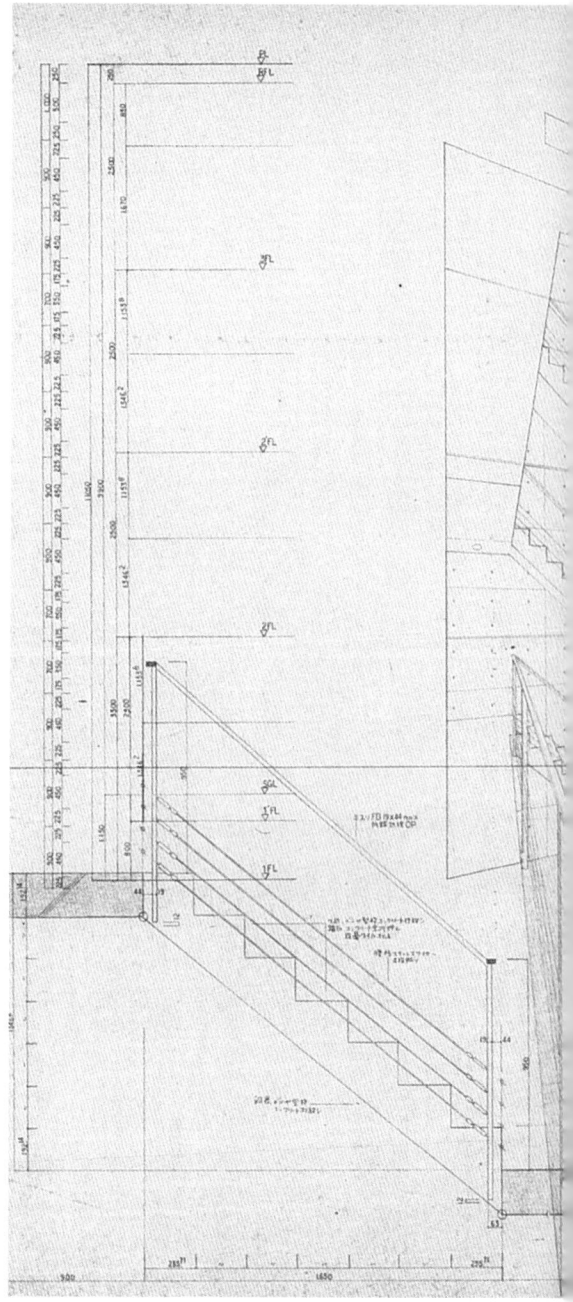

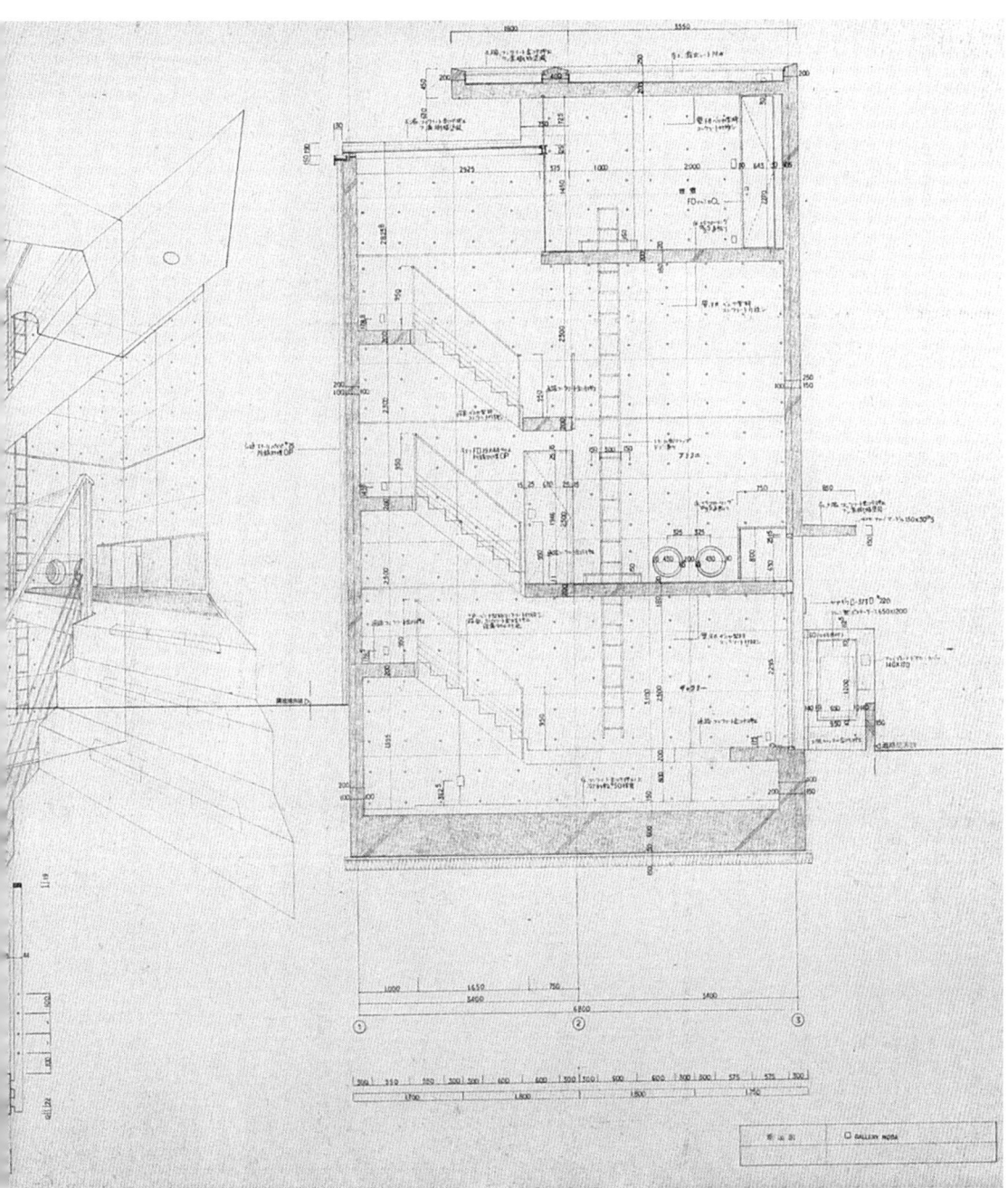

단면 모양

나선 모양으로 올라가는 계단이 그대로 갤러리 공간이 된다.

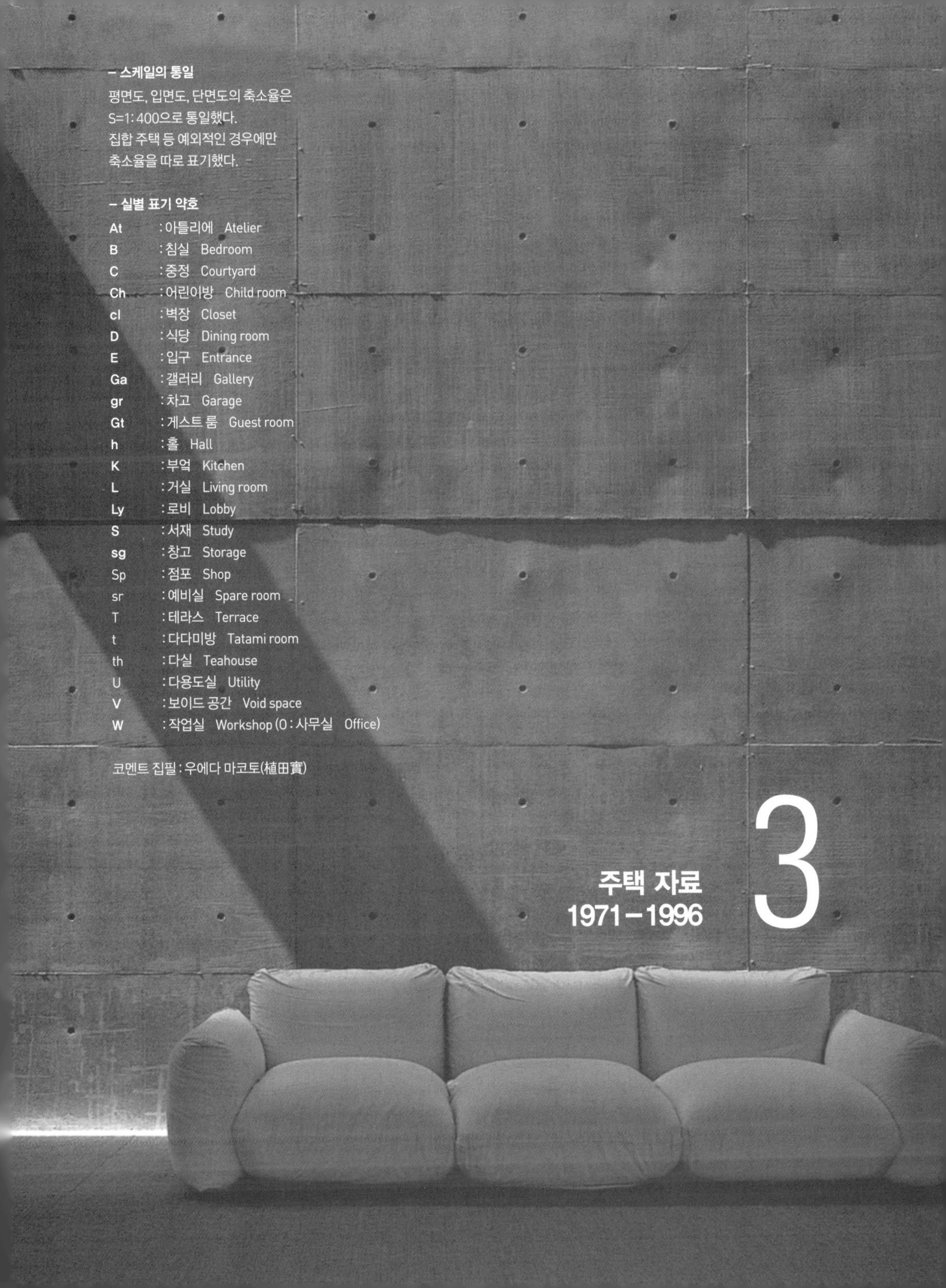

– 스케일의 통일
평면도, 입면도, 단면도의 축소율은 S=1 : 400으로 통일했다.
집합 주택 등 예외적인 경우에만 축소율을 따로 표기했다.

– 실별 표기 약호
At   : 아틀리에   Atelier
B   : 침실   Bedroom
C   : 중정   Courtyard
Ch   : 어린이방   Child room
cl   : 벽장   Closet
D   : 식당   Dining room
E   : 입구   Entrance
Ga   : 갤러리   Gallery
gr   : 차고   Garage
Gt   : 게스트 룸   Guest room
h   : 홀   Hall
K   : 부엌   Kitchen
L   : 거실   Living room
Ly   : 로비   Lobby
S   : 서재   Study
sg   : 창고   Storage
Sp   : 점포   Shop
sr   : 예비실   Spare room
T   : 테라스   Terrace
t   : 다다미방   Tatami room
th   : 다실   Teahouse
U   : 다용도실   Utility
V   : 보이드 공간   Void space
W   : 작업실   Workshop (O : 사무실   Office)

코멘트 집필 : 우에다 마코토(植田實)

3

주택 자료
1971–1996

도미시마의 집
Tomishima House

나가야 끝의 한 집을 잘라 콘크리트 상자로 바꿔 놓은 주택이다. L 자형 도로에 면한 모퉁이가 비스듬히 잘려 있고, 1층에 차고와 주거로 들어가는 입구, 2층에 픽처윈도*picture window**를 내고 있다. 나머지 개구부는 옥상의 스카이라이트*skylight*** 뿐이다. 그 아래의 보이드 공간을 중심으로 하여 계단과 각 방이 나선 모양으로 구성되어 자연스럽게 옥상에 이른다. 생활 영역을 벽으로 보호하고 동시에 밖으로 열린 표정도 인상적이다. 나중에 이 주택을 핵심으로 하여 「오요도 아틀리에」(34)가 순차적으로 증축된다.

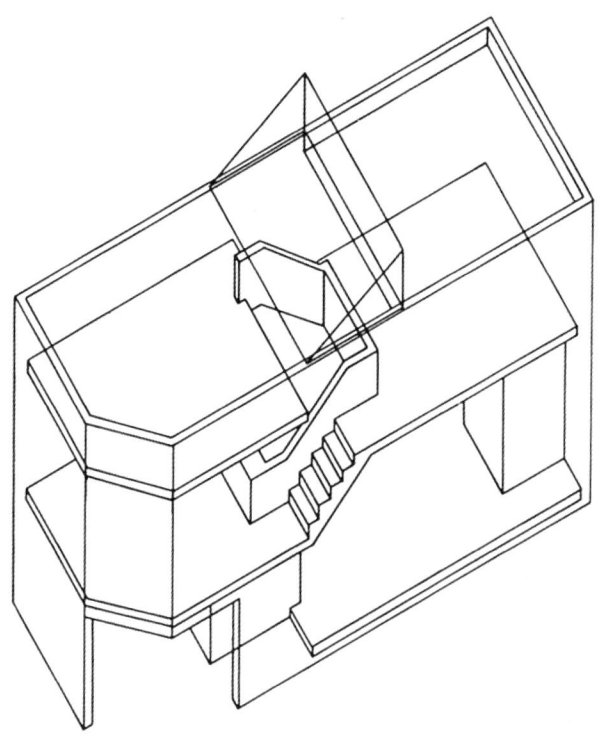

* 옥외의 풍경에 테두리를 친 듯한 형태로 즐기기 위해 외벽에 설치한 대형 창.
** 천장에 낸 채광창.

소재지	오사카시 오요도구
설계·감리	안도 다다오, 요시다 야스오(吉田保夫)
설계 기간	1971.1~1971.11
준공	1973.2
주요 구조	철근콘크리트조(벽식구조)
층수	지상 2층
대지면적	55.2m²
건축면적	36.2m²
연건평	72.4m²
주요 용도	전용주택
가족 구성	부부

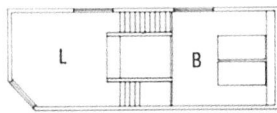

2층 평면

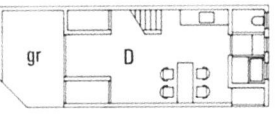

1층 평면

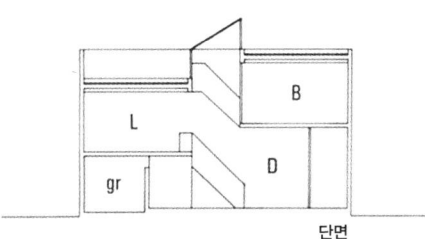

단면

스완상회 빌딩(고바야시의 집)
Swan — Kobayashi House

오사카 시타마치의 과밀 지역에 파묻힌 듯 세워진 점포를 겸용한 주거이다. 작업장을 포함하는 세탁소 위에 두 층의 주거가 올려 있다. 그 아래층은 조그만 안뜰을 사이에 두고 부엌·식당과 침실의 날개 부분이 서로 마주보는 凹 형 평면이고, 그 위에는 역 사다리꼴의 자녀 방이 대칭을 이루고 있다. 단면에 보이는 것처럼 안으로 파고든 구성인데, 방 사이는 막혀 있고 각각에 날카로운 부리 같은 스카이라이트가 하늘을 향해 치솟아 있다. 〈도시 게릴라 주거〉의 하나인데, 실내외 모두 그 이름에 어울리는 강인한 형태이다.

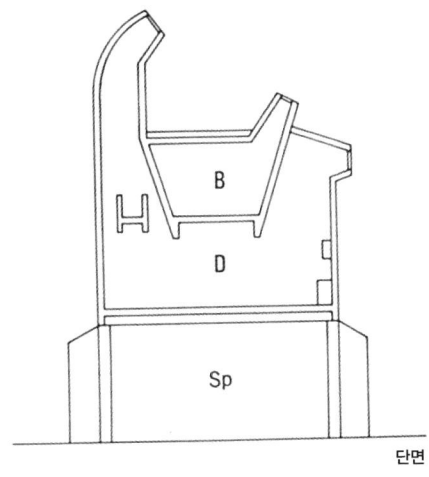

단면

소재지	오사카시 아사히구
설계·감리	안도 다다오
설계 기간	—
준공	계획안
주요 구조	—
층수	지상 2층
대지면적	198.0m²
건축면적	101.0m²
연건평	172.15m²
주요 용도	주택 + 점포
가족 구성	어머니 + 부부 + 자녀 1

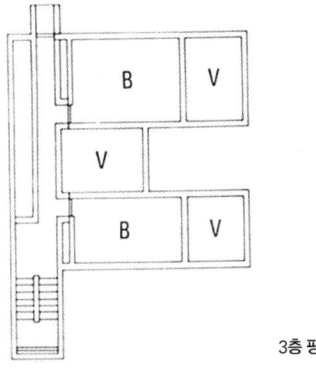

3층 평면

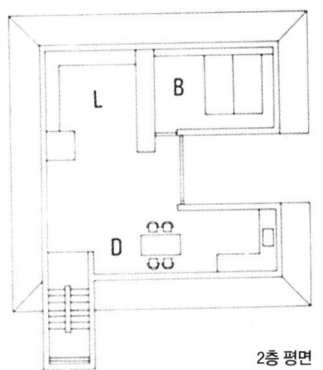

2층 평면

게릴라 I (가토의 집)
Guerilla — Kato House

크고 작은 정사각형이 벽으로 둘러싸인 중정을 사이에 두고 마주보고 있다. 이 중정을 정사각형으로 보면 몇 개의 기하학적 모양이 겹쳐 있는 것으로도 보이는데, 외형은 토치카 같은 독특한 모양과 경사진 지붕의 정자가 대치되는 전환이 이루어지고 있다. 큰 쪽 건물은 커뮤니티 공간을 중심으로 하여 그 상부를 대각선으로 넷으로 분할한 개인용 방과 보이드 공간이 뒤섞여 있다. 여기에는 분명히 「스미요시 나가야」(13)를 예감케 하는 것이 있다. 그러나 기하학의 유희에서 통제로 비약시킨 것이야말로 안도다운 구상이다.

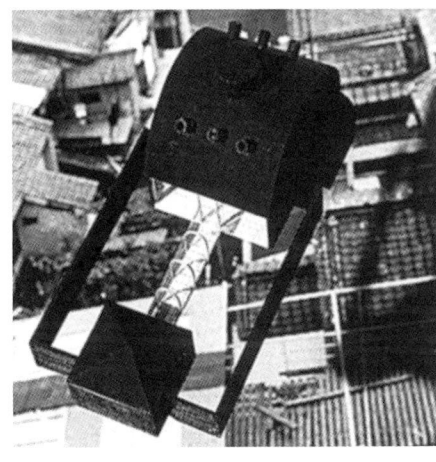

소재지	오사카시 오요도구
설계·감리	안도 다다오
설계 기간	—
준공	계획안
주요 구조	철골조
층수	지상 2층
대지 면적	126.0m²
건축 면적	80.05m²
연건평	109.63m²
주요 용도	전용 주택
가족 구성	부모 부부 + 아들 부부 + 자녀 2

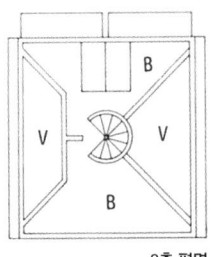

2층 평면

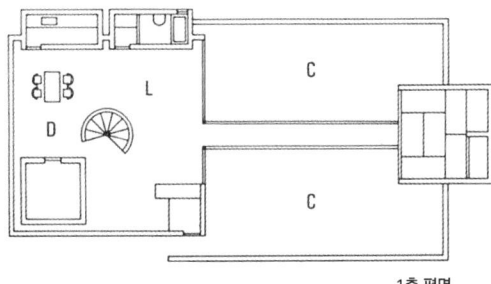

1층 평면

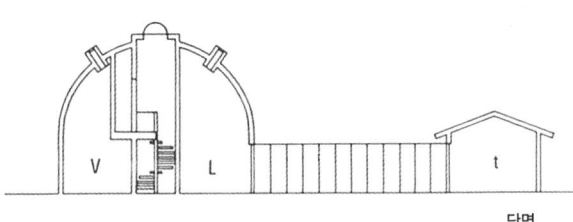

단면

우치다의 집
Uchida House

1층은 창고이다. 북서쪽 구석의 계단이 2층 주거 입구로 가는 정식 진입로다. 그 반대쪽에도 계단이 있다. 한쪽으로만 경사진 지붕 아래가 얼핏 아무렇지도 않게 보이지만 자세히 보면 쌍을 이루는 두 계단, 벽이나 지붕에서 돌출되어 있는 개구부를 통해 안쪽의 드라마가 엿보인다. 거실을 압도하며 나란히 서 있는 사각형과 원통형의 거대한 설비가 두 층 높이로 설치되어 있다. 그러나 찰스 무어Charles Moore의 그것과는 성격을 달리 하며, 독특한 모양의 완결된 타워가 상부에서 연결되고 방의 구심력이 높아지는 점에 이 설계의 목적이 있다.

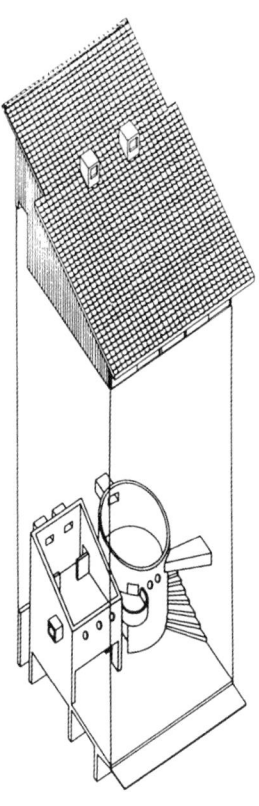

소재지	—
설계·감리	안도 다다오, 요시다 야스오
설계 기간	1972.8~1973.9
준공	1974.6
주요구조	철근콘크리트조(일부 목조)
층수	지상 3층
대지면적	3641.3m²
건축면적	84.6m²
연건평	106.7m²
주요용도	전용주택
가족구성	부부＋자녀 1

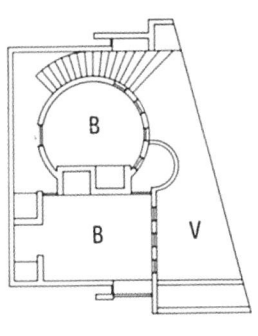

3층 평면

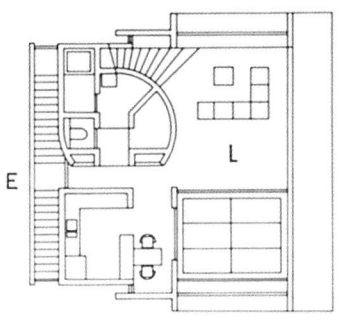

2층 평면

단면

우노의 집
Uno House

사다리꼴로 경사져 있으며 게다가 북쪽을 향해 넓어지고 높아지는 벽이 어쩔 수 없이 중심축을 강화하고 있다. 북쪽 벽의 중앙 입구로 들어가면 정면에 2층 로프트*loft*[*]로 올라가는 직선 계단이 있다. 보 위에 배처럼 올린 로프트의 바닥도 직선으로 뻗어 남쪽으로 빠져 나간다. 1층에서 보를 빠져 나가 2층까지 올라가 있는 양측 면의 경사진 벽은, 스카이라이트의 빛이 최상부에서 지반까지 비춘다. 상하 생활의 공간을 하나로 합치거나 부드럽게 분절하는 벽이다. 하나의 공간에 중심축과 방향성을 확립하는 기법에 집중하고 있다.

* 원뜻은 건물의 최상층 또는 지붕 아래에 있는 방을 가리킨다. 천장의 아래가 아니라 바로 지붕 아래에 있으며 창고 등으로 쓰인다. 이런 로프트를 주거용으로 개조하거나 신축한 천장이 높은 공간(주로 아틀리에나 스튜디오 등 미술이나 음악 작품을 제작하는 공간으로 쓰인다)을 둔 집합 주택을 〈로프트 아파트먼트*loft apartment*〉라 부른다.

소재지	교토시우쿄구
설계·감리	안도 다다오, 아사이 다카유키(淺井隆行)
설계 기간	1973.9~1974.8
준공	1974.12
주요 구조	목조
층수	지상 2층
대지면적	84.5m²
건축면적	42.0m²
연건평	63.7m²
주요 용도	전용주택
가족 구성	부부

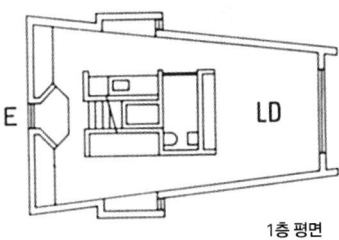

1층 평면

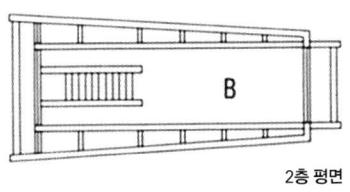

2층 평면

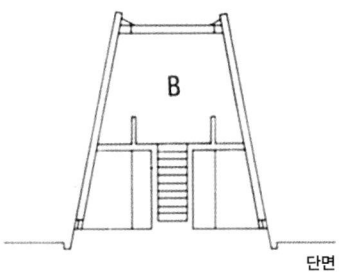

단면

히라오카의 집
Hiraoka House

예컨대 「스완상회 빌딩(고바야시의 집)」(2)의 평면이 다시 나타난 것인데, 그것에 단면이 겹쳐진 듯한 특이한 모양이다. 「고바야시의 집」이 각 방이 뒤섞이면서도 강고하고 폐쇄적이었던 것처럼, 여기서도 각각의 장소는 외부로 날카롭게 돌출되기도 하고 내부에서는 액자 상태로, 게다가 각도를 달리하여 놓여 있기도 하여 심적으로는 독립되고 폐쇄된 영역으로 구성되어 있다. 계단, 통로, 브리지도 독립적으로 각각의 장소를 연결하고 또한 통과점 자체를 영역화하고 있다.

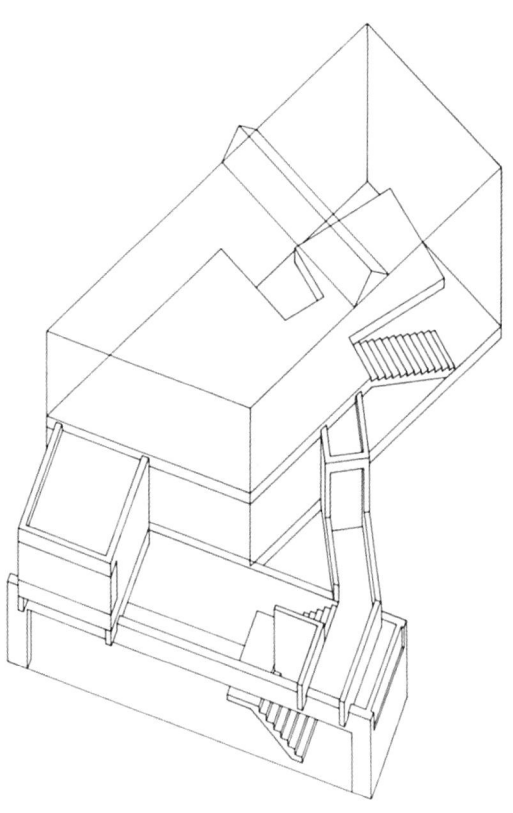

소재지	효고현 다카라즈카시
설계·감리	안도 다다오, 미요시야스타카(三好康隆)
설계 기간	1972.1~1973.5
준공	1974.2
주요 구조	철근콘크리트조(벽식구조), 일부 목구조
층수	지하 1층, 지상 2층
대지면적	238.0m²
건축면적	58.0m²
연건평	87.9m²
주요 용도	전용주택
가족 구성	부부+자녀 1

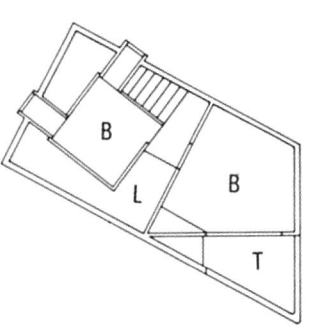

2층 평면

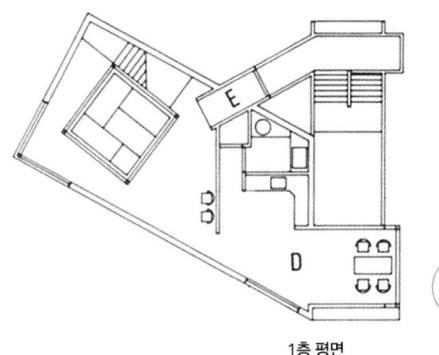

1층 평면

다쓰미의 집
Tatsumi House

오사카 항에서 가까운 상점가, 6미터×13미터의 대지에 있던 점포를 허물고 노출 콘크리트의 점포 겸용 주택을 지었다. 1, 2층이 커피숍과 양품점, 3(+로프트)층이 주거이다. 철저히 폐쇄된 벽에서 잘라 내듯이 창이라기보다는 채광 통의 형태로 각 층마다 방향을 바꿔 냈고, 계단실에는 터진 곳처럼 슬릿*slit*을 냈으며, 충분히 축소한 스카이라이트를 배치하여 빛을 다루는 데 특별히 상징적인 의미를 주고 있다. 마찬가지로 주거 층 중앙의 계단을 다루는 방식도 상징성이 높다.

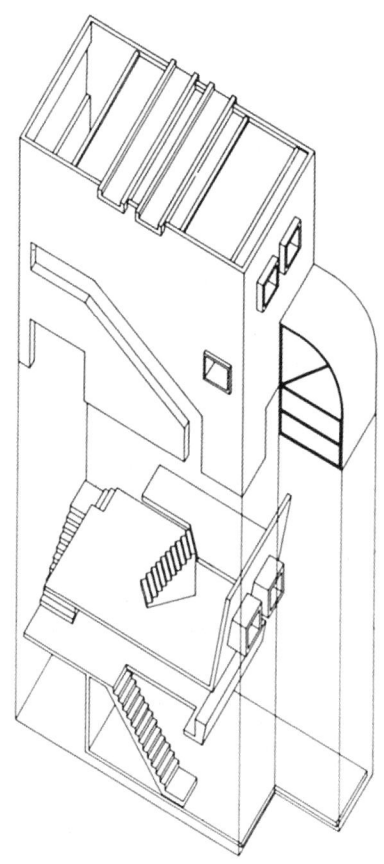

* 빛이 들어오게 하거나 환기나 방열을 위해 내는 구멍.

소재지	오사카시 다이쇼구
설계·감리	안도 다다오, 미요시 야스타카, 우에스기 다다시
설계 기간	1972.5~1973.7
준공	1975.1
주요 구조	철근콘크리트조(벽식구조)
층수	지상3층
대지면적	61.7m²
건축면적	56.1m²
연건평	135.5m²
주요 용도	주택+점포
가족 구성	부부

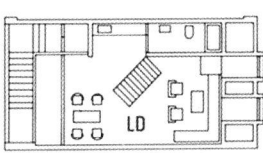

3층 평면

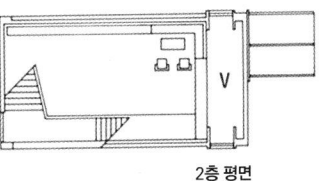

2층 평면

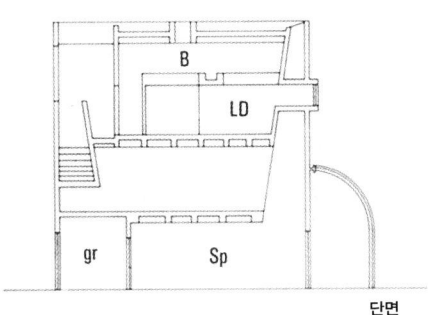

단면

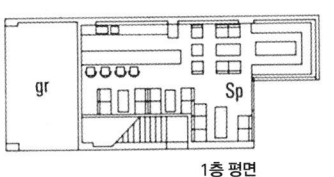

1층 평면

시바타의 집
Shibata House

직육면체와 원통형의 콘크리트 박스가 계단실에서 결합한다. 직육면체 부분은 다다미방, 부엌이나 욕실, 침실 등 일상생활을 하는 곳이다. 한편 원통형의 내부에는 지하 1층의 차고 상부에 독립적인 원기둥이 천장으로 이어지지 않고 도중에 뚝 끊어진 것 외에는 아무것도 없다. 이른바 텅 비어 있는 제의적인 공간이다. 계단실은 두 개의 영역을 동선으로 연결하는 것에 그치지 않고 양자가 서로 간섭하는 효과를 강화하고 있다. 예컨대 계단을 사이에 두고 쌍을 이룬 개인용 방에 뚫린 개구부에 주목해야 한다.

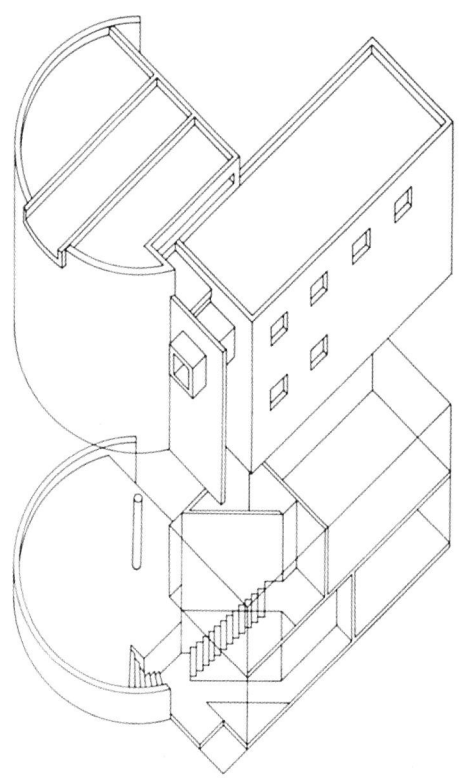

소재지	효고현 아시야시
설계·감리	안도 다다오, 요시다 야스오
설계 기간	1972.10~1973.6
준공	1974.4
주요 구조	철근콘크리트조(벽식구조)
층수	지하 1층, 지상 2층
대지 면적	186.9m²
건축 면적	73.8m²
연건평	144.6m²
주요 용도	전용 주택
가족 구성	부부+자녀 1

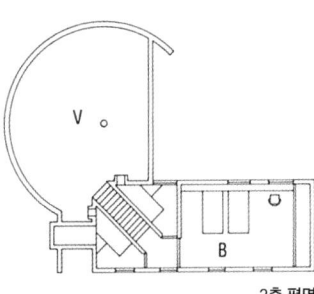

2층 평면

1층 평면

소세이칸(生觀, 야마구치의 집)
Soseikan — Yamaguchi House

형제 의뢰인을 위한 주택이다. 비슷한 모양의 두 건물이 줄을 지어 비스듬히 마주보고 있으며 브리지로 이어져 있다. 그리고 대지에 미묘한 고저의 차가 있기 때문에 두 동의 건축이 거울상처럼 비슷하면서도 그 대칭축을 빗나가게 한 독립성으로 이중의 표정을 지녔다. 조소적인 브리지, 총구처럼 돌출한 창, 융기하는 바닥, 꼭대기에 걸린 실린더 모양의 채광창 등 강력한 표현 요소가 두드러지지만, 남쪽 면까지 폐쇄한 노출 콘크리트 벽이 실내의 공간성까지 결정하고 있다. 이후 안도 건축의 기점이라고 할 수 있다.

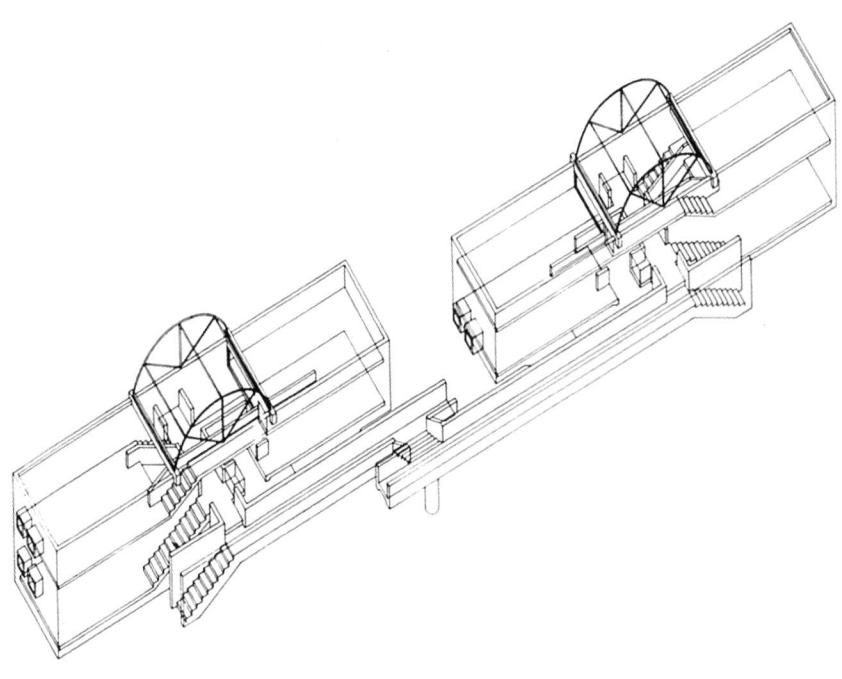

소재지	효고 현 다카라즈카시
설계·감리	안도 다다오, 기시 마사키(貴志雅樹)
설계 기간	1974.1 ~ 1975.2
준공	1975.7
주요 구조	철근콘크리트조(벽식구조)
층수	지상 2층
대지 면적	523.6m²
건축 면적	97.5m²
연건평	161.9m²
주요 용도	전용 주택
가족 구성	단신＋형

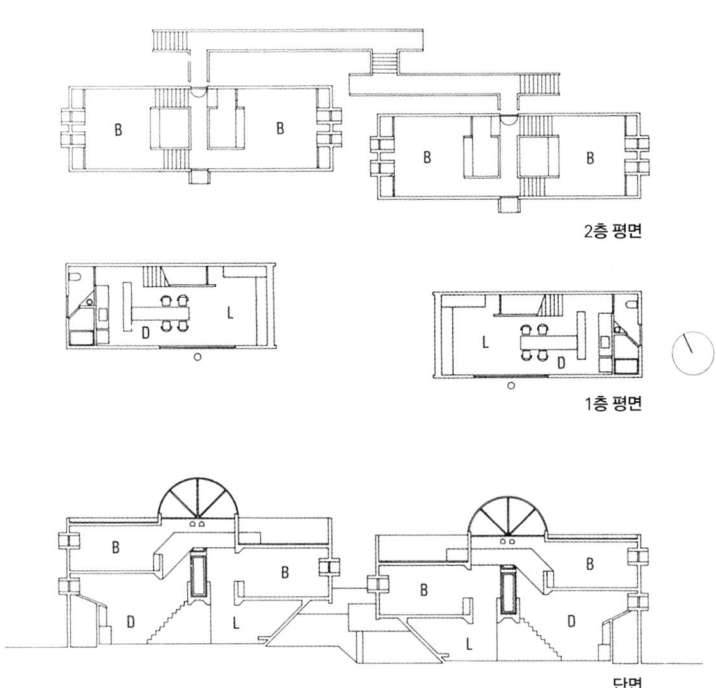

2층 평면

1층 평면

단면

소세이칸 다실(야마구치의 집 증축)
Tea House for Soseikan — Yamaguchi House Addition

「소세이칸」의 남쪽 건물 옆에 증축한 다실이다. 벽, 천장, 바닥 모두가 노출 콘크리트이며, 중심부에 다다미 세 장이 놓여 있을 뿐이다. 단순하게 보이는 이러한 구성에서 벽은 다양하게 연속적으로 겹쳐 있으며, 개구부는 진입로이자 빛의 필터로서 잘게 분절되어 끝없는 시퀀스를 만들어 내고 있다. 모든 것이 사람을 먼저 안으로 이끌면서 동시에 부동(不動)의 빛과 그림자를 확립한다. 안도의 기법이 단적으로 엿보이는 이 작은 세계는 주택에 대한 그의 정신적 모형이기도 하다.

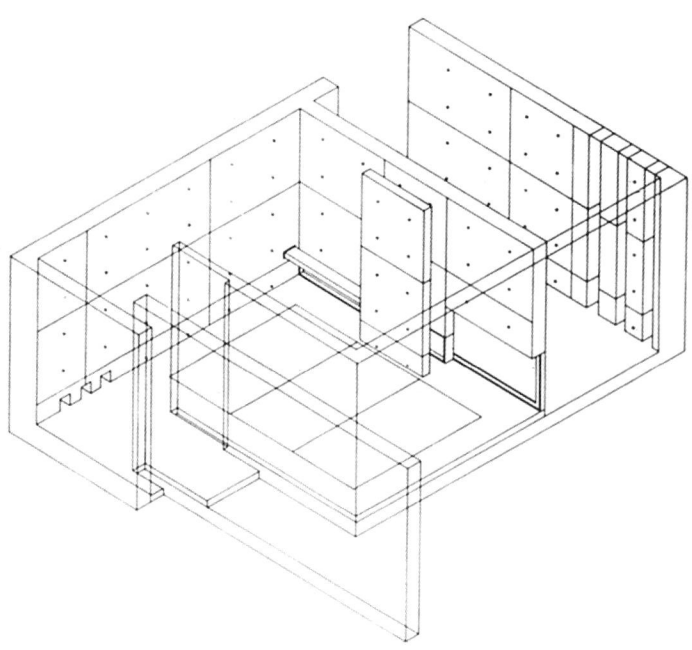

소재지	효고 현 다카라즈카 시
설계·감리	안도 다다오, 이와마 후미히코(岩間文彦)
설계 기간	1981.5~1982.2
준공	1982.7
주요 구조	철근콘크리트조(벽식구조)
층수	지상 1층
대지면적	523.6m²
건축면적	15.5m²
연건평	12.8m²
주요용도	다실
가족구성	—

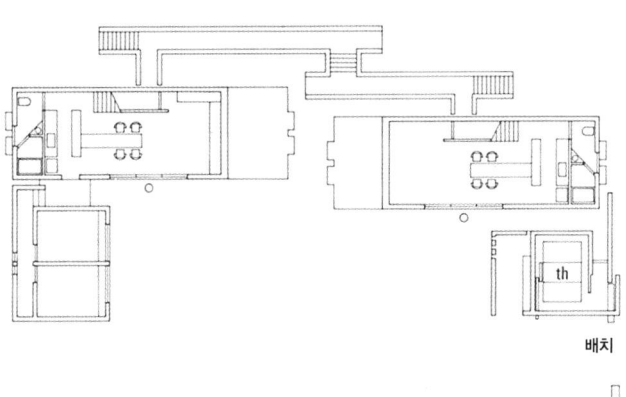

배치

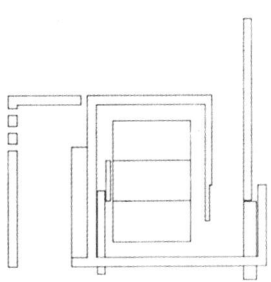

다실 평면 S=1:200

다카하시의 집
Takahashi House

남북으로 긴 부정형 대지의 세 방향을 주거동과 그것에 연속하는 벽으로 둘러싸고 남쪽만을 플라스크의 입구처럼 뚫어 놓았다. 이리하여 거실은 뜰로, 도로로 흘러 나간다. 이 연속성을 기호화하고 있는 것이 도로 옆의 나무 한 그루와 거실 안에 놓인 자동차이다. 2층에서 3층으로 올라가면서 점차 사적인 성격이 짙어지는 반면, 그 구성을 느슨하게 하듯이 동쪽 벽 사이에 끼인 바깥 계단과 통로가 2층 전체에 유동성을 주고 있다. 이후에 나오는 〈로즈가든〉의 표정이 나타나기 시작한다.

소재지	효고현 아시야시
설계·감리	안도 다다오
설계 기간	1974.6~1975.10
준공	1975.10
주요 구조	철근콘크리트조(벽식구조), 상부 목조
층수	지상 3층
대지면적	158.5m²
건축면적	70.6m²
연건평	154.6m²
주요 용도	전용 주택
가족 구성	부부+자녀 2

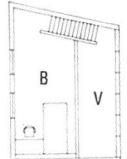

3층 평면

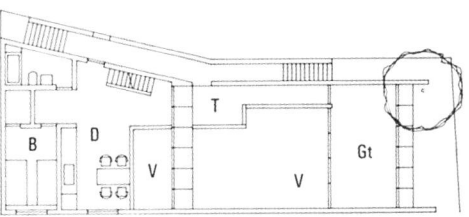

2층 평면

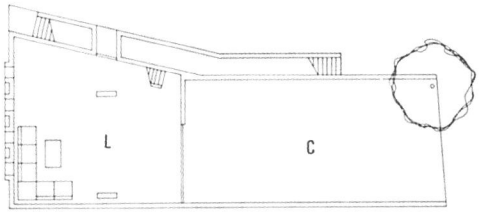

1층 평면

트윈 월
Twin Wall

방과 계단이 서로 쌍을 이루고 있다. 1층은 홀을 중심으로 식당과 침실, 2층은 브리지를 끼고 개인용 방이 마주보고 있다. 벽의 양면에서 중심의 홀을 향해 밑으로부터 밀리듯 높아지는 기단, 반원형의 입구, 대칭을 벗어난 정육면체의 다다미방 등 심플한 구성에 극성을 가미하는 여러 요소가 조형적이라고도 할 수 있다. 무엇보다 결정적 특성은 안도가 말하는 〈두 개의 벽이라기보다 두꺼운 하나의 벽 안에서 사는 듯한〉 비전이다. 직후에 등장하는 「스미요시 나가야」(13)의 원형이 된 계획안이다.

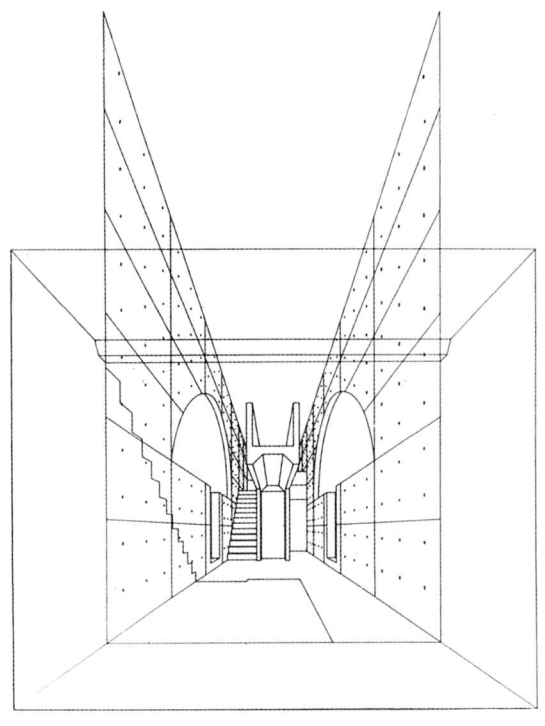

소재지	효고현 아시야시
설계·감리	안도 다다오
설계 기간	1974.6~1975.10
준공	1975.10
주요 구조	철근콘크리트조(벽식구조), 상부 목조
층수	지상 3층
대지 면적	158.5m²
건축 면적	70.6m²
연건평	154.6m²
주요 용도	전용 주택
가족 구성	부부 + 자녀 2

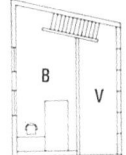

3층 평면

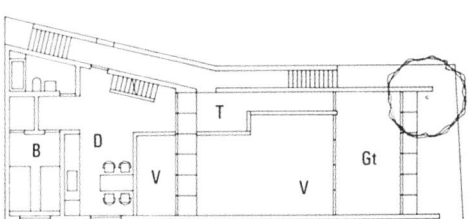

2층 평면

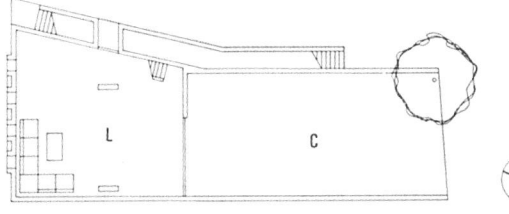

1층 평면

마쓰무라의 집
Matsumura House

「다카하시의 집」(10)에 이어 경사진 지붕과 벽돌 벽으로 구성된, 주택에서는 흔하지 않은 예이다. 멀리서 보면 온화하지만 지붕을 뚫고 나가는 굴뚝 같은 계단실, 그리고 욕실의 중심부를 정면 파사드로 밀어 내고 그 좌우에 처마 안쪽의 높이로 열린 현관과 부엌문 등 닫힌 벽과 개구부의 대비가 강렬하여 도저히 일반적인 양옥의 틀에는 속하지 않는다. 내부에서도 부엌, 식당, 거실의 분절이 강하다. 침실과 다락방도 슬릿 모양의 보이드 공간이 오히려 각 방을 독립시키고 있다. 교외 주택지 안에 있어 지금도 독특한 존재감을 보인다.

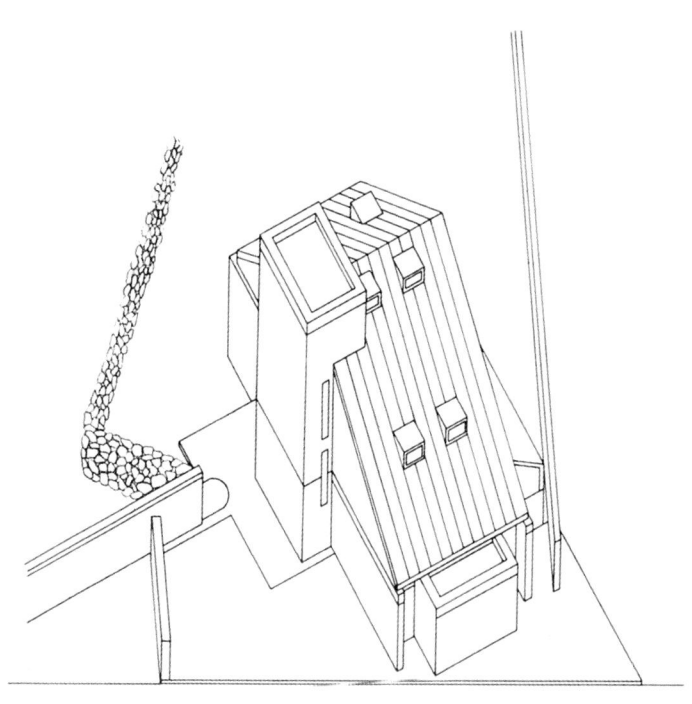

소재지	고베시 히가시나다구
설계·감리	안도 다다오, 이와타 히로시(岩田浩史)
설계 기간	1974.6~1975.10
준공	1975.10
주요 구조	철근콘크리트조(벽식구조), 상부 목조
층수	지상 3층
대지면적	491.1m²
건축 면적	81.0m²
연건평	145.6m²
주요 용도	전용 주택
가족 구성	부부+자녀 2

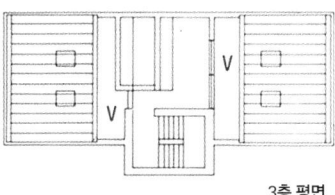

3층 평면

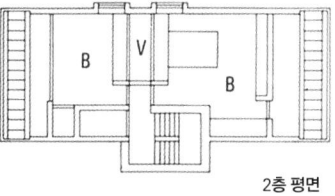

2층 평면

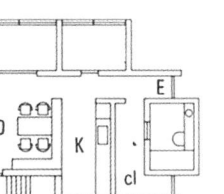

1층 평면

트윈 월
Twin Wall

방과 계단이 서로 쌍을 이루고 있다. 1층은 홀을 중심으로 식당과 침실, 2층은 브리지를 끼고 개인용 방이 마주보고 있다. 벽의 양면에서 중심의 홀을 향해 밑으로부터 밀리듯 높아지는 기단, 반원형의 입구, 대칭을 벗어난 정육면체의 다다미방 등 심플한 구성에 극성을 가미하는 여러 요소가 조형적이라고도 할 수 있다. 무엇보다 결정적 특성은 안도가 말하는 〈두 개의 벽이라기보다 두꺼운 하나의 벽 안에서 사는 듯한〉 비전이다. 직후에 등장하는 「스미요시 나가야」(13)의 원형이 된 계획안이다.

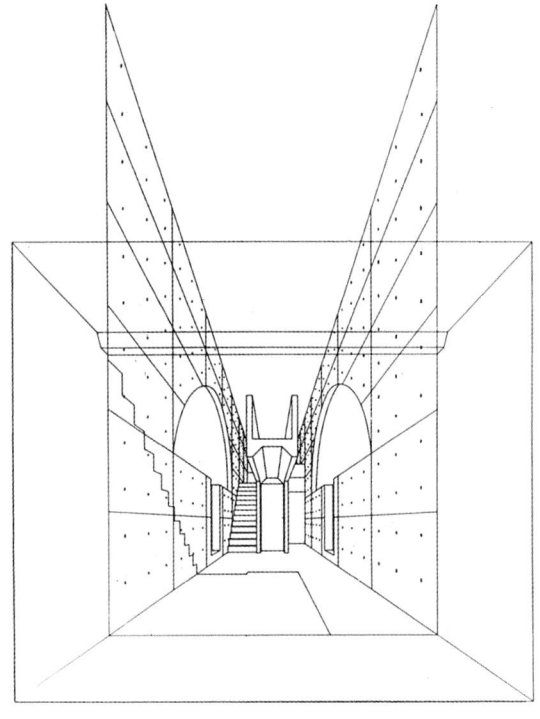

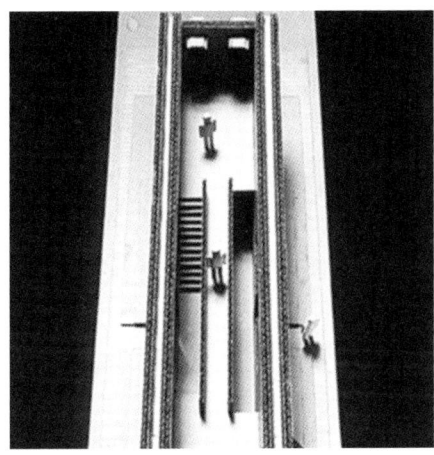

소재지	—
설계·감리	안도 다다오
설계 기간	1975
준공	계획안
주요 구조	철근콘크리트조
층수	지상 2층
대지면적	85.1m²
건축면적	70.6m²
연건평	107.2m²
주요용도	전용주택
가족구성	—

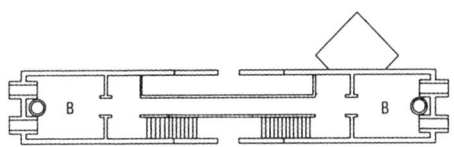

2층 평면

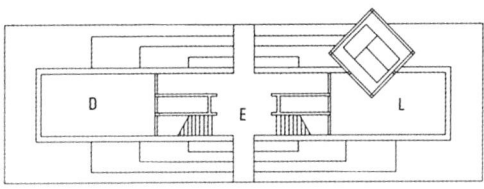

1층 평면

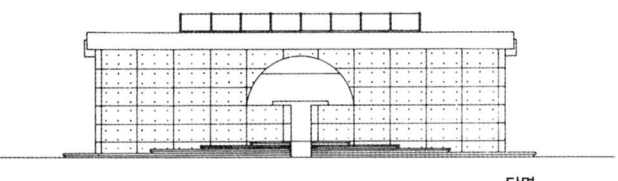

단면

스미요시 나가야(아즈마의 집)
Row House, Sumiyoshi — Azuma House

오사카 시타마치의 세 세대 나가야 중 가운데 집을 보와 함께 도려내고 콘크리트 상자를 삽입했다. 콘크리트 상자는 삼등분되어 그 중앙부를 보이드 공간으로 만들고 중정에 계단과 브리지를 놓았다. 중정을 사이에 두고 1층은 입구와 거실, 안쪽에 부엌·식당과 욕실, 2층은 침실과 자녀의 방이다. 이 강렬한 구성은 닫힌 방과 열린 옥외, 벽과 개구부, 합리적인 동선과 쓸데없는 공간이라는 건축의 대립 개념을 단숨에 전도시켜 새로운 감각이나 사상처럼 보일 정도이다.

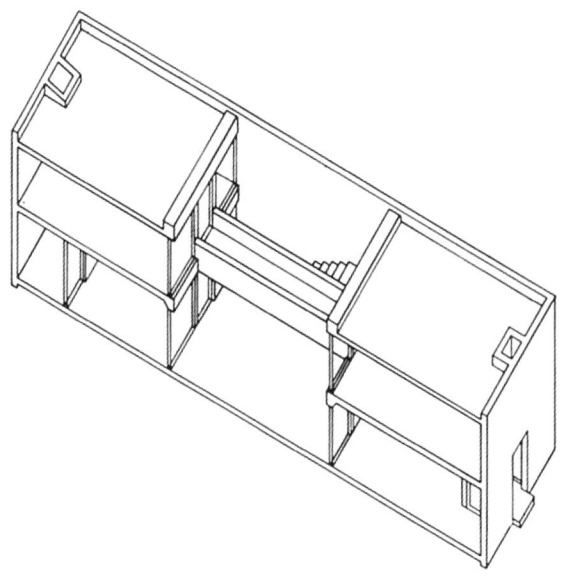

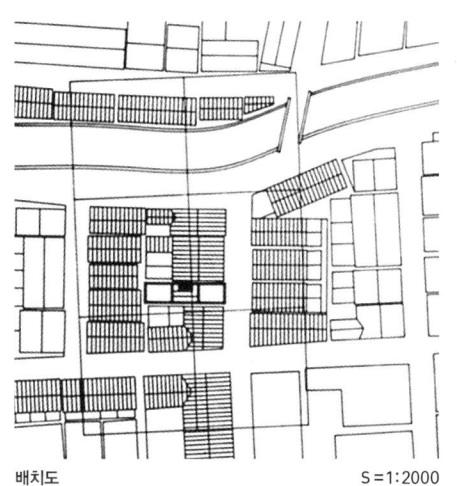

배치도　　　　　　　S=1:2000

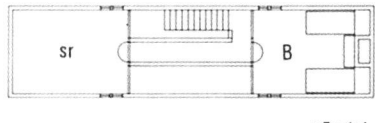

2층 평면

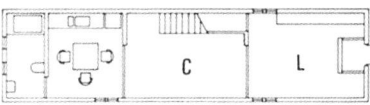

1층 평면

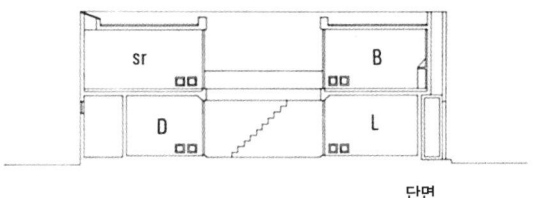

단면

소재지	오사카시 스미요시구
설계·감리	안도 다다오, 기시 마사키
설계 기간	1975.1 ~ 1975.8
준공	1976.2
주요 구조	철근콘크리트조(벽식구조)
층수	지상 2층
대지면적	57.3m²
건축 면적	33.7m²
연건평	64.7m²
주요 용도	전용주택
가족 구성	부부

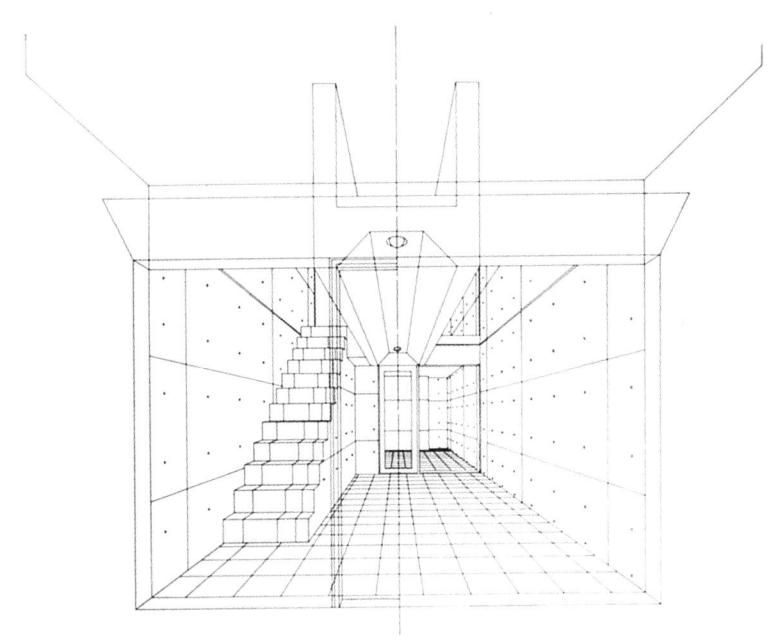

관입(貫入, 히라바야시의 집)
Interpenetration — Hirabayashi House

예컨대 「시바타의 집」(8)에서와 마찬가지로, 일상과 비일상의 생활 영역을 그대로 대조적인 건축 형태로 치환하여 마주보게 하고 또 연결하는 구성이 답습되고 있다. 그러나 일상생활의 장은 안도의 주택에서 처음으로 채택한 입체 격자에 의해 더욱 유연하게 열리고, 한쪽이 강하게 닫힌 예배당 같은 반원통형 부분과의 대조를 한층 강화하고 있다. 어디까지나 두 영역의 대비를 골격으로 한 계획이 일거에 다양한 건축 언어를 낳고 있다.

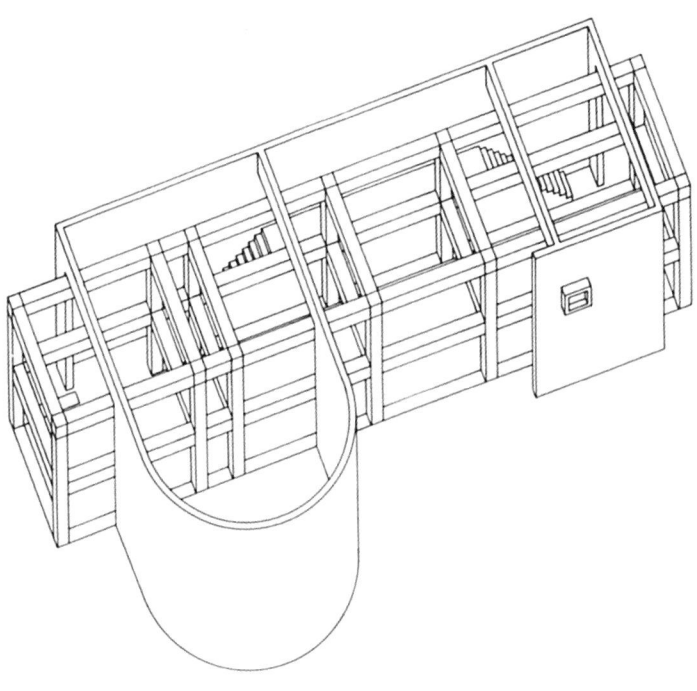

소재지	오사카부스이타시
설계·감리	안도 다다오, 모리사키 데루유키(森崎輝行)
설계 기간	1975.1~1975.9
준공	1976.7
주요 구조	철근콘크리트조(라멘구조+벽식구조)
층수	지상 2층
대지면적	394.4m²
건축 면적	143.3m²
연건평	211.7m²
주요 용도	전용 주택
가족 구성	부부+자녀 1

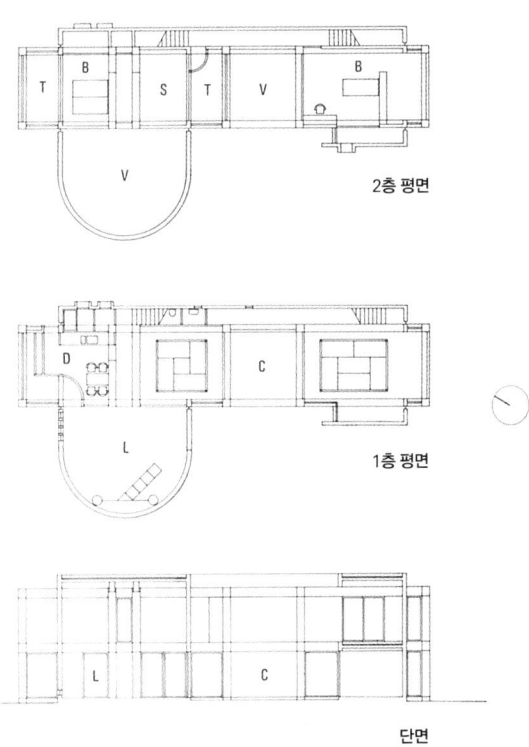

2층 평면

1층 평면

단면

반쇼의 집
Bansho House

15

이 주택에서도 「시바타의 집」(8)과 통하는 구성을 볼 수 있다. 두 영역의 대비된 형태를 양립시키는 한편, 여기서 보이는 것처럼 정육면체 안에 직육면체가 들어간, 형태적으로 양자가 일체화된 것처럼 보이도록 전개하고 있다. 이는 전체가 심플해지는 것 이상으로 완전히 새로운 요소가 파고 들어가는 결과를 낳는다. 즉 양면의 벽을 폐쇄하고 작은 하이사이드라이트 *high side light*만을 열어 빛을 집의 중심부로 옮긴 것이다. 빛과 가족이 모이는 장소가 구심이 되어 겹친다.

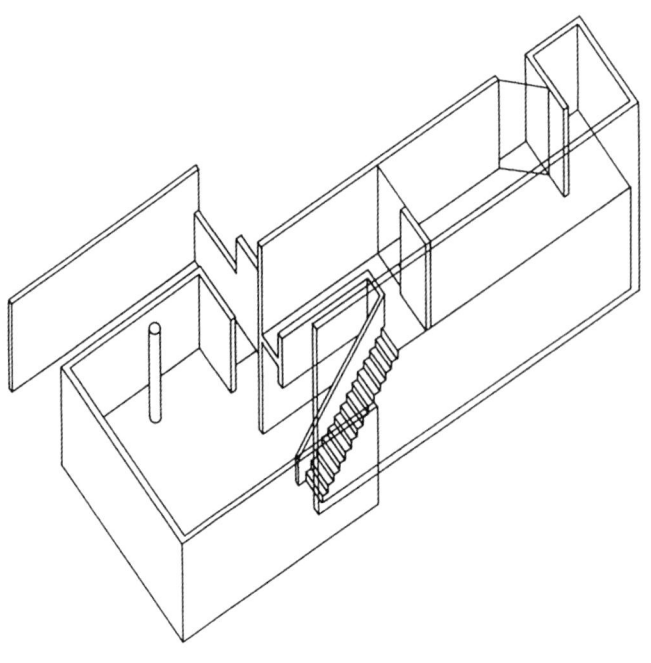

소재지	아이치현 니시카모군
설계·감리	안도 다다오, 기시 마사키, 야노 마사타카(矢野正隆)
설계 기간	1975.2~1976.1
준공	1976.7
주요 구조	철근콘크리트조(벽식구조)
층수	지상 2층
대지면적	168.3m²
건축면적	63.5m²
연건평	87.5m²
주요 용도	전용주택
가족 구성	부부

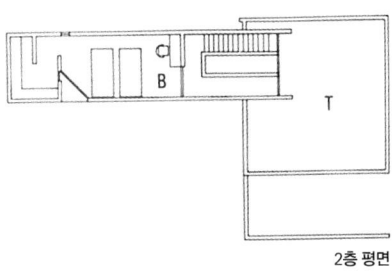

2층 평면

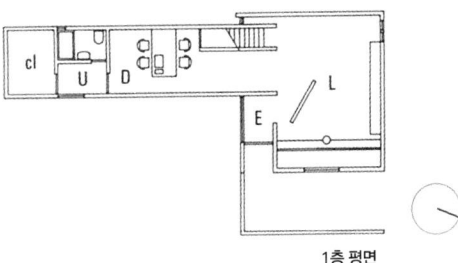

1층 평면

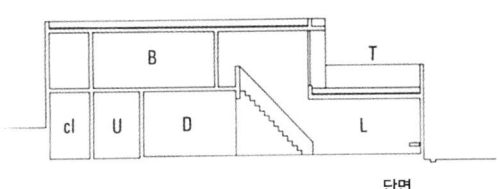

단면

반쇼의 집 증축
Bansho House Addition   15x

직육면체 건물 서쪽에 그것과 평행하게 똑같은 형태를 반복하는 형식으로, 아틀리에와 그것과 이어지는 중정을 증축했다. 남쪽으로 크게 열린 방이 이 집에 덧붙여졌다. 그러나 단순하게 덧붙인 것이 아니라 기존 부분에도 큰 영향을 주어 공간성을 변환시켜 높였다. 남쪽 벽을 막은 어두운 거실은 새로운 통로와 계단실을 얻어 빛의 양이 많아졌다. 아틀리에와 중정은 기존 건물의 중간쯤에 위치하는데, 열려 있으면서도 독립적이고 새로운 시각에서 집 전체를 확장시키고 있다.

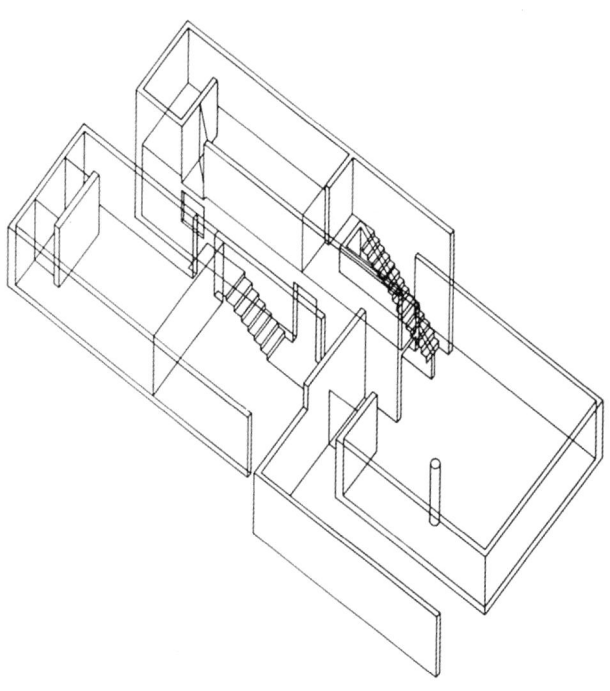

소재지	아이치현 니시카모 군
설계·감리	안도 다다오, 야노 마사타카, 오카모토 히로코(岡本洋子)
설계 기간	1980. 7 ~ 1980. 10
준공	1981. 2
주요 구조	철근콘크리트조(벽식구조)
층수	지상 1층
대지면적	168.3m²
건축면적	35.4m²
연건평	28.2m²
주요 용도	전용 주택
가족 구성	부부

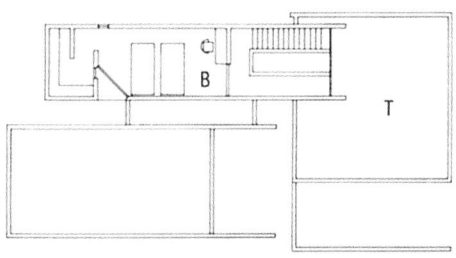

2층 평면

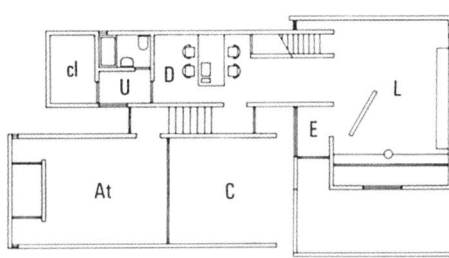

1층 평면

데즈카야마 타워플라자
Tezukayama Tower Plaza

지하 1층, 지상 3층의 상가와 주거를 겸하는 건물 4동이 빽빽이 서 있다. 각각의 2, 3층이 복층maisonnette인 주거는 덱deck으로 연결되어 있다. 4동은 그리드 모양으로 정연하게 늘어서 있어 멀리서 보면 하나의 건물로 보일 만큼 정적이지만, 덱이 안쪽에서 소음을 낳는 점에서는 「소세이칸」(9)의 변주라고도 할 수 있다. 정상의 스카이라이트도 동일한 실린더 형이지만, 여기서는 그 박공벽 부분만 투명유리이다. 주거 층은 촘촘하지만 스카이라이트로 이어지는 보이드 공간이 효과적이다.

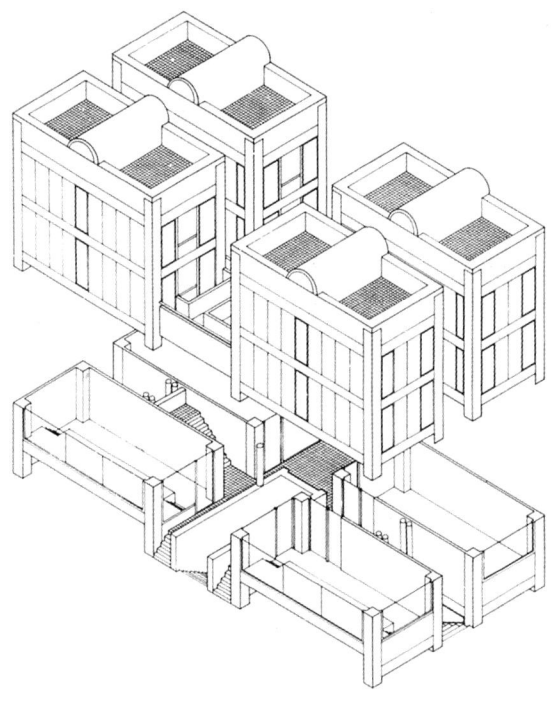

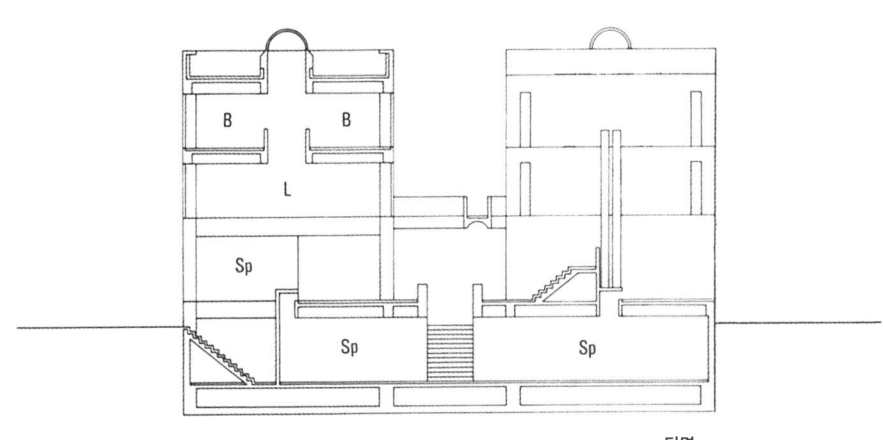

단면

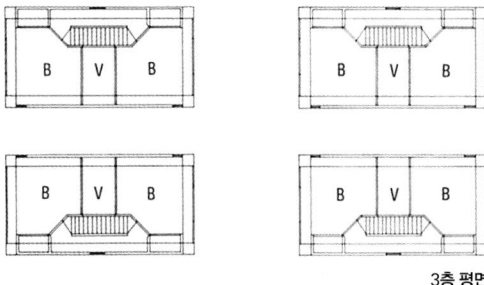

3층 평면

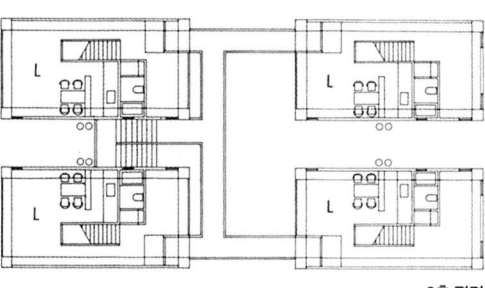

2층 평면

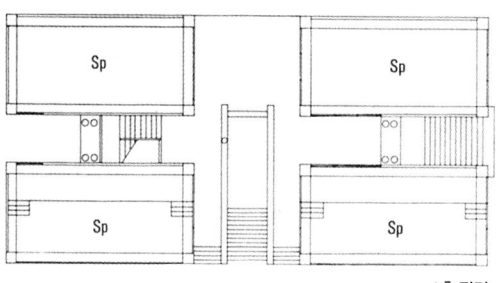

1층 평면

소재지	오사카시 스미요시구
설계·감리	안도 다다오, 기시마사키
설계 기간	1975.2~1976.1
준공	1976.9
주요 구조	철근콘크리트조(라멘구조)
층수	지하 1층, 지상 3층
대지면적	376.2m²
건축 면적	161.4m²
연건평	754.4m²
주요 용도	공동 주택(4세대) + 점포
가족 구성	—

네 세대 나가야 계획
Tenement House with Four Flats

중정을 중심으로 네 세대의 콘크리트 건물이 서 있다. 「스미요시 나가야」(13)나 「데즈카야마 타워플라자」(16)의 변주로도 보이지만 주거 구성은 전혀 다르다. 「스미요시 나가야」와 마찬가지로 중정 또는 브리지를 사이에 두고 거실 건물과 부엌 건물이 마주보지만 그 하나와 침실이 복층을 이룬다. 그 결과 네 세대 전체가 다른 구성을 취한다. 가족 커뮤니케이션의 장인 중정과 브리지가 입구로 가는 진입로가 되는 점 등 타운하우스*town house*의 새로운 가능성에 도전한 계획이다.

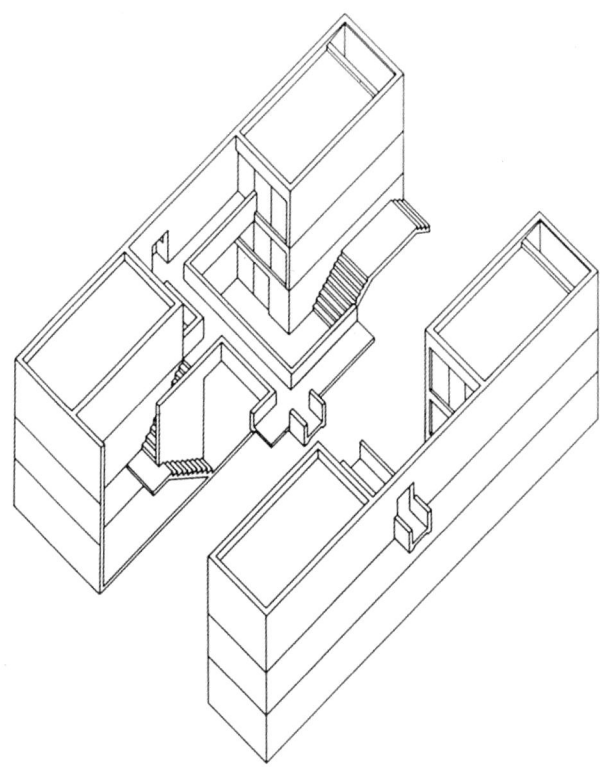

* 일반적으로 공용 정원*common space*을 가진 저층의 연속 주택을 말한다. 원래는 영국 귀족들이 사는 교외 주택*country house*에 비해 도시 안쪽의 주택을 의미했지만, 제2차 세계대전 후 북미를 중심으로 주택지 개발, 설계 기법의 기술 개발이나 목조·투바이포 공법의 개량·개발과 일체가 되어 새로운 형식의 교외 주택으로 정착했다. 즉 아파트와 단독 주택의 장점을 취한 구조로 2~3층짜리 단독 주택을 연속적으로 붙인 형태를 말하는데, 수직 공간을 한 가구가 독점하는 것이 연립 주택과 다르다.

소재지	오사카시 스미요시구
설계·감리	안도 다다오
설계 기간	1975.3~1975.10
준공	계획안
주요 구조	철근콘크리트조(벽식구조)
층수	지상3층
대지 면적	171.0m²
건축 면적	84.0m²
연건평	226.8m²
주요 용도	공동주택
가족 구성	—

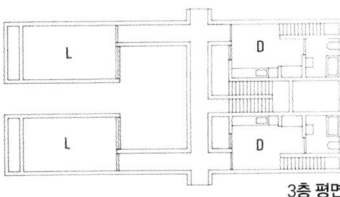

3층 평면

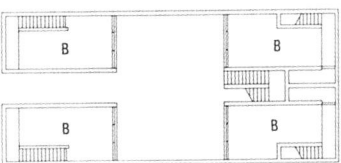

2층 평면

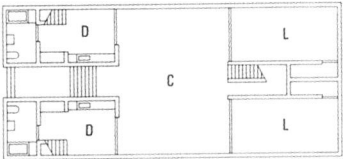

1층 평면

데즈카야마 하우스(마나베의 집)
Tezukayama House — Manabe House

대지는 완만하게 남쪽으로 경사졌다. 정연한 입체 격자 안에 부정형의 부엌·화장실 등의 공간이나 계단실, 45도로 설치된 현관의 벽, 원호 모양의 요벽 *podium*, 좁고 긴 통로 등이 간섭하는데, 그것이 오히려 그리드의 균질성을 두드러지게 한다. 이런 효과는 경사가 눈에 보이는 중정에서 뚜렷하며, 한편으로는 자연과 기하학적 형태, 부드러운 면과 날카로운 직선의 대비, 다른 한편으로는 실내로부터 테라스와 잔디밭으로의 연속, 직각에서 원호로의 전환, 닫힌 통로에서 열린 방으로의 연결 등 다양한 시퀀스를 만들어 낸다.

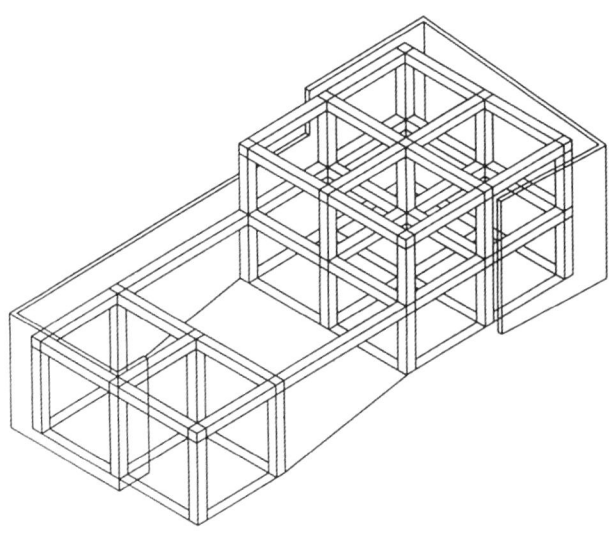

소재지	오사카시아베노구
설계·감리	안도 다다오, 기시 마사키, 시마 다카오(島隆男)
설계 기간	1976.3~1977.3
준공	1977.9
주요 구조	철근콘크리트조(라멘구조+벽식구조)
층수	지상2층
대지 면적	273.3m²
건축 면적	108.8m²
연건평	147.3m²
주요 용도	전용 주택
가족 구성	부부+자녀2

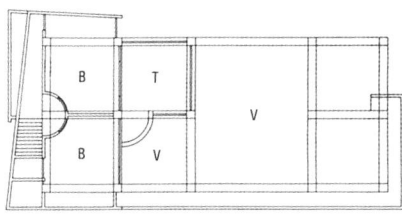

2층 평면

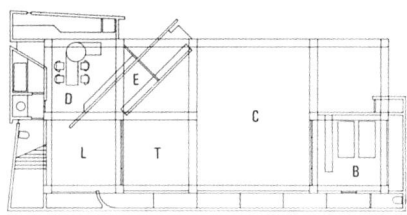

1층 평면

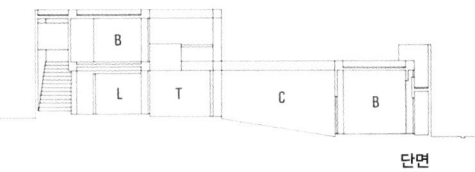

단면

오카모토 하우징
Okamoto Housing

전망이 좋은 남쪽으로 경사진 곳에 6미터의 입체 격자 프레임을 기본으로 하여 구성한 17세대의 집합 주택이다. 기본 단위 2, 3개로 하나의 복층 주거를 만든다. 안도의 설명에 따르면, 이 프레임은 대지 모양에 맞추는 과정에서 〈어긋남〉이 생겨나며, 그 결과 〈한 세대 내부에 보이드 공간이나 옥상 정원을 만들고, 집합체에는 계단 모양의 광장을 만들었다〉고 한다. 정연한 기하학 형태에 들어간 자연의 모양 또는 기하학적 형태가 자연으로 변환된 모습이라고도 할 수 있다. 이후의 집합 주택 설계를 암시하는 계획안이다.

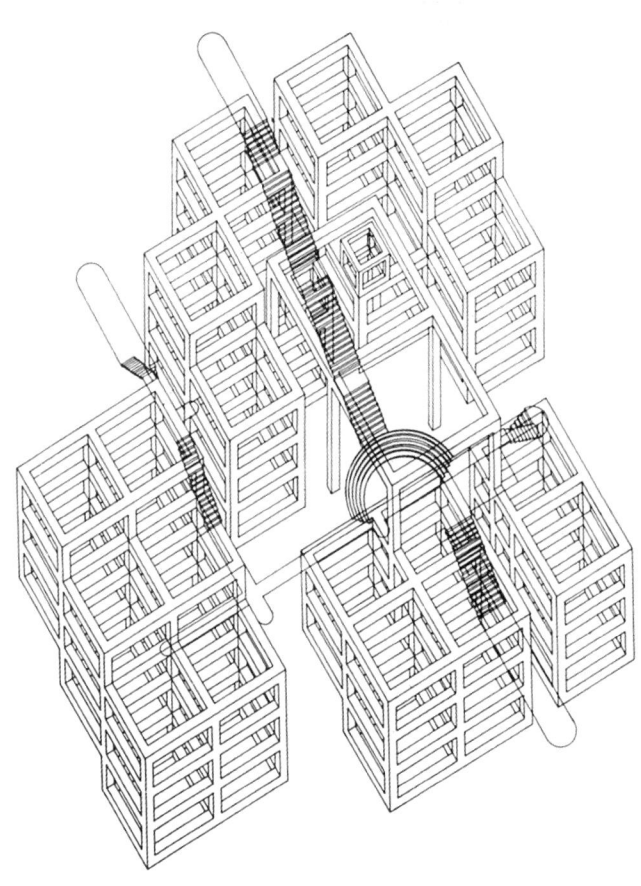

소재지	고베시 히가시나다 구
설계·감리	안도 다다오
설계 기간	1976.6~1976.12
준공	계획안
주요 구조	철근콘크리트조(라멘구조)
층수	지하1층, 지상2층
대지 면적	1774.9m²
건축 면적	556.4m²
연건평	1404.7m²
주요 용도	공동주택
가족 구성	—

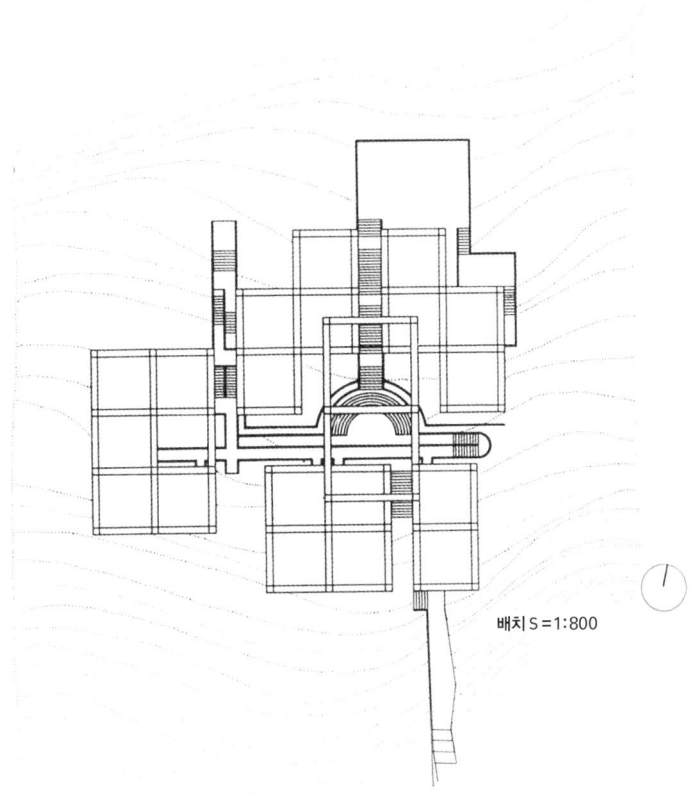

배치 S=1:800

월 하우스(마쓰모토의 집)
Wall House — Matsumoto House

숲의 경사지에 길게 뻗어 있는 건축물이다. 기둥과 보가 정연한 입체 격자를, 긴 방향으로 2개의 독립된 벽이 싸고 있고 지붕에는 원통이 올려 있다. 쌓아 올린 구조물, 외계로부터의 보호, 방공호, 이 세 가지 요소를 명확하게 분리해 표현함으로써 주거의 영역을 잘라 내는 면임과 동시에 외부의 자연을 받아들이는 필터로 구성했다. 자연 그대로 정지(整地)된 경사면의 각도를 재듯이 놓인 고요한, 최소한의 요소로 만들어진 벽은 이 주택을 지을 무렵부터 드러났다.

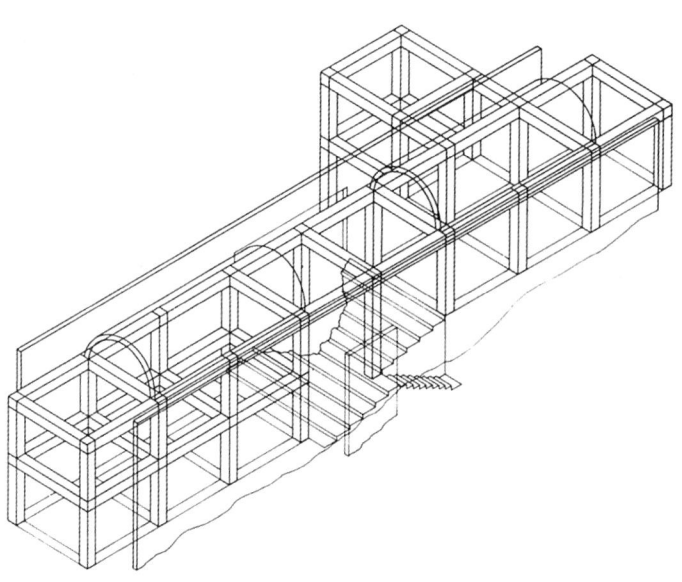

소재지	효고현 아시야시
설계·감리	안도 다다오, 기시 마사키, 야노 마사타카
설계 기간	1976.6~1977.2
준공	1977.7
주요 구조	철근콘크리트조(라멘구조+벽식구조)
층수	지상 2층
대지면적	1082.1m²
건축면적	128.4m²
연건평	237.7m²
주요 용도	전용 주택
가족 구성	부부+자녀 2

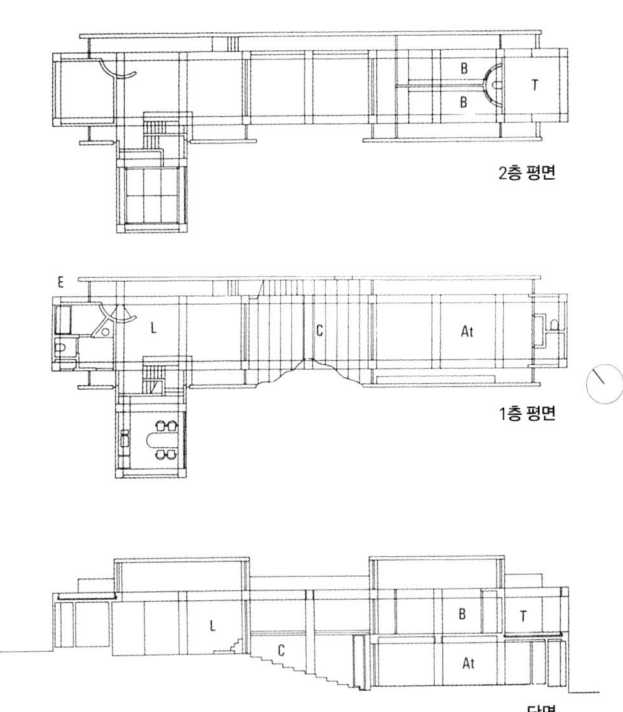

2층 평면

1층 평면

단면

유리블록 집(이시하라의 집)
Glass Block House — Ishihara House

중소 규모의 공장이나 상점이 빽빽이 들어찬 환경에 건축되었다. 직사각형의 대지를 세 층 높이의 콘크리트 벽으로 둘러싸고 있다. 그 세 면에 피라미드 모양으로 방을 쌓아 올린다. 방으로 둘러싸인 깔때기 모양의 보이드 공간이 남쪽 면 중앙에 생긴다. 방과 중정이 접하는 면을 모두 유리블록으로 하여, 협소하고 조건이 좋지 않은 주택 내의 모든 방에 햇빛과 프라이버시를 확보해 준다. 개구부를 빛의 산광 *diffused light*으로 변환함으로써 일본의 전통적 주거에 다가가고 있다.

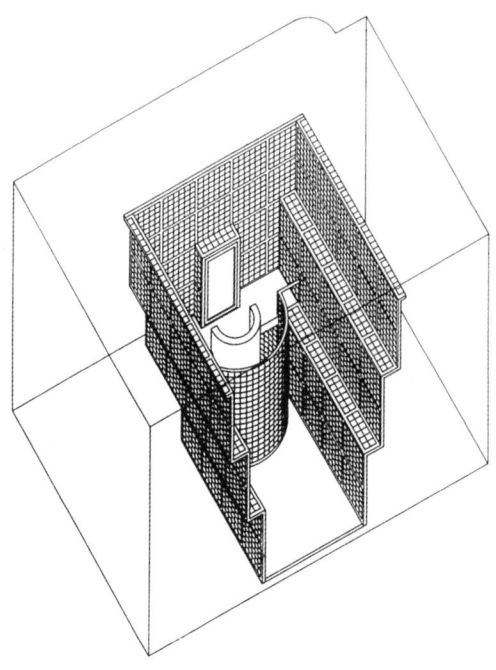

소재지	오사카시 이쿠노구
설계·감리	안도 다다오, 시마 다카오, 야노 마사타카
설계 기간	1977.7~1978.4
준공	1978.12
주요 구조	철근콘크리트조(벽식구조)
층수	지상3층
대지면적	157.4m²
건축 면적	92.0m²
연건평	221.5m²
주요 용도	전용 주택
가족 구성	부부+자녀 2

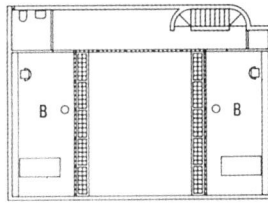

3층 평면

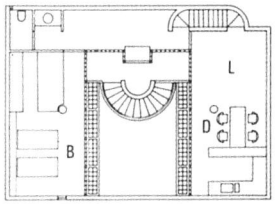

2층 평면

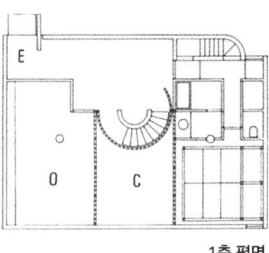

1층 평면

단면

유리블록 벽(호리우치의 집)
Glass Block Wall — Horiuchi House

3층의 콘크리트 박스가 중정을 사이에 두고 남북으로 대치하고, 통로가 그것을 서쪽 끝에서 잇고 있다. 완만한 경사의 대지 안에 기반이 반쯤 묻혀 있다. 바꿔 말하면 대지의 형상을 자연 그대로 남기면서 그곳의 〈생활공간을 둘러싸는〉 모습을 강하게 의식하고 있다. 동쪽 도로 면의 독립적인 유리블록 벽이 그러한 발상을 단적으로 보여 준다. 주변 환경에 대해 닫히면서도 열리고, 동네의 빛을 차단하면서도 투과시킨다. 벽, 담, 문, 창을 부드럽게 추상화함으로써 집의 표정을 한층 새롭게 보이도록 한다.

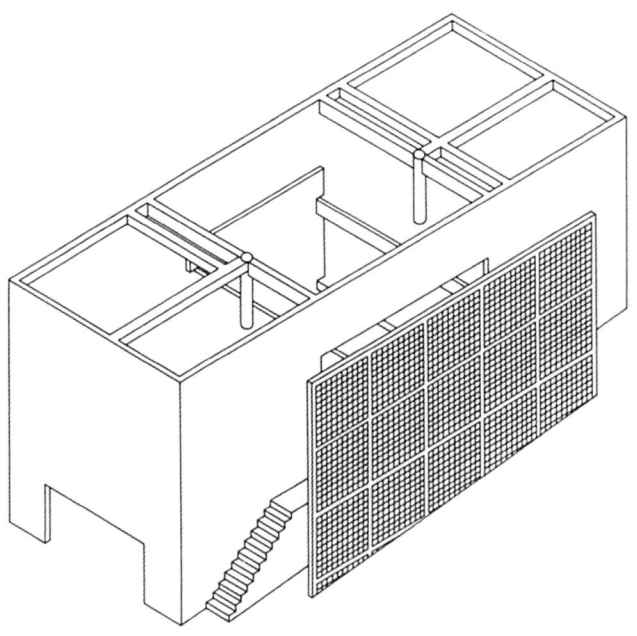

소재지	오사카시 스미요시구
설계·감리	안도 다다오, 야노 마사타카
설계 기간	1977.7~1978.6
준공	1979.2
주요 구조	철근콘크리트조(벽식구조)
층수	지하 1층, 지상 2층
대지 면적	237.9m²
건축 면적	95.0m²
연건평	243.7m²
주요 용도	전용 주택
가족 구성	부부＋자녀 3

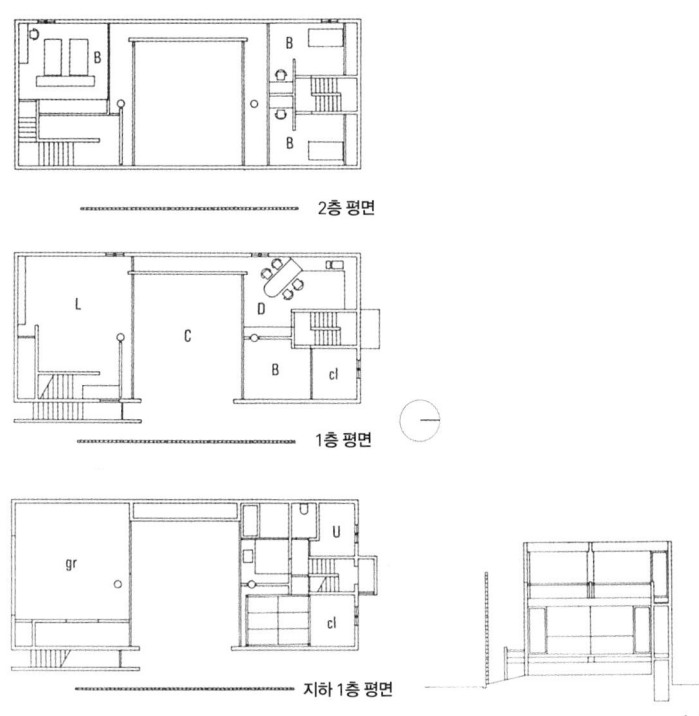

오쿠스의 집
Okusu House

도쿄 야마노테의 오래된 고급 주택가에 있다. 정면의 폭은 좁지만 안쪽으로는 깊다. 그리고 오른쪽에서 L 자형으로 꺾이는 특이한 대지 모양에 따라 건물의 형태가 결정되어 있다. 접객이 많아 건축 면적의 절반 가까이가 바깥으로 열린 공간이고 가족의 영역은 집 안쪽에 있다. 양자는 단절되어 있지도 않고 계단이나 보이드 공간이나 요벽에 의해 보일 듯 말 듯 이어져 있으며, 동시에 각 영역이 보호되는 교묘한 구성이다. 이 동선의 기복에 의해 닫힌 장소와 바깥 빛에 드러나는 장소가 극히 자연스럽게 호응하고 있다.

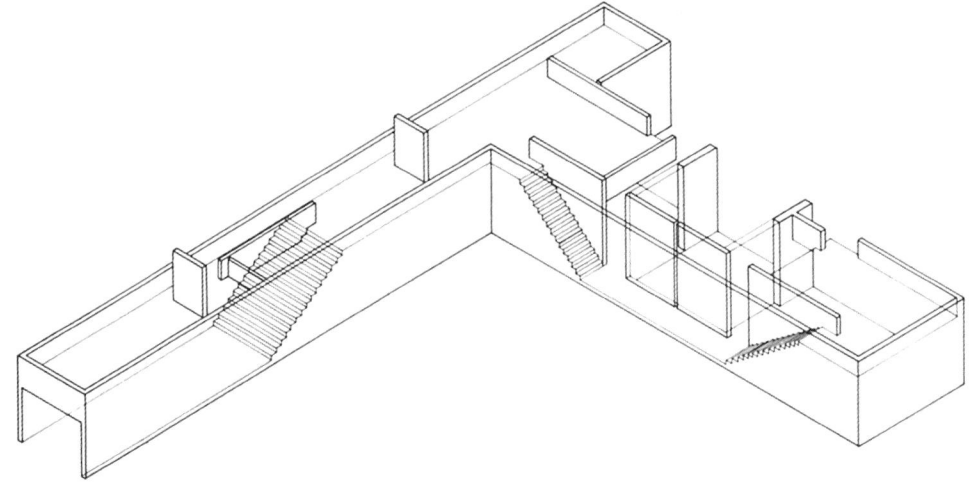

소재지	도쿄도 세타가야구
설계·감리	안도 다다오, 후쿠다 유리(福田由利)
설계 기간	1977.9 ~ 1977.12
준공	1978.8
주요 구조	철근콘크리트조(벽식구조)
층수	지상 2층, 일부 지하 1층
대지면적	531.1m²
건축면적	194.2m²
연건평	288.4m²
주요용도	전용주택
가족구성	부부

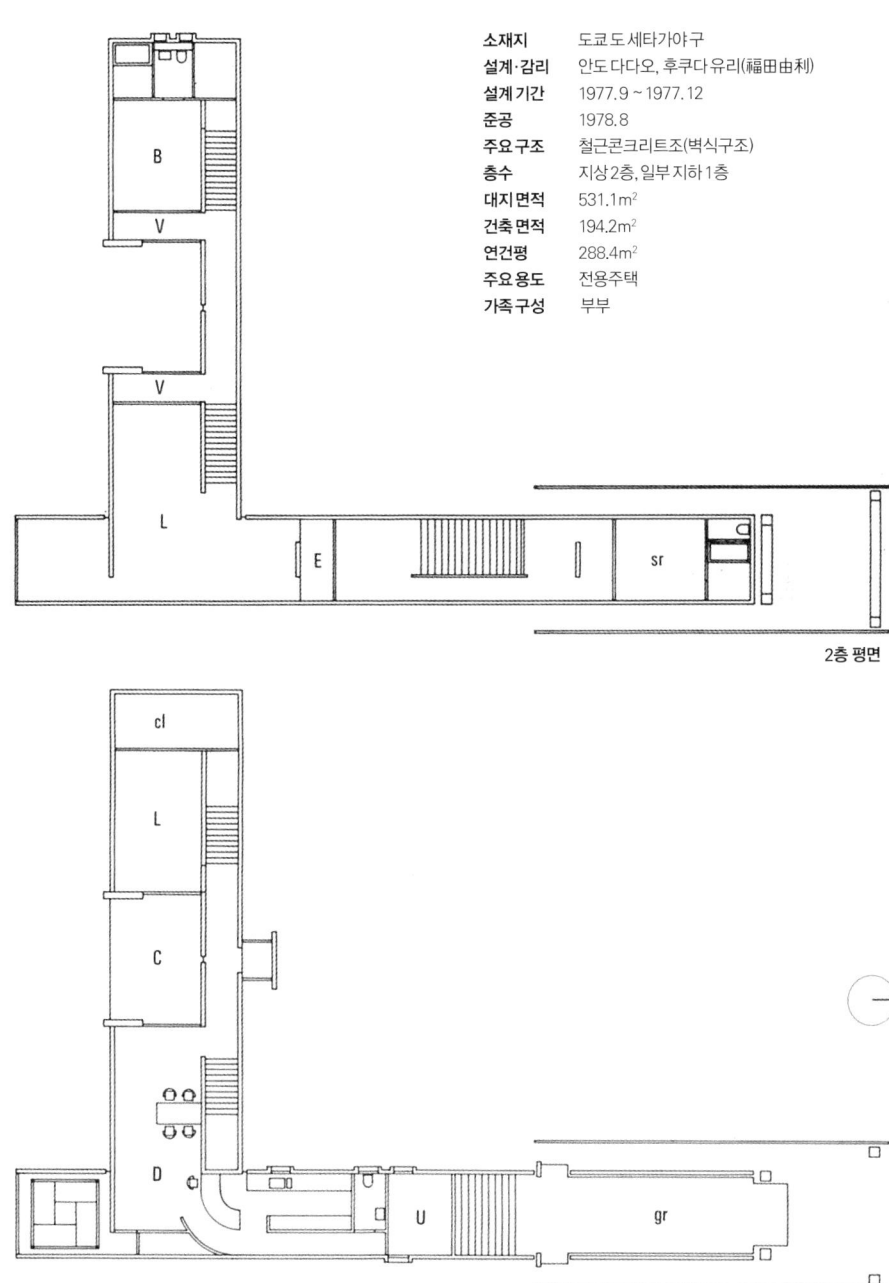

2층 평면

1층 평면

가타야마 빌딩
Katayama Building

오래된 시장의 입구 쪽에 랜드마크처럼 세워진 4층 건물이다. 1층이 점포, 2층과 3층이 사무소, 4층이 주거이다. 4층은 남쪽에 커다란 중정이 있을 뿐이지만, 일반적인 옥상 테라스와는 달리 높은 콘크리트 벽으로 둘러싸여 있다. 그런데 극히 한정된 부분만 열어 두었기 때문에 안도의 다른 주택과 마찬가지로 순화된 빛과 바람이 들어오는 안정된 〈옥외의 방〉이 되었다. 또한 4층에서 옥상에 이르는 계단은 갑자기 좁아져 계단실에 공간적 변화를 주고 있다. 최소한의 기법으로 의외의 효과를 낳았다.

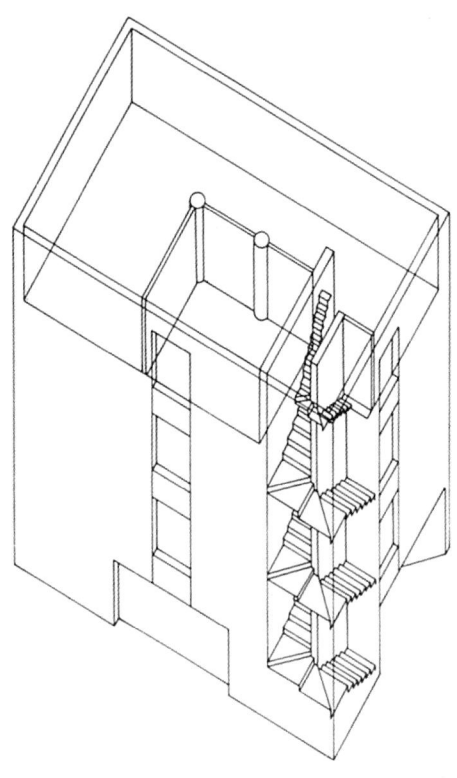

소재지	효고현 니시노미야시
설계·감리	안도 다다오, 이케가미 도시로(池上俊郞), 후지이 미노루(藤井稔)
설계 기간	1978.1 ~ 1978.9
준공	1979.4
주요 구조	철근콘크리트조(벽식구조)
층수	지상 4층
대지면적	78.3m²
건축면적	62.9m²
연건평	232.2m²
주요 용도	주택+점포
가족 구성	부부

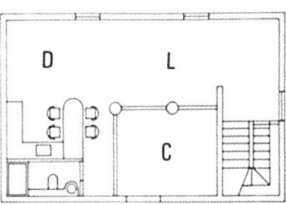

4층 평면

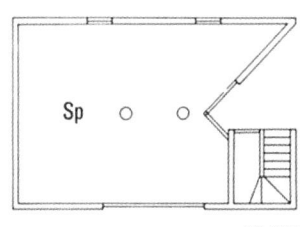

1층 평면

마쓰모토의 집
Matsumoto House

「오쿠스의 집」(23)과 거의 같은 안길이를 가진 대규모 주택이다. 「오쿠스의 집」의 대지가 건물의 틈을 기운 듯한 모양인 데 비해 이 대지는 도로에 면한, 정면의 폭이 넓고 게다가 안쪽에 넓은 뜰을 안고 있다. 그 결과 어떤 의미에서는 「오쿠스의 집」과 대조적인 모습으로 해결되고 있다. 즉 방향성이 강한 「오쿠스의 집」에 비해 이곳은 유리블록이 빛과 방향성을 부드럽게 해준다. 또한 스케일이 다른 입체 프레임(5.2미터×5.2미터, 7.8미터×7.1미터)이 뒤얽혀 있고, 거기에서 생기는 〈어긋남〉이 공간을 부드럽게 하며 뜰로 조용히 열린다.

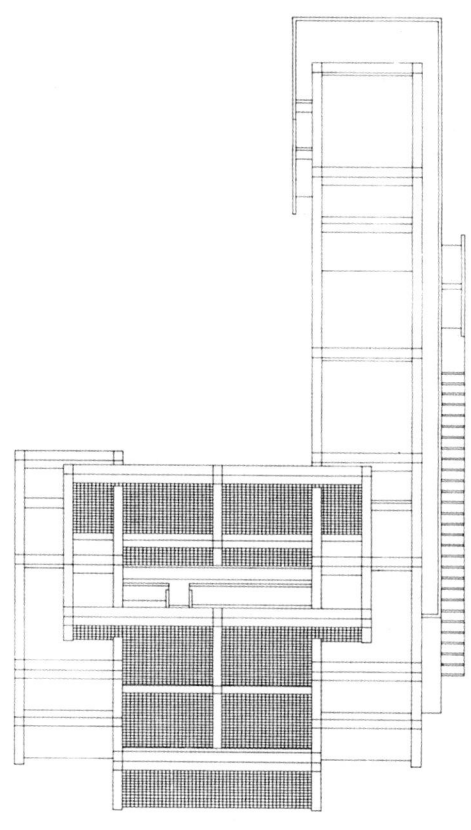

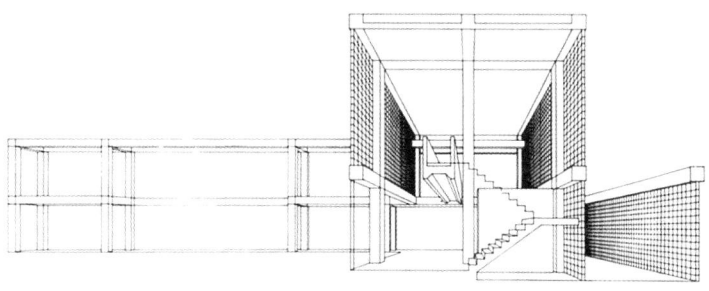

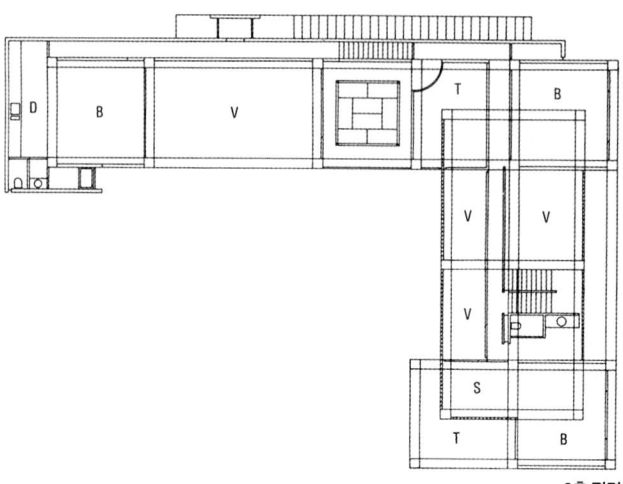

2층 평면

1층 평면

소재지	와카야마 현 와카야마 시
설계·감리	안도 다다오, 다네무라 도시아키(種村俊昭)
설계 기간	1978.2~1979.2
준공	1980.2
주요 구조	철근콘크리트조(라멘구조)
층수	지상 2층
대지면적	952.1m²
건축 면적	317.4m²
연건평	484.1m²
주요 용도	전용 주택
가족 구성	부부

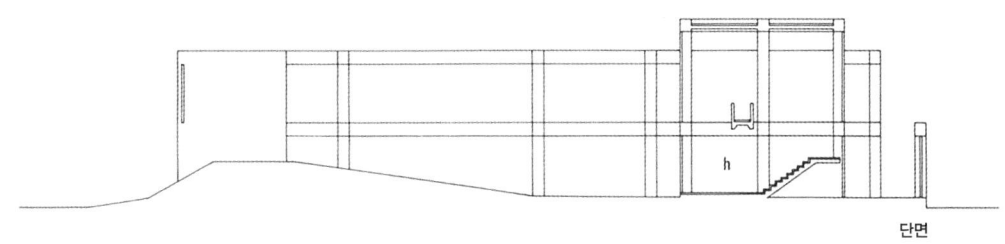

단면

오니시의 집
Onishi House

「〈벽면 후퇴선 지정〉으로 대지 주변에 일률적으로 생기는 여백을 어떻게 파악할 것인가를 테마로 정하고 대지에 대해 다시 한 번 생각할 기회를 얻었다」라고 안도는 설명한다. 3층의 입체 프레임이 대지의 안쪽으로 모여 세워졌다. 프레임에서 하나의 팔이 도로 쪽으로 뻗어 나와 이 집의 공간 영역의 윤곽을 형성한다. 도로 면은 덮개가 달린 주차 공간이 분명하게 선을 두르고 있고, 여기에서 입구로 진입하는 길과 사면의 뜰이 확정된다. 프레임 안쪽에는 각층의 옥외 테라스와 보이드 공간이 정연하게 겹쳐 있다.

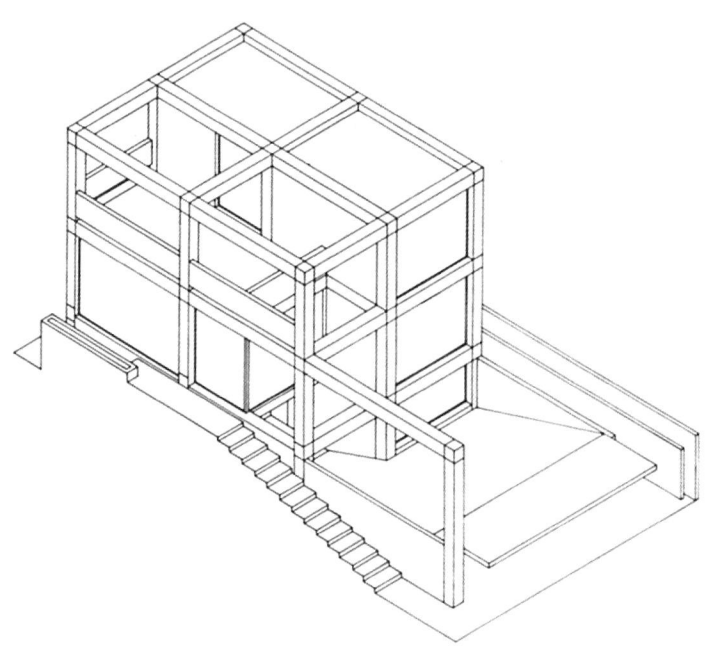

소재지	오사카시 스미요시구
설계·감리	안도 다다오, 야노 마사타카
설계 기간	1978.7 ~ 1979.1
준공	1979.8
주요 구조	철근콘크리트조(라멘구조)
층수	지상3층
대지면적	165.2m²
건축 면적	60.5m²
연건평	144.3m²
주요용도	전용 주택
가족 구성	부부+자녀2

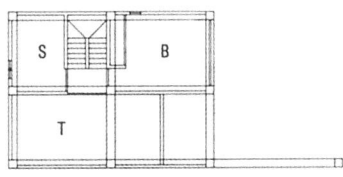

3층 평면

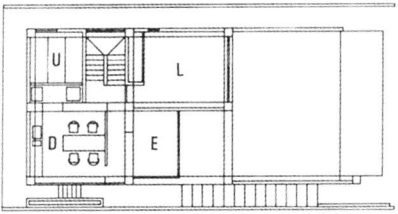

2층 평면

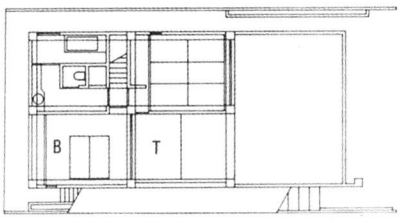

1층 평면

마쓰타니의 집
Matsutani House

바닥·벽·천장, 건축의 여섯 면을 모두 노출 콘크리트라는 단일 소재로 완성하여 공간의 순화를 의도했다고 「마쓰타니의 집」과 「우에다의 집」(28)에 대해 설명하고 있다. 확실히 안도가 설계한 주택을 모두 놓고 보아도 이 두 집은 마치 카드로 만든 성처럼 심플함을 극대화했다고 볼 수 있다. 대지 전체를 4.2미터×4.2미터의 정육면체로 6등분하고, 그중의 몇 군데를 채운 평면형이다. 마주보는 건물의 미묘한 배치, 즉 최소한도로 간신히 프라이버시를 확보하고 있다.

소재지	교토 시후시미구
설계·감리	안도 다다오, 이즈타니 가요코(泉谷佳代子)
설계 기간	1978.8~1979.6
준공	1979.10
주요 구조	철근콘크리트조(벽식구조)
층수	지상2층
대지 면적	143.1m²
건축 면적	56.6m²
연건평	91.9m²
주요 용도	전용 주택
가족 구성	부부＋자녀2

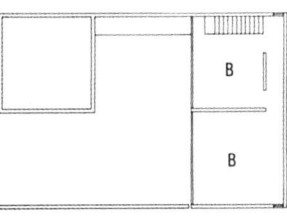

2층 평면

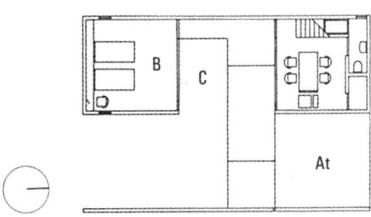

1층 평면

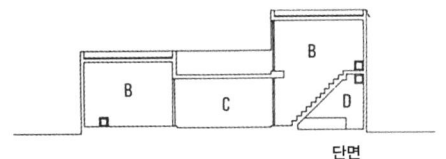

단면

마쓰타니의 집 증축
Matsutani House Addition

27x

준공한 지 10년 만에 증축했다. 평면형으로 당시의 주요 침실 부분이 거실이 되고, 그 옆에 같은 규모의 크기를 가진 아틀리에(이전에는 노천인 데에 있었다)가 늘었을 뿐이다. 그러나 지붕은 높이 6.7미터가 넘는 아치 모양으로 변하여 중정의 대부분을 덮는 덮개가 되었다. 그리고 이 커다란 지붕을 지탱하는, 상부가 부채 모양으로 열린 독립된 기둥이 그때까지의 집 분위기를 바꾸었다. 원래의 형태가 극도로 심플했기 때문에 증축에 의한 변화 효과도 극적으로 높다.

소재지	교토시 후시미구
설계·감리	안도 다다오, 구와타 히로미츠(桑田浩光)
설계 기간	1989. 7~1990. 1
준공	1990. 5
주요 구조	철골조
층수	지상 1층
대지면적	143.1m²
건축 면적	16.4m²
연건평	16.4m²
주요 용도	전용 주택
가족 구성	부부+자녀 2

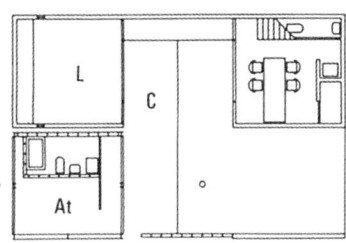

1층 평면

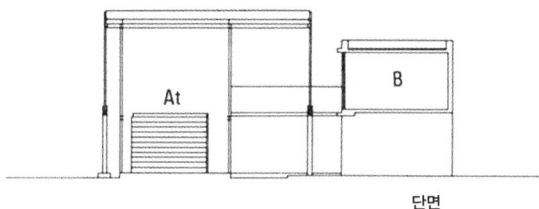

단면

우에다의 집
Ueda House

평면은 5.5미터×4.4미터의 공간 둘이 나란히 있을 뿐이다. 부엌과 화장실·욕실 부분과 벽장, 그리고 상부의 서재 로프트가 축 대칭으로 구성되어 있다. 1층은 그랜드피아노가 놓인 거실, 그것과 중앙의 벽을 사이에 두고 침대와 식탁이 늘어서 있다. 2층의 두 서재는 공유 공간을 내려다보듯이 열려 있는 한편, 서로의 프라이버시는 충분히 확보된다. 이렇게 연속과 단절이 교착하는 공간 구성이 3.8미터 높이 안에서 이루어지고, 남쪽 면의 벽과 개구부에서도 그것이 단적으로 암시된다. 건물의 크기를 반복하듯이 같은 크기의 뜰이 있다.

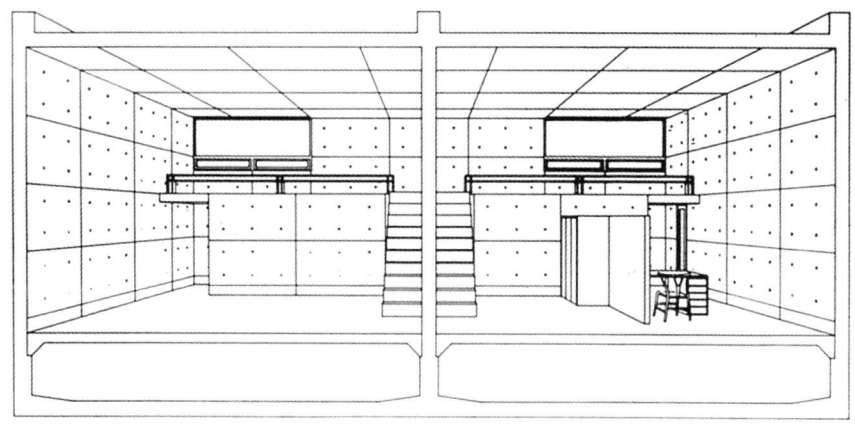

소재지	오카야마 현 소자시
설계·감리	안도 다다오, 다네무라 도시아키
설계 기간	1978.8~1979.6
준공	1979.10
주요 구조	철근콘크리트조(벽식구조)
층수	지상 2층
대지면적	180.4m²
건축 면적	70.1m²
연건평	94.4m²
주요 용도	전용 주택
가족 구성	부부

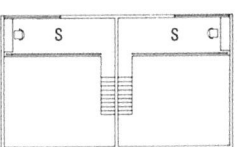

2층 평면

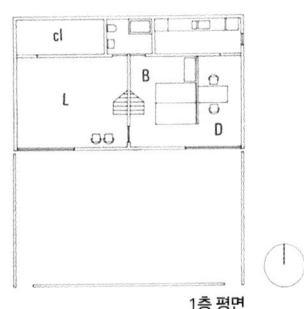

1층 평면

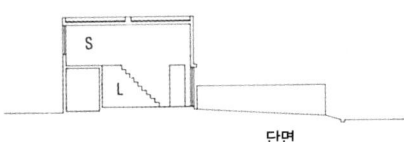

단면

우에다의 집 증축
Ueda House Addition

준공한 지 8년 만에 증축했다. 그랜드피아노가 놓인 거실은 레슨실을 겸하는데, 이 기능을 분리하여 독립된 방으로 꾸며 새롭게 덧붙였다. 기존 건물과는 중정을 사이에 두고 있으나 한 단 낮은 위치에서 마주본다. 개구부의 높이를 달리하여 프라이버시를 확보하고 있지만, 레슨실은 남쪽 면이 막혀 있고 중정 쪽이 열려 있으므로 구심적인 공간을 이룬다. 또한 신구 두 건물의 미묘한 고저 차이가 두 건물을 잇는 동쪽 끝의 통로와 좁고 긴 중정에 생생한 표정을 선사한다.

소재지	오카야마 소자시
설계·감리	안도 다다오, 미즈타니 다카아키(水谷孝明)
설계 기간	1986.5~1987.4
준공	1987.8
주요 구조	철근콘크리트조(벽식구조)
층수	지상 1층
대지면적	180.4m²
건축면적	37.5m²
연건평	37.5m²
주요 용도	전용 주택
가족 구성	부부+자녀 2

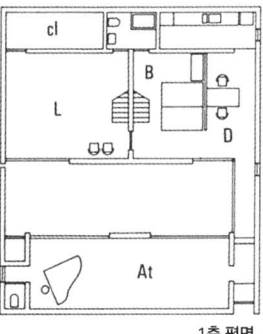

1층 평면

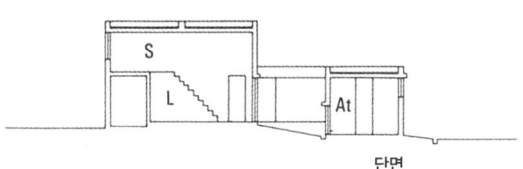

단면

후쿠의 집
Fuku House

「오니시의 집」(26)처럼 밭 전(田) 자 모양의 입체 프레임을 경사진 뜰(인공 지반. 하부는 주차 공간과 창고) 안쪽에 합쳐 놓고, 그 형태를 축 대칭으로 증폭한 대저택이다. 프레임의 기본 단위는 4.2미터×4.2미터이다. 두 건물을 연결하는 홀과 계단실은 두 개의 유리블록 벽으로 뜰의 빛을 받아들이고, 한편으로는 이 주택의 스케일에 어울리는 공간성을 만들어 낸다. 홀은 1층에서는 응접 공간과 가족의 공간을 연결하고, 2층에서는 뜰 쪽의 브리지로 그 연결 기능이 닿는다.

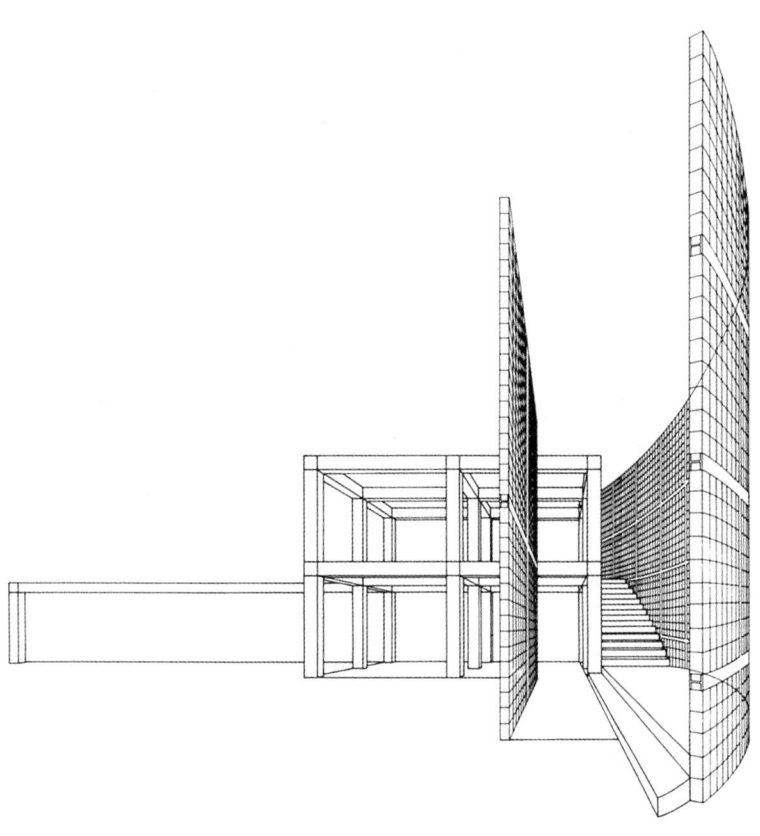

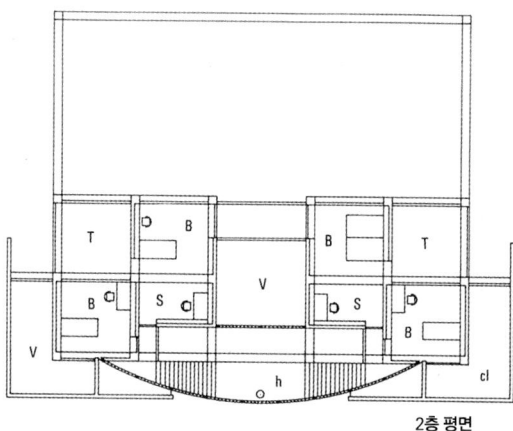

2층 평면

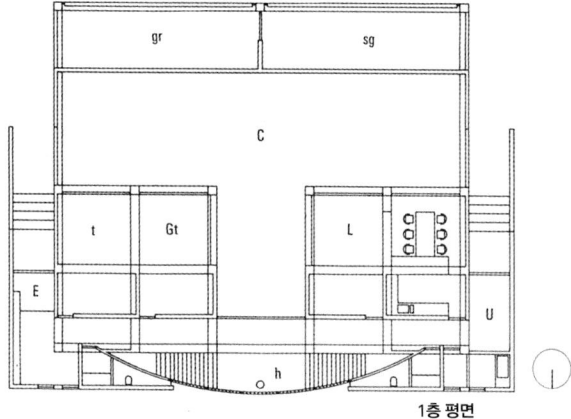

1층 평면

소재지	와카야마현 와카야마시
설계·감리	안도 다다오, 다네무라 도시아키
설계 기간	1978.10~1979.4
준공	1980.6
주요 구조	철근콘크리트조(라멘구조)
층수	지상 2층
대지 면적	800.0m²
건축 면적	345.4m²
연건평	483.6m²
주요 용도	전용 주택
가족 구성	부부+자녀 2

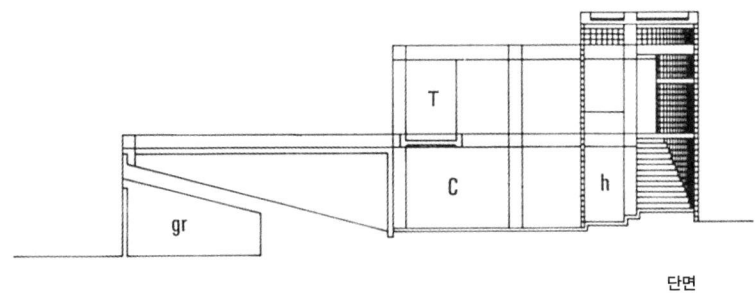

단면

롯코 집합 주택 1기
Rokko Housing I

오사카 만에서 고베 만까지 한눈에 내려다보이는 급경사지에 상감(象嵌)된 듯 서 있는 콘크리트 라멘구조의 집합 주택이다. 경사면의 모양을 5.8미터×4.8미터 단위를 기본으로 하는 기하학적 형태로 변환시켰는데, 경사면의 일반적인 계단식 집합 주택과는 달리 자연스럽고 멋진 규모를 갖추고 있다. 숲의 깊이를 생각하게 하는 음영이 풍부한 길은 각 세대로 직접 연결된다. 18세대는 복층이 기본이고, 각 세대의 독립된 공간인 옥외 테라스도 집합 주택의 분위기를 아주 새롭게 만들고 있다.

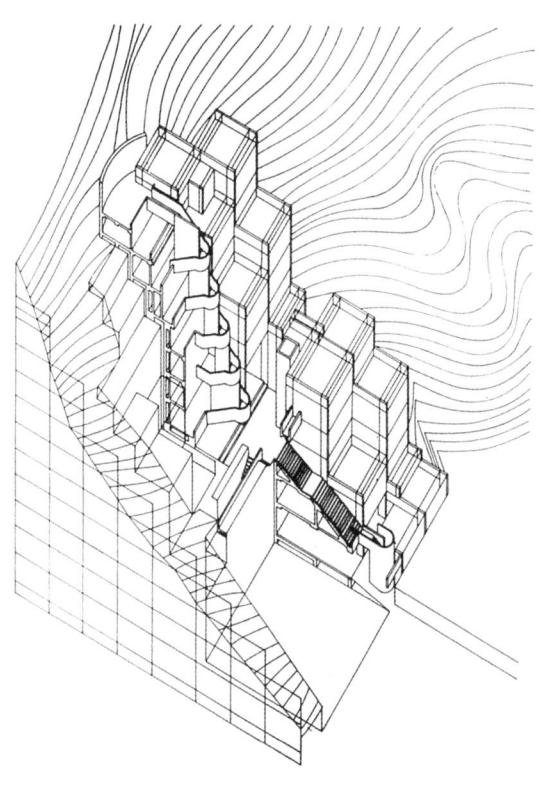

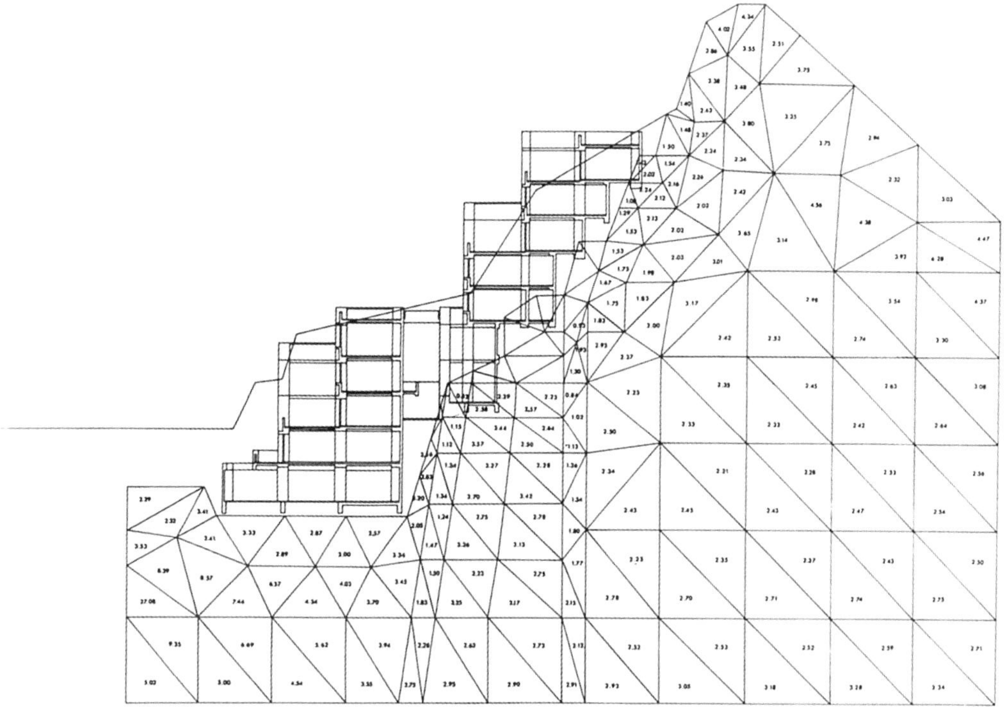

배치 S=1:800

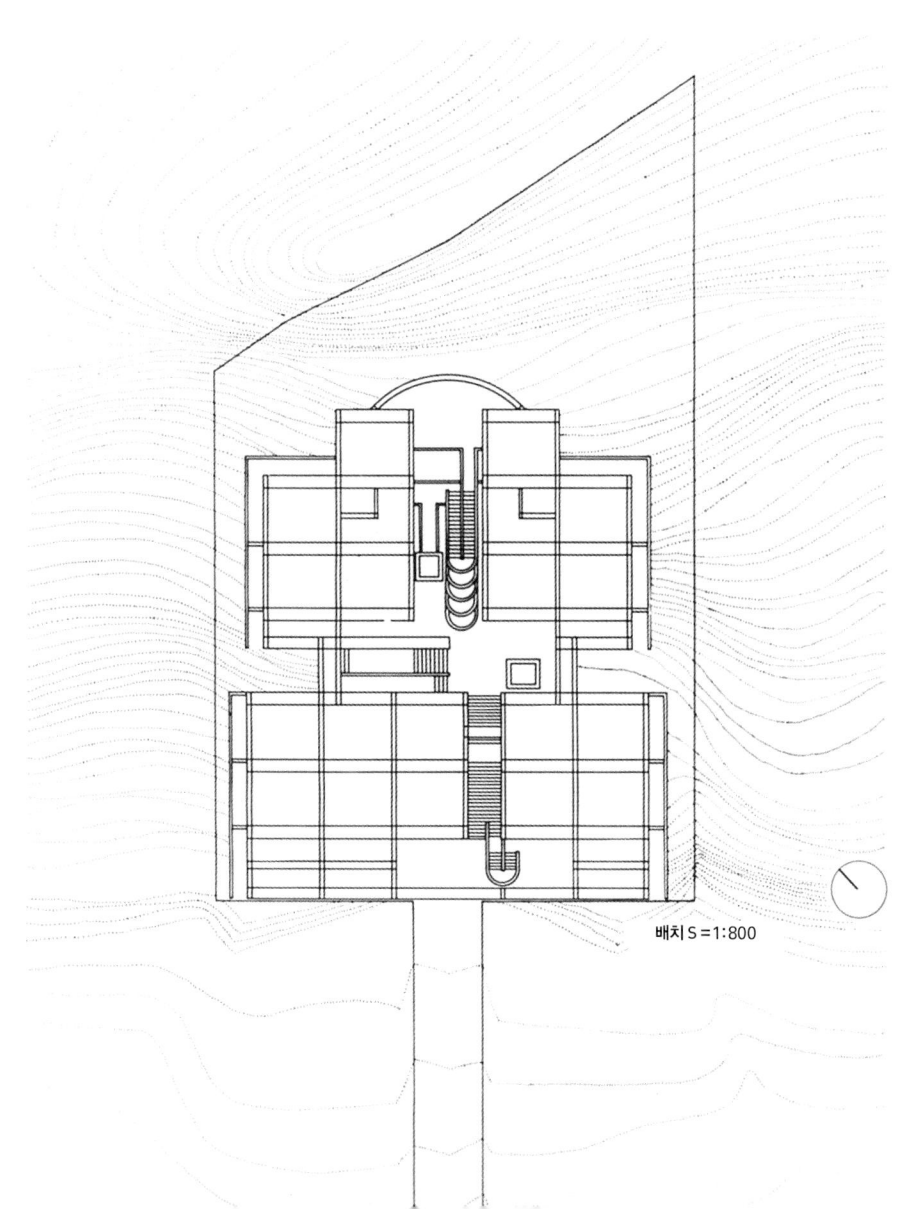

배치 S=1:800

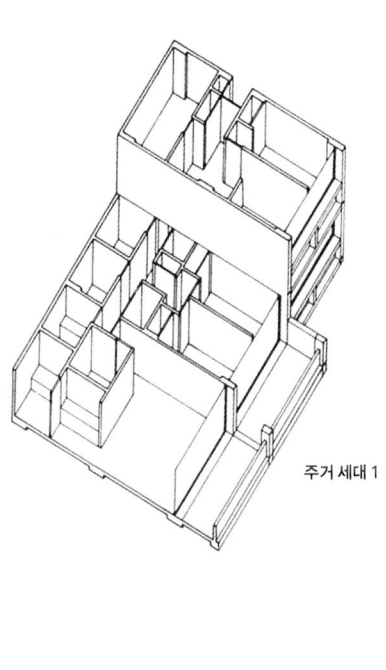

주거 세대 1

소재지	고베시 나다구
설계·감리	안도 다다시, 나카키타 고(中北幸), 시마 다카오
설계 기간	1978. 10~1981. 10
준공	1983. 5
주요 구조	철근콘크리트조(라멘구조)
층수	지하 1층, 지상 2층
대지면적	1852.0m²
건축면적	668.0m²
연건평	1779.0m²
주요 용도	공동주택
가족 구성	—

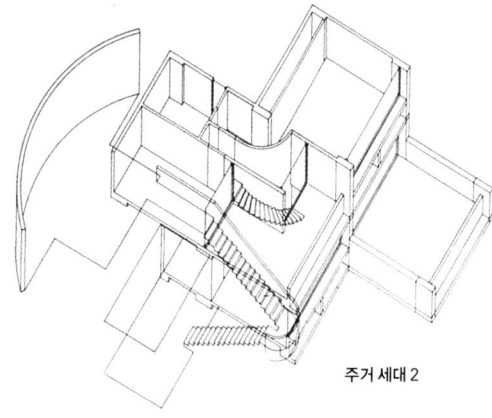

주거 세대 2

주거 세대 3

고시노의 집
Koshino House

두 건물이 평행하게 배치되어 있다. 콘크리트 상자의 긴 쪽 방향은 대지의 경사면과 평행하고 절반은 묻혀 있는 형태이다. 두 건물을 잇는 통로도 땅속에 있다. 거실, 식당, 서재, 주 침실이 있는 건물의 2층과 개인용 공간이 있는 건물의 옥상을 옥외의 폭넓은 계단이 잇고, 한편으로는 넓은 정원으로도 이어진다. 실내는 스카이라이트와 슬릿으로 자연광이 들어오고 마음껏 좁힌 개구부로는 정원이 내다보인다. 즉 광원과 시계가 순화되어 자연에 아주 민감하고 역동적인 환경을 만들어 내고 있다.

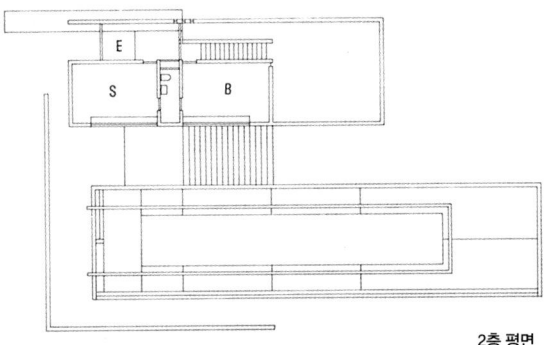

2층 평면

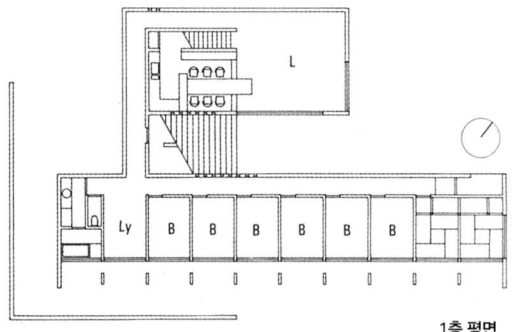

1층 평면

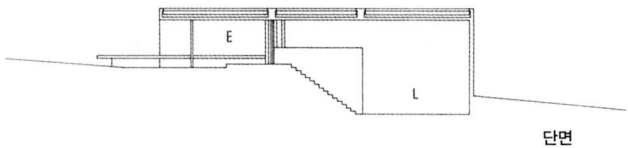

단면

소재지	효고현 아시야시
설계·감리	안도 다다오, 나카키타 고, 이즈타니 가요코
설계 기간	1979.9~1980.4
준공	1981.2
주요 구조	철근콘크리트조(벽식구조)
층수	지상 2층
대지면적	1141.0m²
건축면적	224.0m²
연건평	231.4m²
주요 용도	전용주택
가족 구성	부부+자녀2+할머니

고시노의 집 증축
Koshino House Addition

준공한 지 4년 만에 증축한 아틀리에이다. 두 동의 직육면체가 평행한 기존 부분은 완결적이고, 1/4 원호의 벽과 그것을 따라 슬릿이 갑자기 나타나는 이런 증축은 당초에는 예정되어 있지 않았다고 한다. 그러나 엄격한 기하학적 모양을 깨는 원호는 이번 두 번째 단계를 통합하고 완결시키는 데 너무나도 잘 어울린다. 계단을 중심으로 거실의 안쪽 길이 치수를 반지름으로 하여 원을 그리면 이 궤적 안에 새로운 아틀리에가 정확히 들어온다. 그것은 4년 동안 거주자가 체험한 빛의 이행과 녹음 공간을 확장하는 재건축화라고도 할 수 있다.

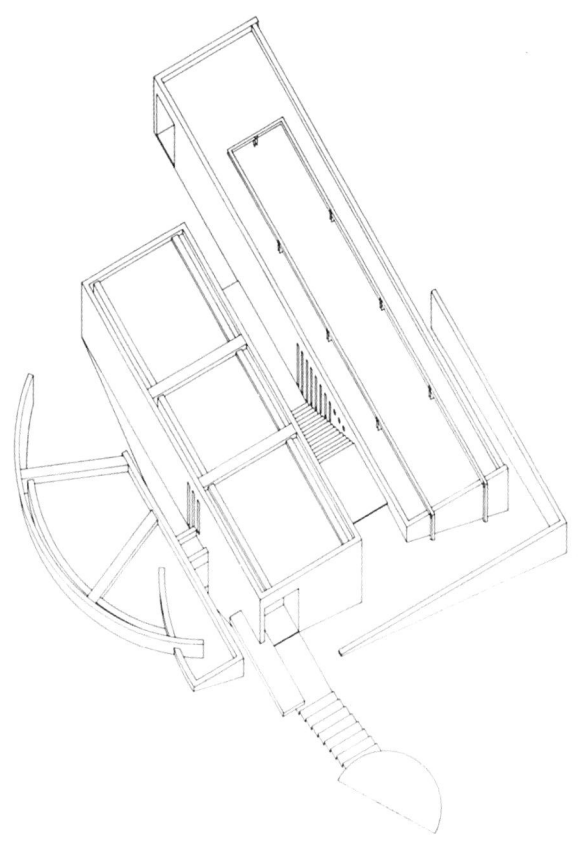

소재지	효고현 아시야시
설계·감리	안도 다다오, 나카키타 고, 오카노 가즈야(岡野一也)
설계 기간	1983.1 ~ 1983.6
준공	1984.3
주요 구조	철근콘크리트조(벽식구조)
층수	지상 1층
대지면적	1141.0m²
건축 면적	52.7m²
연건평	52.7m²
주요 용도	전용 주택
가족 구성	부부+자녀 2+할머니

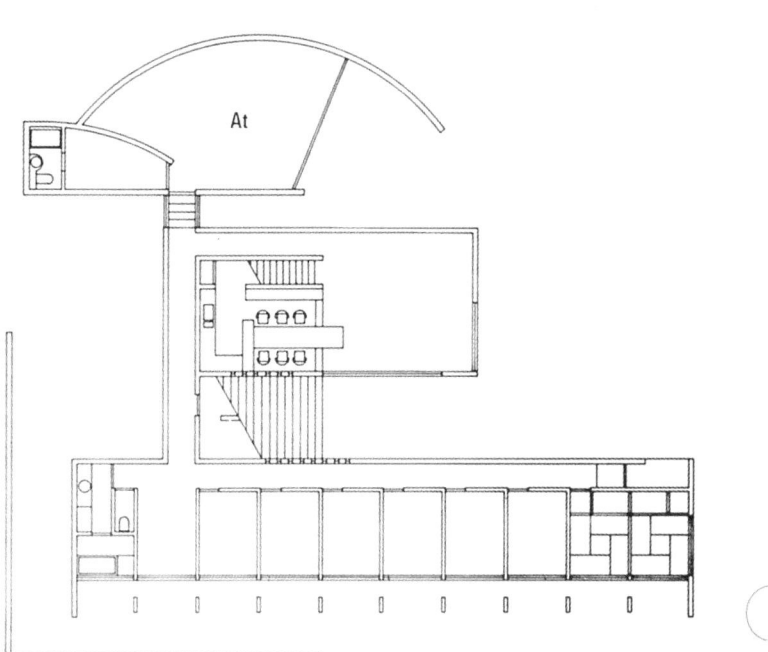

고지마 공동 주택(사토의 집)
Kojima Housing — Sato House

정사각형의 건물 두 동이 비스듬히 이어져 있다. 동쪽 건물은 상하층에 임대 주거가 있고, 서쪽 건물은 집주인의 주거이다. 외부 및 내부 전면을 노출 콘크리트로 통일하고, 단순한 정육면체로 억제했다. 일부러 채택한 이 원형적 소재와 형태 안에서 방향성, 공유의 장과 개인의 영역, 그 매개가 되는 부분을 어떻게 확립하고 분절·연속시킬 것인가를 고민했다. 즉 집주인과 임대인이라는 세 가족을 위한 주거라는 요구를 기회로 삼아, 공동 주택의 가능성을 전면적으로 펼쳐 그 모델로 삼으려는 목표도 있었던 계획이다.

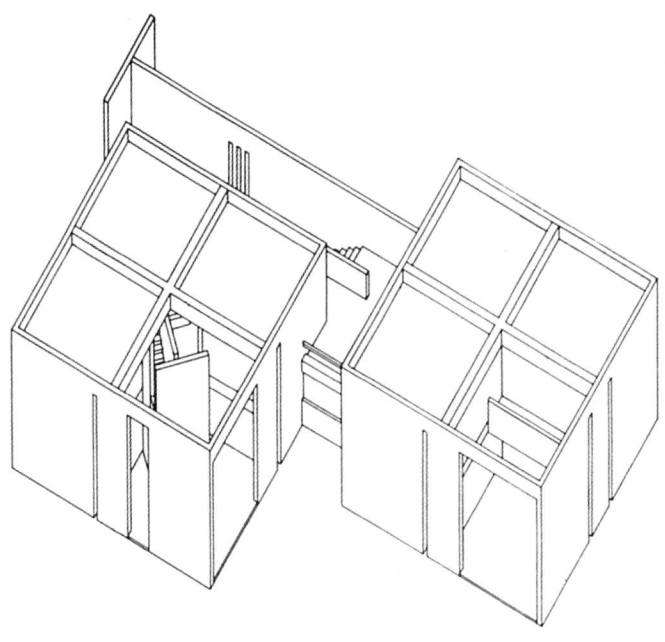

소재지	오카야마현구라시키시
설계·감리	안도 다다오, 야노 마사타카, 오카모토 요코(岡本洋子)
설계 기간	1980.1 ~ 1980.10
준공	1981.8
주요 구조	철근콘크리트조(벽식구조)
층수	지상 2층
대지면적	655.3m²
건축 면적	145.6m²
연건평	238.3m²
주요 용도	전용 주택 + 공동 주택(2세대)
가족 구성	부부

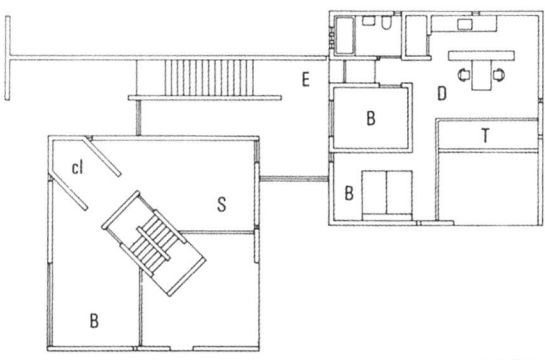

2층 평면

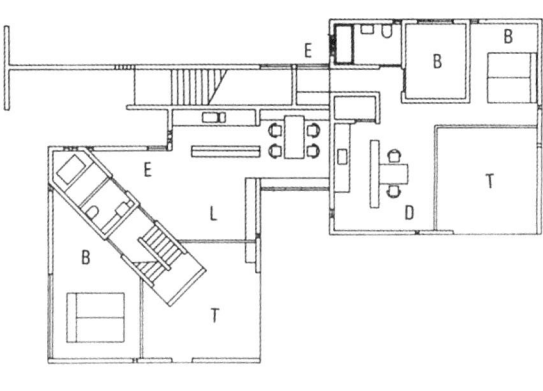

1층 평면

이시이의 집
Ishii House

조금씩 어긋나고 겹쳐지면서 전체는 L자의 평면을 형성하는 노출 콘크리트의 벽이다. 그 틈에 입구가 생기고, 커다랗고 막다른 공간을 만들어 낸 곳은 방향성이 분명한 거실이 되며, 또 상하 두 층에서 남쪽에 면한 부드러운 표정의 개인용 공간이 날개가 된다. 실내에는 원호의 벽이 나타나고, 그 벽의 안팎으로 강렬한 외광을 여과하는 입구 홀과 차분한 부엌·식당을 만들어 내고 있다. 그 인상적인 홀이 주축이 되어 사적 영역, 가사와 식사를 하는 곳, 휴식하고 접대하는 곳을 자연스럽게 만들어 낸다.

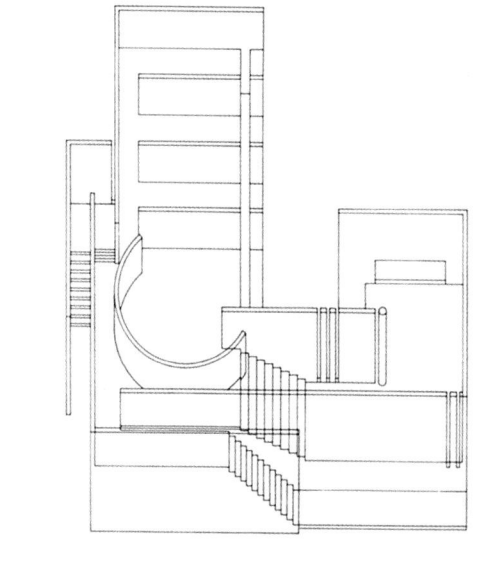

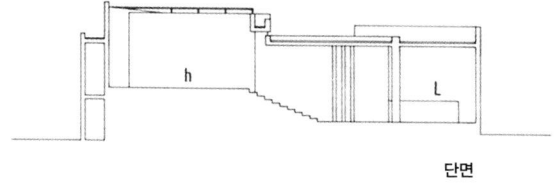

단면

소재지	시즈오카현 하마마츠시
설계·감리	안도 다다오, 다네무라 도시아키
설계 기간	1980.5~1981.6
준공	1982.4
주요 구조	철근콘크리트조(벽식구조)
층수	지상 2층
대지 면적	371.2m²
건축 면적	154.1m²
연건평	235.3m²
주요 용도	전용 주택
가족 구성	부부＋자녀1

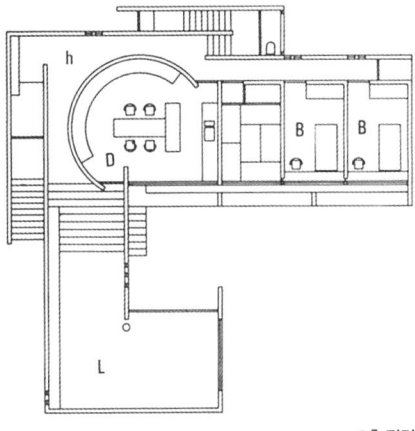

2층 평면

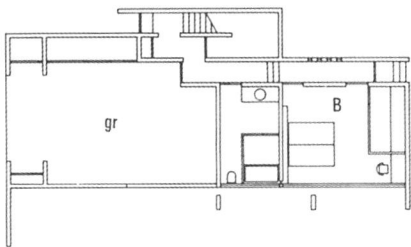

1층 평면

오요도 아틀리에
Atelier in Oyodo

처녀작인 「도미시마의 집」(1)을 중심으로 하여 순차적으로 증축·개축하면서 아틀리에로 키워 냈다. 1기에서는 옥상에 지붕을 설치했고, 2기에서는 인접한 땅에 신축 건물을 세워 연결했다. 평면도는 이 시기의 것이지만, 차고를 아틀리에로 변경하는 등 용도는 어지럽게 변해 갔다. 의외의 장소에 화장실이 있거나 벽을 타고 오르내리는 사다리가 있는 등 안도가 즉흥적인 디자인을 적극적으로 즐긴 점이 보인다. 3기에는 두 동 사이를 연결하는 최상층의 모형실이 나타나 전체 인상도 확연히 변했다.

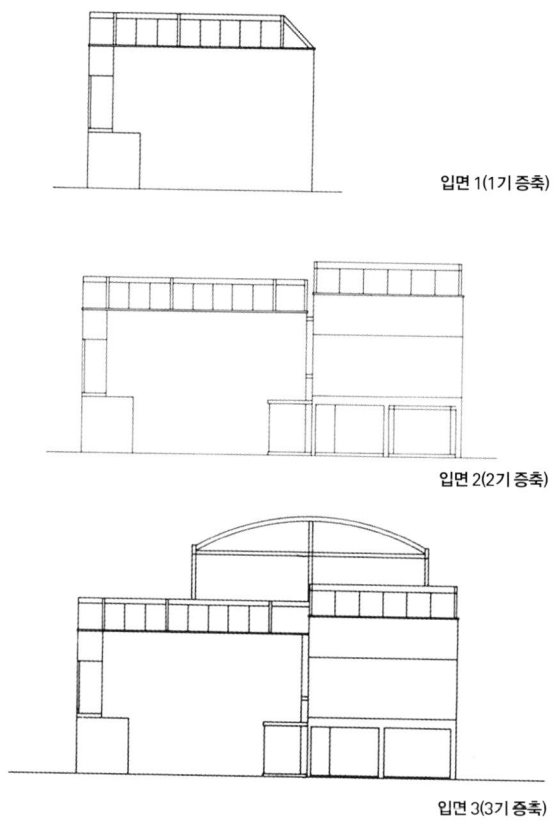

입면 1(1기 증축)

입면 2(2기 증축)

입면 3(3기 증축)

소재지	오사카시 오요도구
설계·감리	안도 다다오, 다케우치 히로아키(竹内晶洋)
설계 기간	1980.1~1980.8
준공	1981.3
주요 구조	철근콘크리트조(벽식라멘구조)
층수	지상3층
대지 면적	55.2m²
건축 면적	36.2m²
연건평	88.3m²
주요 용도	아틀리에
가족 구성	—

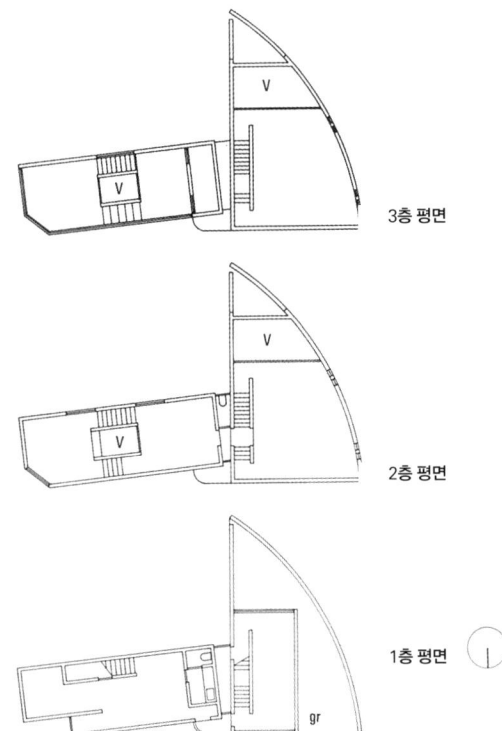

3층 평면

2층 평면

1층 평면

오요도 아틀리에 2기
Atelier in Oyodo II

건물의 평면 윤곽은 거의 변하지 않았지만 전면적 신축이다. 내부 구성도 기본적으로는 예전 아틀리에의 모습을 남기고 있다. 아틀리에, 회의실, 모형 제작 등의 용도도 종래와 마찬가지로 특별히 고정되어 있지는 않고, 전체가 항상 유동적인 장이 되어 있다. 다만 동쪽 1층에서 최상층까지의 보이드 공간은 압도적이며, 마치 환상적인 도시의 광경처럼 느껴지기도 한다. 사적인 아틀리에인 까닭에 독특한 긴장감과 온화함이 있다. 바로 근처에 「오요도 다실」(54~56)을 지었던 오래된 상가가 있다.

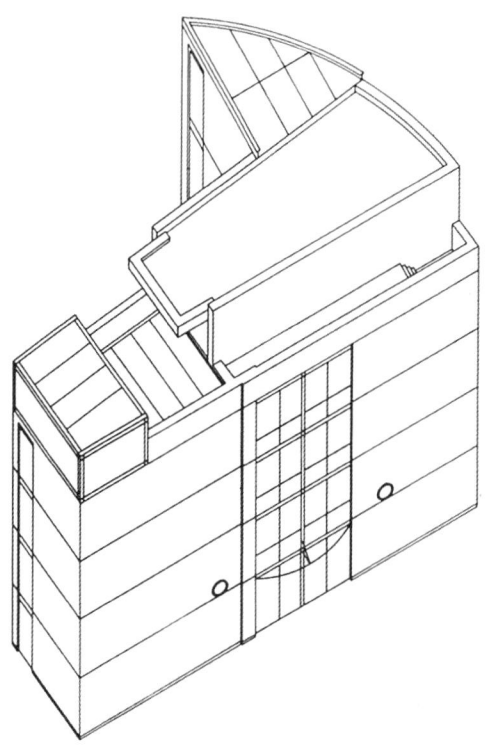

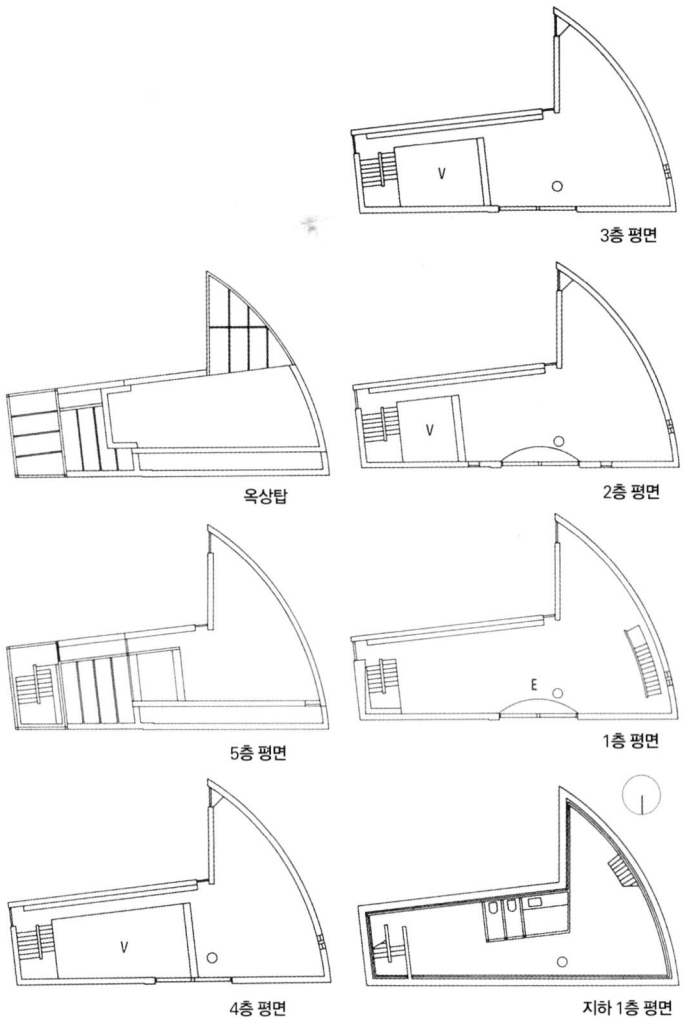

소재지	오사카시 기타구
설계·감리	안도 다다오, 기타무라 준(北村淳)
설계 기간	1989.6~1990.5
준공	1991.4
주요 구조	철근콘크리트조(벽식라멘구조)
층수	지하1층, 지상5층
대지 면적	115.6m²
건축 면적	91.7m²
연건평	451.7m²
주요 용도	아틀리에
가족 구성	—

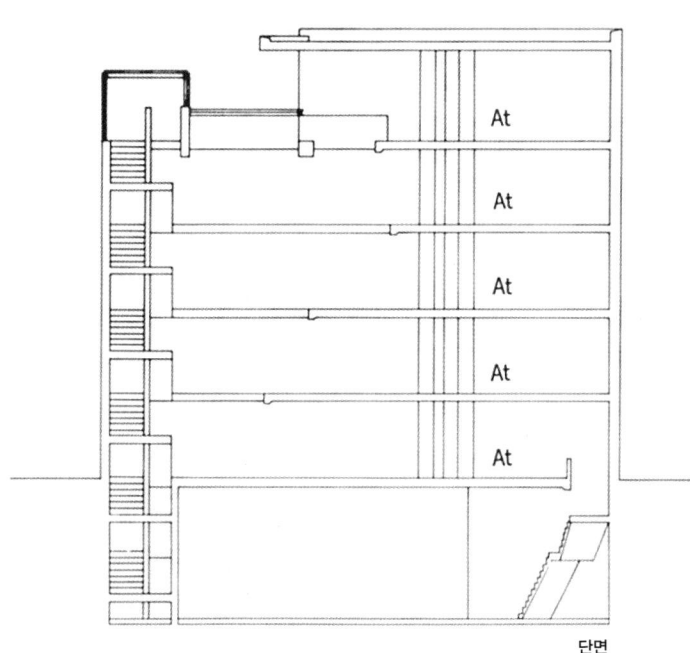

단면

아카바네의 집
Akabane House

부부와 그 부모, 동생으로 구성된 두 세대의 주거이다. 정사각형의 3층 노출 콘크리트 안에 정사각형의 계단실이 액자 모양으로 들어간 형태로 구성되어 있다. 각 방은 계단실을 따라 나선 모양으로 구성된다. 거실·식당의 구성은 스킵플로어의 관계로 나타난다. 계단실의 상부는 스카이라이트로 열리고, 외부 벽으로 둘러싸인 부분은 2, 3층에서 그 절반이 옥외의 보이드 공간으로 남겨진다. 반쯤 둘러싸인 옥외 공간이나 공중으로 빠지는 계단실은 「고지마 공동 주택」(32)과 「이시이의 집」(33)의 전개와 같다.

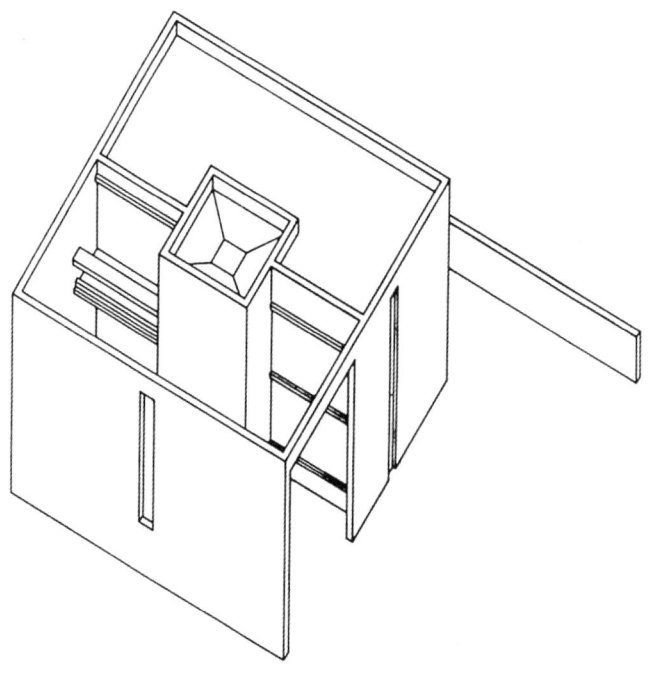

소재지	도쿄도 세타가야구
설계·감리	안도 다다오, 야노 마사타카, 다케우치 히로아키
설계 기간	1981.6~1982.4
준공	1982.10
주요 구조	철근콘크리트조(벽식구조)
층수	지하 1층, 지상 2층
대지면적	240.8m²
건축면적	61.1m²
연건평	119.0m²
주요 용도	두 세대 주택
가족 구성	부부+부모+남동생

2층 평면

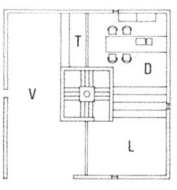

1층 평면

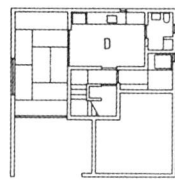

지하 평면

우메미야의 집
Umemiya House

지붕 모양에 분명히 드러나는 것처럼 정사각형을 사등분한 그리드에 약간 작은 정사각형이 겹쳐진다. 또는 사등분한 그 하나가 확대된다. 입구 홀의 정면에서 세 단 내려간 곳에는 아틀리에가, 반대쪽 계단을 올라가면 테라스가 보이고 식당·거실에 이른다. 각 방의 분할은 놀랄 만큼 단순하지만, 그 관계성은 다양한 성격을 띤다. 아틀리에는 북쪽과 동쪽 벽 틈에 개구부를 내고 다른 곳은 막아 놓았고, 테라스는 기본 그리드를 기둥으로 암시하면서 그 밖으로 펼쳐지고 있다.

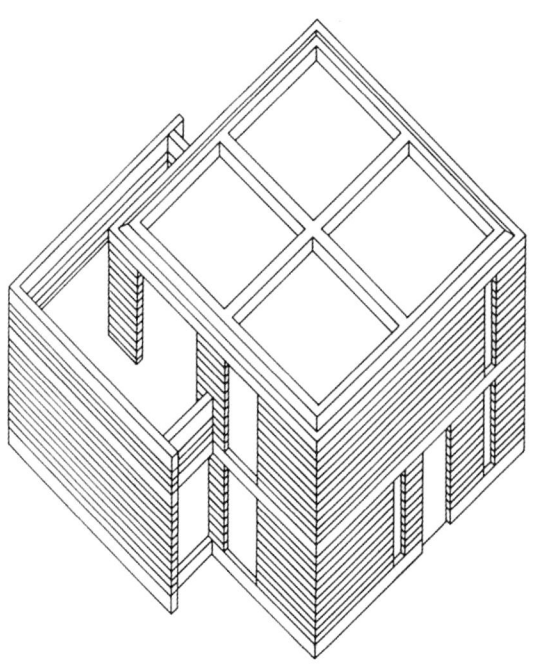

소재지	고베시 다루미구
설계·감리	안도 다다오, 다케우치 히로아키, 하네 기요노(羽根清乃)
설계 기간	1981.6~1982.9
준공	1983.3
주요 구조	보강콘크리트블록조
층수	지상 2층
대지면적	681.7m²
건축면적	68.0m²
연건평	119.9m²
주요 용도	전용 주택
가족 구성	부부

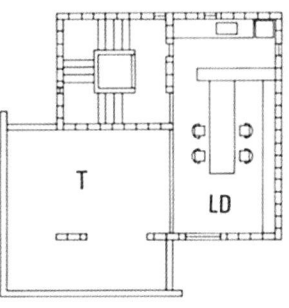

2층 평면

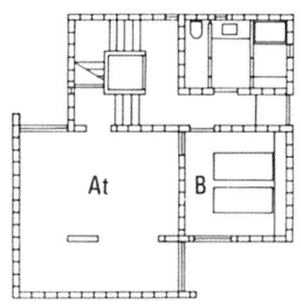

1층 평면

구조 상가(이즈쓰의 집)
Town House, Kujo — Izutsu House

대지가 세 층 높이의 콘크리트 벽으로 둘러싸여 있고, 입구를 들어서면 안쪽까지 펼쳐진 중정이 세대로의 진입을 돕는다. 준공할 때는 1층의 차고와 일체화된 방에 독신자, 그리고 바깥 계단을 거쳐 2, 3층에 또 한 가족이 살고 있었다. 대지 전체를 높은 벽으로 둘러쌌고, 조용한 실내외 공간을 구성하는 일련의 상가형 주택 중에서도 가장 기본적인 해답을 보여 주며 또한 그 전형으로 완성되었다고 할 수 있다. 콘크리트와 유리와 철이 유달리 우아하게 조화된 작품이기도 하다.

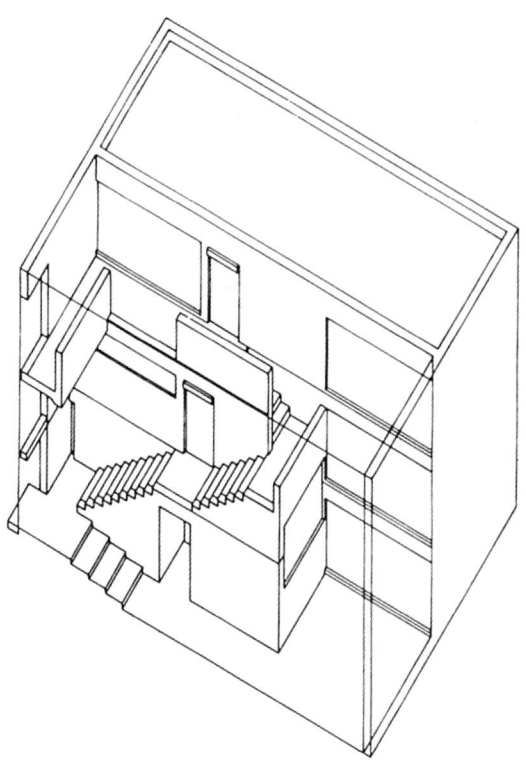

소재지	오사카시니시구
설계·감리	안도 다다오, 나카키타 고, 오카노 가즈야
설계 기간	1981.11 ~ 1982.4
준공	1982.10
주요 구조	철근콘크리트조(벽식구조)
층수	지상 3층
대지면적	71.2m²
건축면적	46.0m²
연건평	114.5m²
주요 용도	전용 주택
가족 구성	부부 + 자녀 2

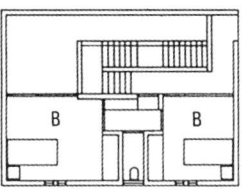

3층 평면

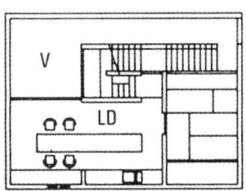

2층 평면

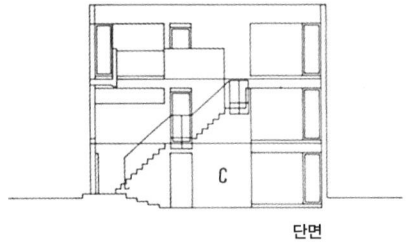

단면

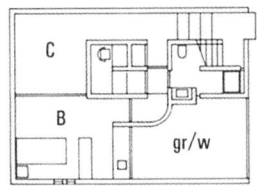

1층 평면

우에조의 집
Uejo House

1층은 서쪽에 입구가 있고, 지하층은 남쪽 도로에 면해 차고가 있다. 중정은 차고보다 500밀리미터 높고, 동쪽의 옥외 계단을 올라간 통로 앞에 부엌문이 있다. 동서로 가득 뻗어 있는 거실·식당은 옥외의 깊은 보이드 공간과 면해 있고, 동시에 그 자체가 2층 옥내의 보이드 공간으로서 이 집의 중심부를 형성한다. 보이드 공간에 면한 2층 브리지가 악센트를 주고 있다. 중정 서쪽에는 침실과 다다미방이 세 층에 겹쳐진다. 남쪽으로 경사진 면의 매력을 충분히 끌어 낸 구성이다.

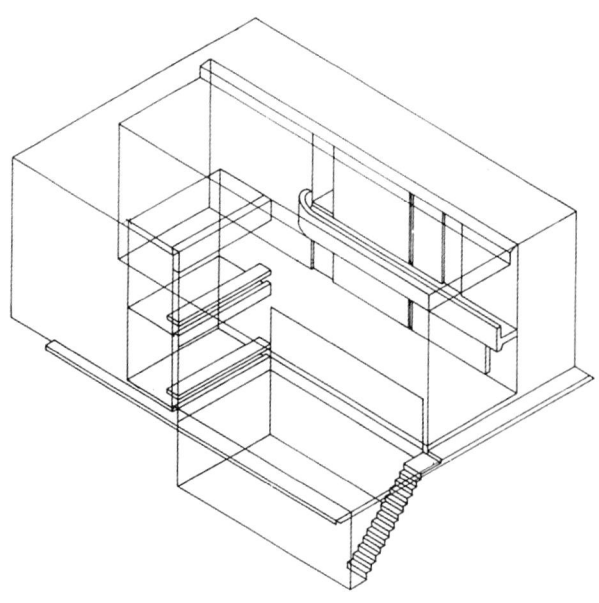

소재지	오사카부스이타시
설계·감리	안도 다다오, 이와마 후미히코, 하네 기요노
설계 기간	1982.1~1983.5
준공	1984.3
주요 구조	철근콘크리트조(벽식구조)
층수	지하 1층, 지상 2층
대지면적	330.6m²
건축면적	105.6m²
연건평	272.1m²
주요 용도	전용 주택
가족 구성	부부+자녀 1

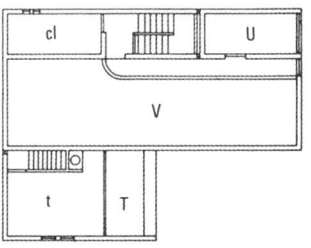

2층 평면

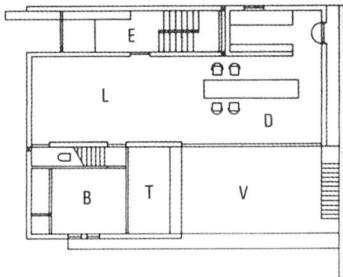

1층 평면

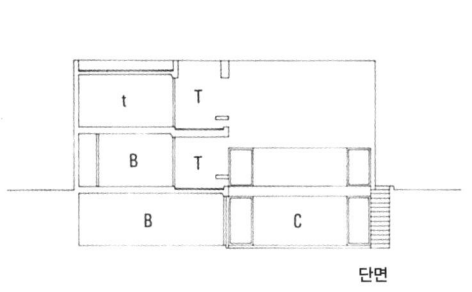

단면

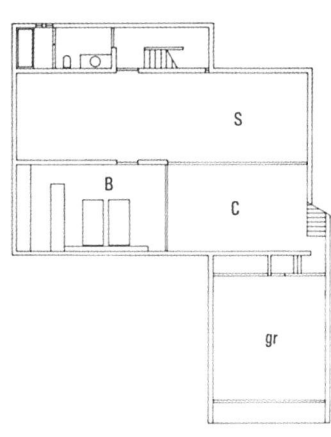

지하 평면

오타의 집
Ota House

주택이 빽빽이 들어찬 다소 복잡한 환경에서 남쪽이 도로에 면한 대지를 벽으로 둘러싸고 입구 주위만 열어 놓았다. 이 벽과 건물 사이의 작은 틈이 서재나 식당의 개구부를 살리고 있다. 식당 상부에 놓인 로프트 모양의 거실은 남쪽의 테라스에 면하고, 한편 옥내의 보이드 공간과 커다란 개구부를 통해 북쪽으로도 열려 있다. 2층 테라스는 두 층 높이로 3층 침실과 주 침실 앞의 테라스와 일체화된다. 남쪽의 빛과 북쪽의 빛이 서로 짝을 이루고, 제약이 많은 대지인데도 풍부한 바깥 공기가 집을 감싼다.

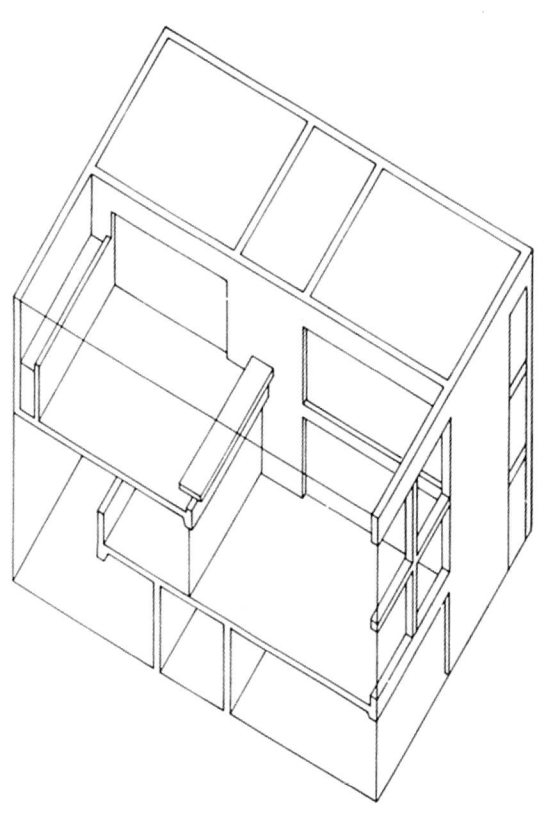

소재지	오카야마현 다카하시시
설계·감리	안도 다다오, 다케우치 히로아키
설계 기간	1982.2~1983.1
준공	1984.10
주요 구조	철근콘크리트조(벽식구조)
층수	지상 3층
대지면적	137.7m²
건축면적	71.4m²
연건평	145.9m²
주요 용도	전용주택
가족 구성	부부+자녀 3

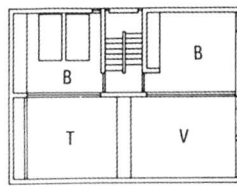

3층 평면

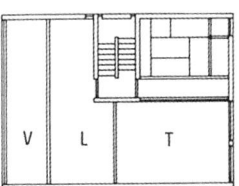

2층 평면

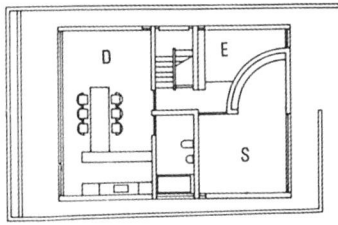

1층 평면

모테키의 집
Moteki House

북동쪽의 모퉁이 땅으로 상점가와 골목에 면한 2.5미터×10미터의 콘크리트 상자이다. 1층은 문방구, 2층에서 5층까지의 주거로 들어가는 입구가 그 안쪽에 있다. 옥외 계단실은 보이드 공간의 테라스나 브리지와 연동하여 시타마치풍 생활의 장이 된다. 욕실의 높은 창을 위층의 테라스로 내고 주 침실의 침대를 세로로 나란히 놓았으며, 최상층의 천장 높이를 줄여 자녀 침실을 아래층 공부방의 높은 창으로도 살리는(바닥의 반원형 개구부로 빛이 들어오고 그곳으로 아이들도 오르내린다) 등 극한의 치밀한 치수로 의표를 찌르는 구성이다.

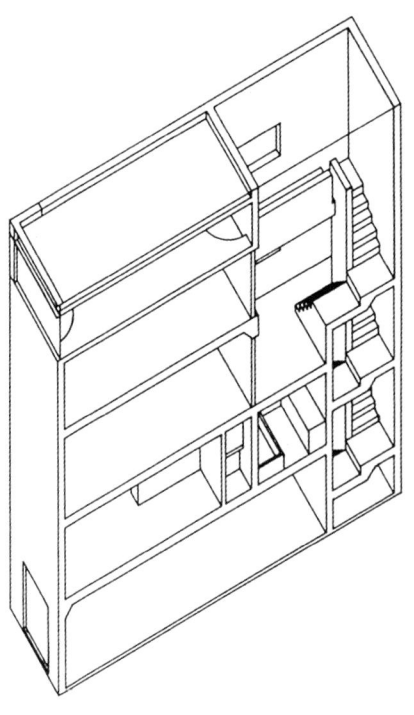

소재지	고베시 나가타구
설계·감리	안도 다다오, 나카키타 고, 도다 준야(戸田潤也)
설계 기간	1982.5~1983.6
준공	1984.12
주요 구조	철근콘크리트조(벽식구조)
층수	지상 5층
대지면적	32.1m²
건축 면적	25.0m²
연건평	94.7m²
주요 용도	전용 주택
가족 구성	부부 + 자녀 3

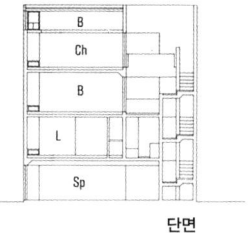

단면

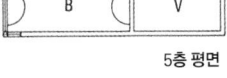

5층 평면

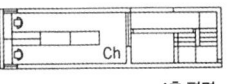

4층 평면

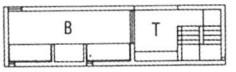

3층 평면

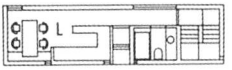

2층 평면

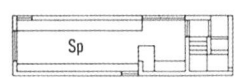

1층 평면

이와사의 집
Iwasa House

국립공원의 완만한 경사지 안에 5.4미터×27.4미터, 두 층 높이의 직육면체가 절반쯤 묻혀 있다. 특히 남쪽 면은 길고 단순한 표정이 인상적인데, 이 직육면체에서는 서쪽으로 벽이 뻗어 있고 북쪽 면 중앙으로는 원호의 벽이 파고들었다. 남쪽은 중앙으로 내려가는 계단 모양의 테라스와 거실·식당 앞의 테라스가 겹쳐 다양한 방위, 거리, 양감(量感)의 표정이 드러난다. 1층은 아틀리에와 침실, 2층은 거실·식당과 다다미방의 구획이 명쾌하게 나뉘고 또한 연결된다. 그 핵심이 북쪽과 남쪽의 보이드 공간이다.

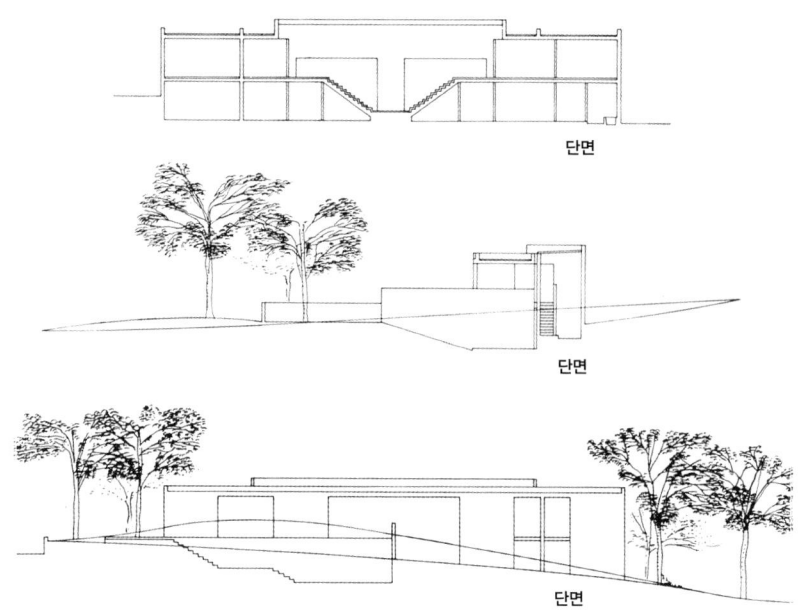

단면

단면

단면

소재지	효고현 아시야시
설계·감리	안도 다다오, 나카키타 고, 도다 준야
설계 기간	1982.6~1983.10
준공	1984.6
주요 구조	철근콘크리트조(벽식구조)
층수	지하 1층, 지상 1층
대지면적	821.4m²
건축면적	188.0m²
연건평	235.6m²
주요 용도	전용 주택
가족 구성	부부+자녀 2

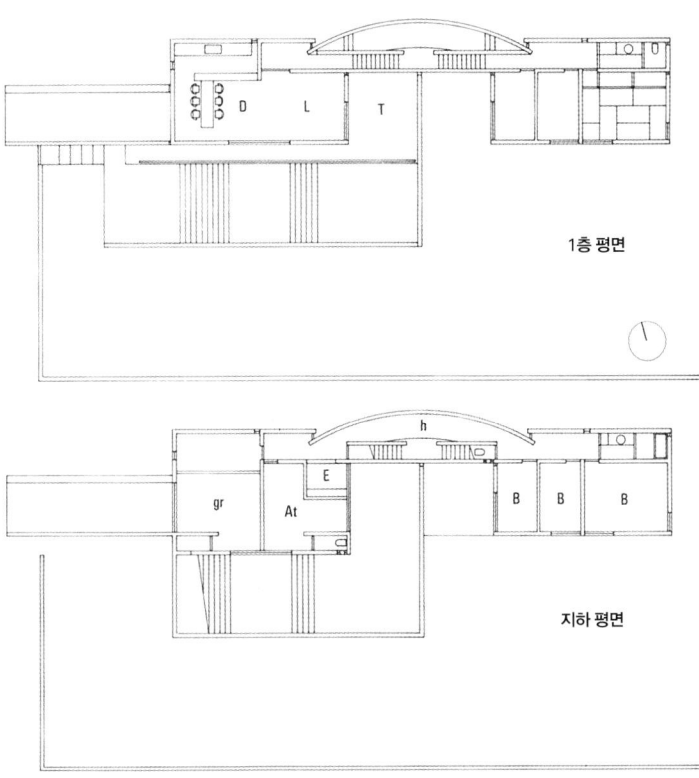

1층 평면

지하 평면

이와사의 집 증축
Iwasa House Addition

준공한 지 6년 만에 게스트 룸이 증축되었다. 역시 기존 건물의 1층과 마찬가지로 지하에 묻힌, 옥외로 자연스럽게 연속되는 원호 모양의 방이다. 기존 건물에서 북쪽 홀과 남쪽 테라스와 보이드 공간은, 이를테면 달과 태양의 관계처럼 생활 구역의 전환점이 된다. 원호 모양의 벽 하나만을 지상으로 보이게 한 증축 건물은, 직육면체 안에 숨은 원호의 강렬함을 동일한 형태로 반복함으로써 드러내고, 동시에 남쪽의 옥내외가 교차하는 보이드 공간을 더욱 복잡하게 공간화하는 것으로 마무리하고 있다.

소재지	효고현 아시야시
설계·감리	안도 다다오, 신보리 마나부(新堀學)
설계 기간	1989.6~1990.3
준공	1990.9
주요 구조	철근콘크리트조(벽식구조)
층수	지하1층
대지면적	821.4m^2
건축면적	0.0m^2
연건평	34.2m^2
주요 용도	전용주택
가족 구성	부부+자녀 2

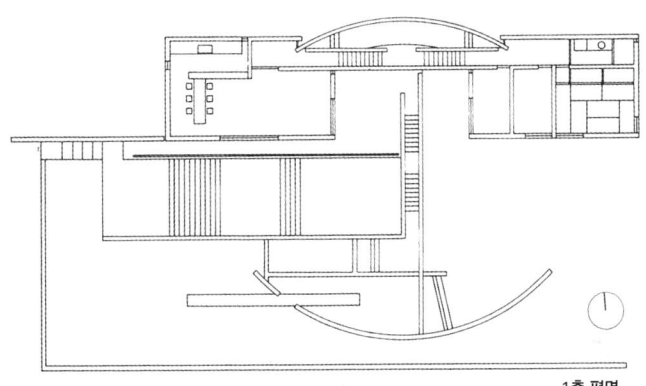

1층 평면

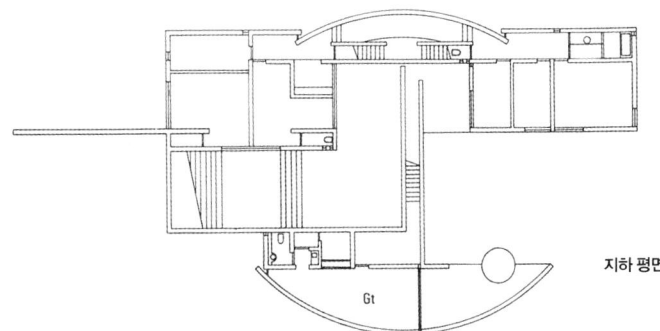

지하 평면

기도사키의 집
Kidosaki House

거주자 부부와 각자의 부모로 구성된 세 세대의 주거이다. 조망이 좋은 세타가야(世田谷)의 고급 주택지 안에 있는 대지인데, 네 변을 높은 콘크리트 벽으로 둘러싸고 일부를 원호 모양으로 열어 두었다. 상층과 하층의 입구를 교묘하게 나누어 각각의 주거에 높은 프라이버시를 확보하고, 동시에 옥외 공간을 사이에 두어 공동생활의 감각을 만족시킨다. 주위 조망을 일부러 단절시킨 높은 벽이 해의 변화나 사계절의 변화를 나뭇잎 하나까지도 민감하게 느낄 수 있을 정도로 조용한 옥외 공간으로 만든다.

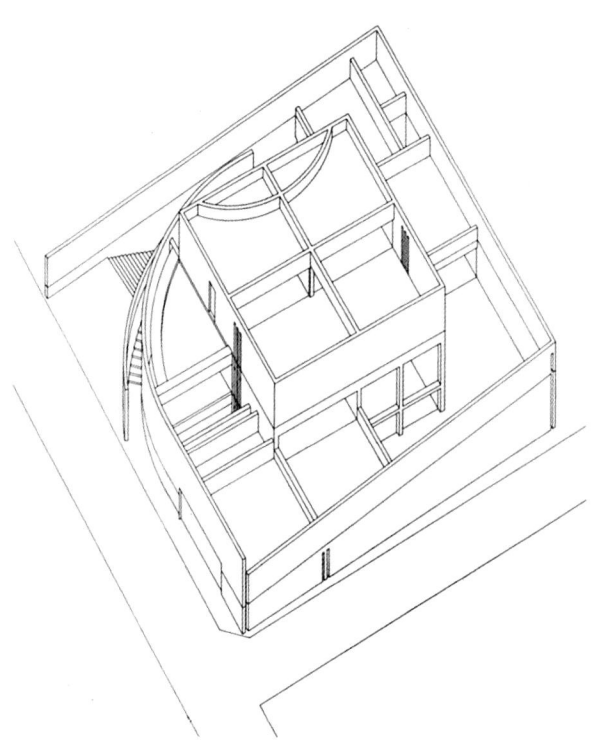

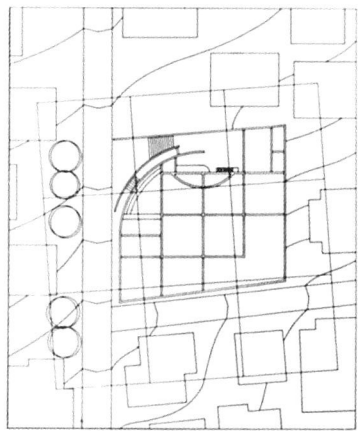

배치 S=1:1500

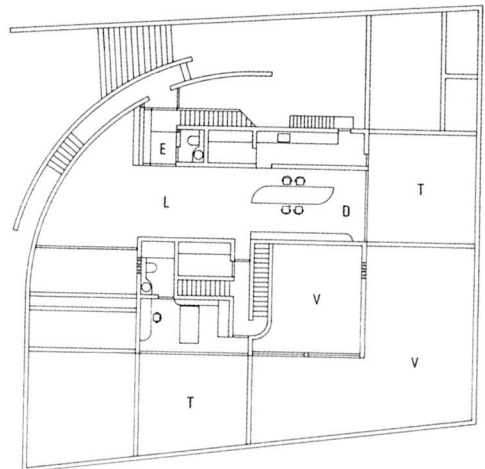

2층 평면

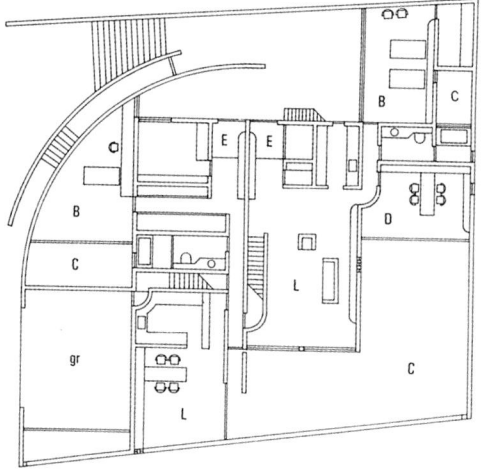

1층 평면

소재지	도쿄도 세타가야구
설계·감리	안도 다다오, 야노 마사타카
설계 기간	1982.10~1985.10
준공	1986.10
주요 구조	철근콘크리트조(벽식구조)
층수	지상 3층
대지면적	610.9m²
건축면적	351.5m²
연건평	556.1m²
주요용도	세세대 주택
가족 구성	부부, 부모, 장모+처제

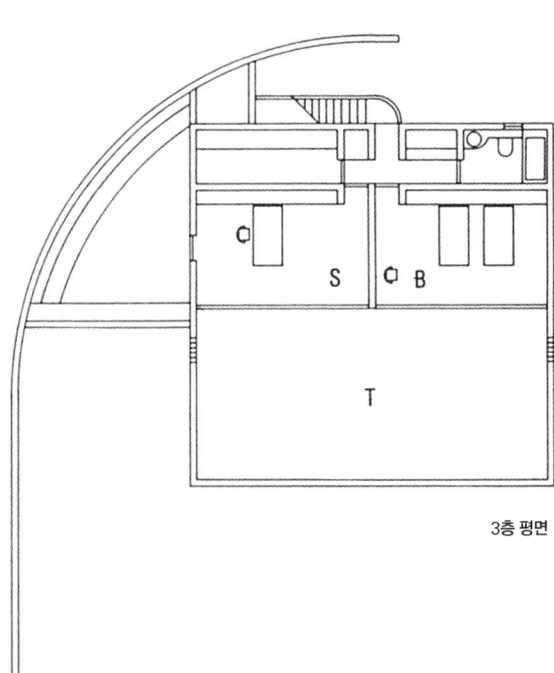

3층 평면

가네코의 집
Kaneko House

도쿄에서도 녹음이 우거진 주택가 골목 안쪽에 숨은 듯이 도로에 면해 단 하나의 벽을 세우고 있다. 그 슬릿으로 들어가는 계단을 오르면 현관이 있고, 거기에서 거실이나 식당, 그 앞의 뜰로 생활공간이 느긋하게 열려 있다. 이 넓이를 연출하는 것은 미묘한 바닥의 높낮이 차나 벽의 개폐가 만드는 표정이다. 예를 들어 거실에서는 높은 식당과 낮은 뜰이 동시에 보이고, 각 장소의 매력이 교착한다. 침실은 아래층에 숨어 있다. 이를테면 방과 방을 잇는 매개 영역이 이 주택의 주조음인 셈이다.

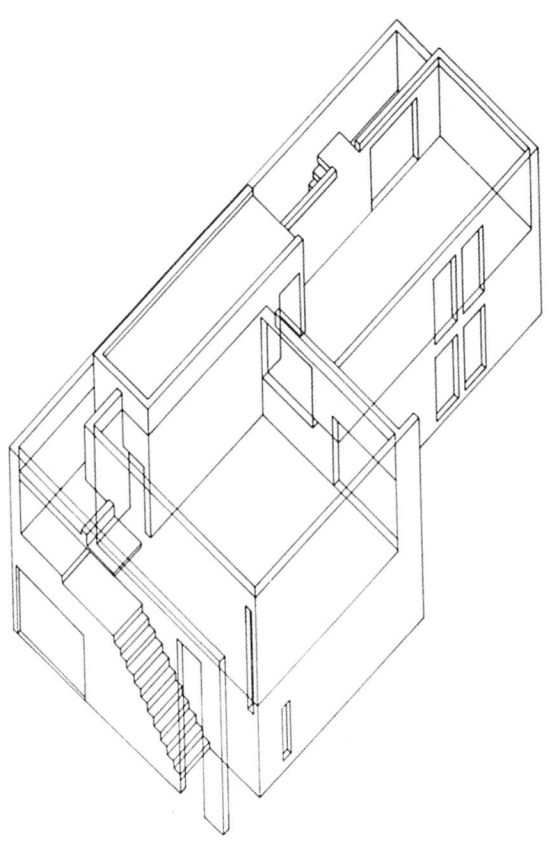

소재지	도쿄도 시부야구
설계·감리	안도 다다오, 야노 마사타카, 다케우치 히로아키
설계 기간	1982.11 ~ 1983.4
준공	1983.11
주요 구조	철근콘크리트조(벽식구조)
층수	지상 2층
대지면적	172.9m²
건축 면적	93.6m²
연건평	169.0m²
주요 용도	전용 주택
가족 구성	부부 + 자녀 1

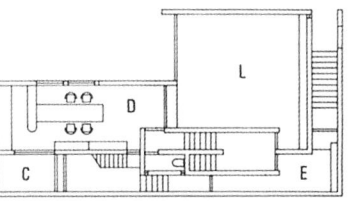

2층 평면

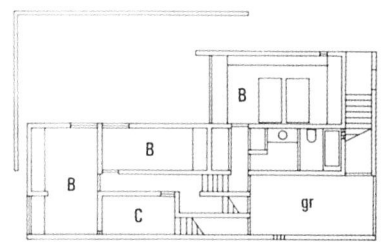

1층 평면

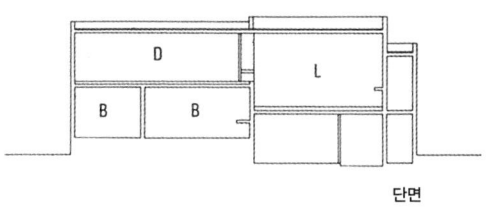

단면

돌스하우스
Dolls' House

인형을 위한 주거 계획이다. 「인형은 사람과 사물의 중간에 존재하고, 그 사이에서 성장하거나 자유롭게 변용될 수 있다.」 다시 말해 일단 인간이 살 수 있는 규모에 대응하지만 정사각형이 차례로 확대 또는 축소되어 가는 기하학적 전개 속에서, 거주자가 낱알처럼 작아져도 걸리버처럼 커져도 주택으로서 기능하는 공간의 가능성을 추구했다. 게임 같은 조작으로 보이면서도 항상 그 존재감을 확인해 보인다는 점에서, 안도의 일반적인 주택과 다르지 않다.

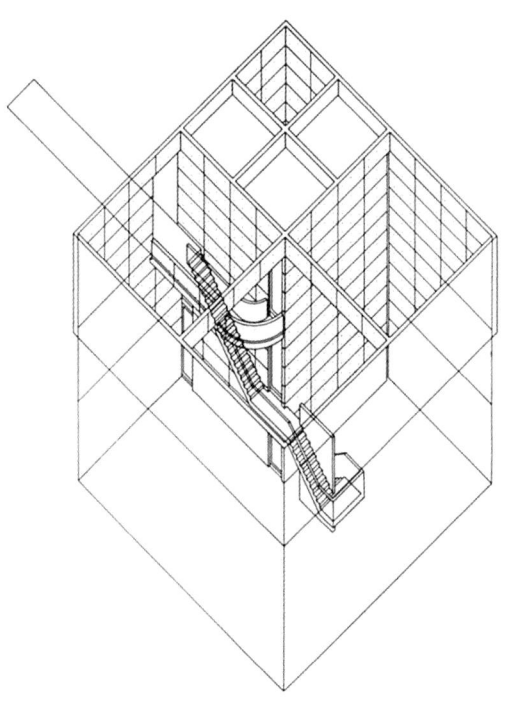

소재지	—
설계·감리	안도 다다오
설계 기간	1982
준공	공모안
주요 구조	철근콘크리트조
층수	지상 1층, 지하 2층
대지 면적	—
건축 면적	75.4m²
연건평	128.4m²
주요 용도	전용 주택
가족 구성	—

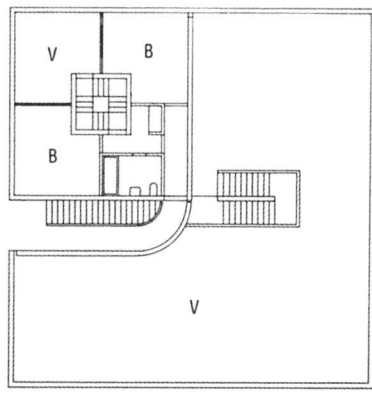

1층 평면

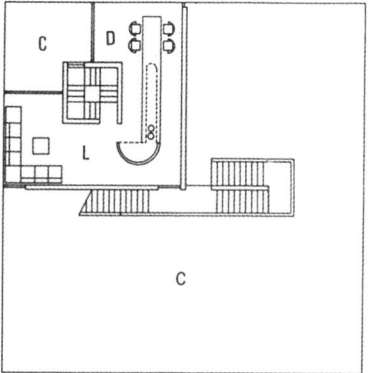

지하 2층 평면

미나미바야시의 집
Minamibayasi House

부부와 그들의 장남, 차남 부부로 구성된 세 세대의 주거이다. 3층 건물의 각층이 독립된 각 가족을 위한 주거이다. 즉 주거 기능은 순수한 공동 주택처럼 세대 별로 할당된 대신, 느낌이 좋은 옥외 공간을 공유 공간으로 확보하고 있다. 지하층 계단 북서쪽 끝이 이 공동 주택의 문에 해당한다. 계단을 올라가면 중정에 이르고, 다시 안쪽 계단을 내려가면 지하층의 주거로 들어가는 입구가 있다. 중정에 면한 식당의 벽은 바닥에서 1,500밀리미터, 창은 천장까지 닿아 있다. 1, 2층의 주거로 들어가는 계단과 테라스는 중정에 다양한 표정을 더해 준다.

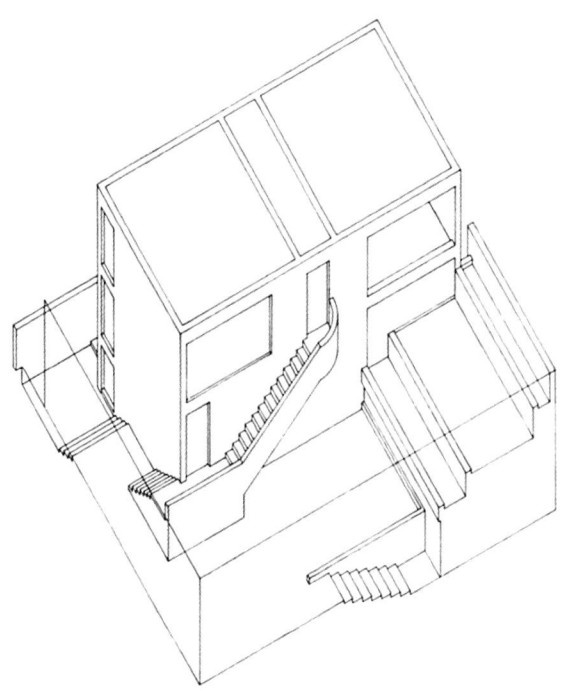

소재지	나라현 이코마시
설계·감리	안도 다다오, 다케우치 히로아키
설계기간	1983.3~1984.2
준공	1984.9
주요구조	철근콘크리트조(벽식구조)
층수	지하 1층, 지상 2층
대지면적	237.5m²
건축면적	74.5m²
연건평	165.4m²
주요용도	세세대 주택
가족구성	부부＋장남＋차남 부부

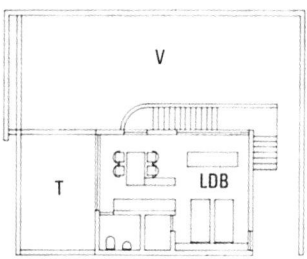

2층 평면

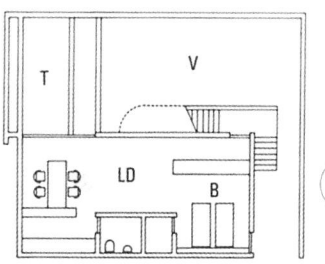

1층 평면

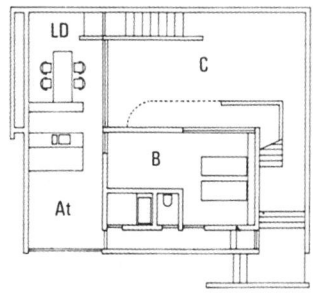

지하 평면

나카야마의 집
Nakayama House

19미터×7미터, 두 층 높이의 직육면체가 세로로 나뉘어 있고, 그 한쪽은 중정이다. 1층은 거실·부엌·식당이다. 2층은 중정에 면한 거실 부분을 다시 이등분하여 침실과 테라스로 삼고 있고, 바깥 계단을 통해 중정으로 이어진다. 다시 말해 전체는 5 : 3의 비율로 보이드 공간과 거실 부분으로 나눠진다. 방과 보이드 공간을 같은 크기로 늘어놓는 안도의 기법이 가장 직접적으로 표현된 주택이라고 할 수 있다. 벽으로 크게 둘러싸서, 역으로 자연을 순화시켜 도입하려는 자세가 보인다.

소재지	나라현 나라시
설계·감리	안도 다다오, 나카키타고, 호소다 미기와(細田みぎわ)
설계 기간	1983.6~1984.7
준공	1985.4
주요 구조	철근콘크리트조(벽식구조)
층수	지상 2층
대지 면적	263.3m²
건축 면적	69.1m²
연건평	103.7m²
주요 용도	전용 주택
가족 구성	부부+자녀 1

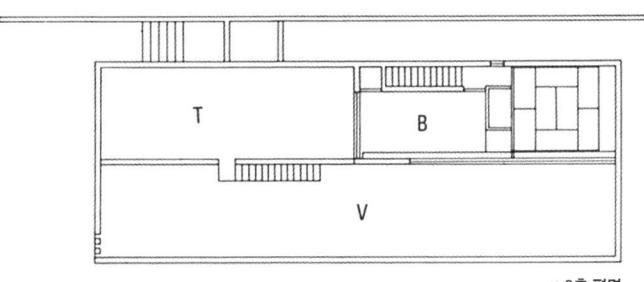

2층 평면

1층 평면

하타의 집
Hata House

녹음이 우거진 구릉에 있는 고급 주택지에 지은 집이다. 경사가 급한 도로는 이 주택 앞에서 급하게 왼쪽으로 꺾이고 또 배후의 산이 다가와 건물을 감싸는 듯한 지형이다. 그 중심부에 폭 5.7미터, 안길이 19.6미터, 3층 높이의 콘크리트 직육면체가 있고, 좌우에는 두 종류의 옹벽이 이 집과 지형에 대응하고 있다. 주거 건물 자체는 전면의 도로로는 닫혀 있고, 뜰로는 크게 열려 있다. 1층과 2층에 전혀 다른 분위기의 진입로를 갖고 있다. 단순한 방 구성이면서도 사람의 움직임에 의해 방의 방향이 극적으로 전환된다.

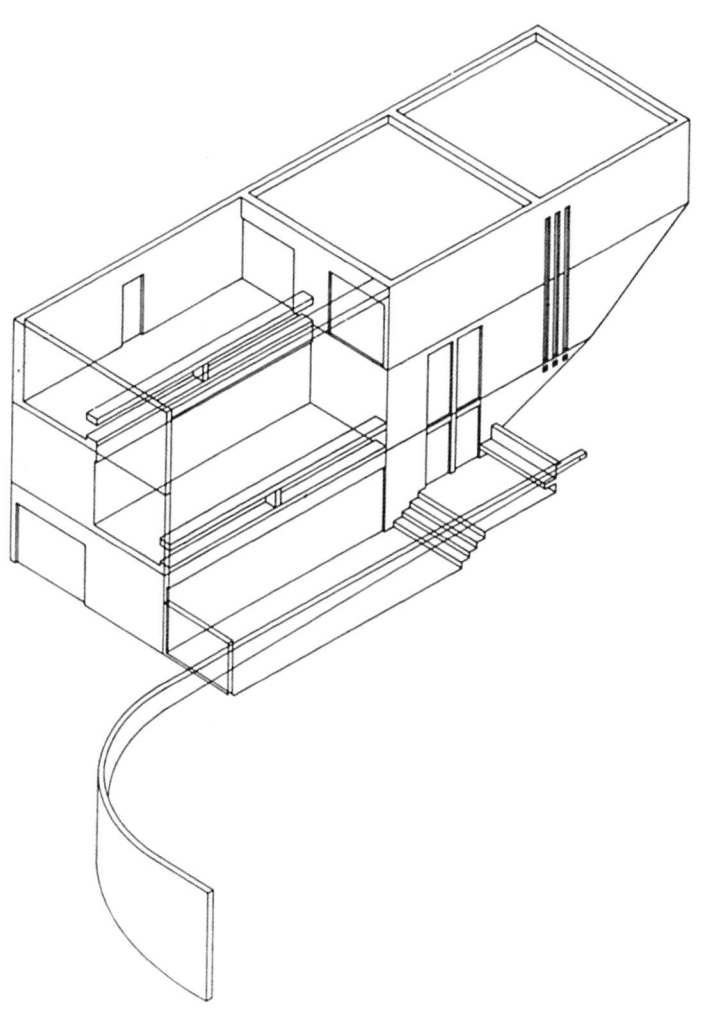

소재지	효고현 니시노미야시
설계·감리	안도 다다오, 오카노 가즈야
설계 기간	1983.7~1984.2
준공	1984.9
주요 구조	철근콘크리트조(벽식구조)
층수	지하 1층, 지상 2층
대지면적	441.5㎡
건축 면적	118.7㎡
연건평	207.2㎡
주요 용도	전용 주택
가족 구성	부부+자녀 1

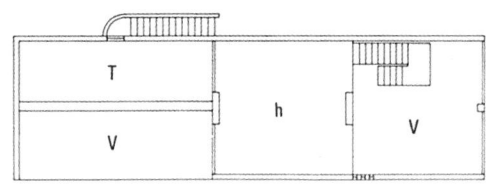

2층 평면

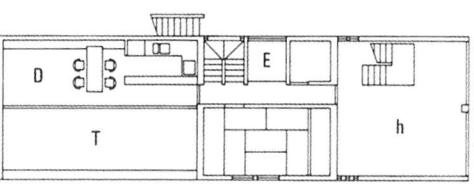

1층 평면

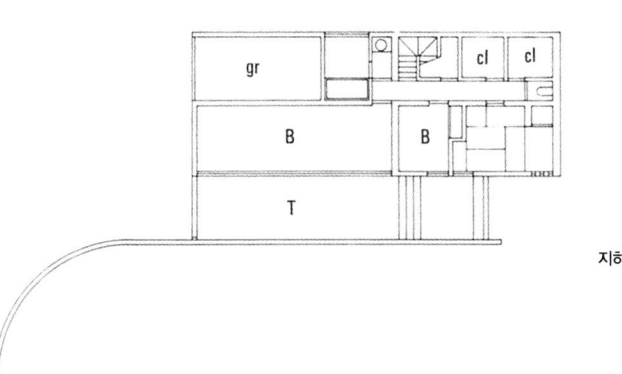

지하 평면

오키베의 집
Okibe House

계단실을 중심으로 사등분한 그리드를 기본으로 계획했다. 평면과 단면 모두 너무나도 정연한 구성인데, 그만큼 스킵플로어가 각 방의 자립·연결 효과를 높이고 있다. 그리고 최상층에서는 부엌·식당이, 천장이 높은 거실과 계단을 사이에 두고 일체화되는 형태로 평·단면의 스케일을 나타내고 있다. 북동쪽 코너는 지하층에서 하늘로 빠져나가는 깊은 보이드 공간을 확보하고 있다. 계단실의 지붕에는 양끝에 슬릿 모양의 스카이라이트를 두었다. 「아카바네의 집」(35)의 변주라고도 할 수 있는데, 주 침실은 지하층에 숨어 있다.

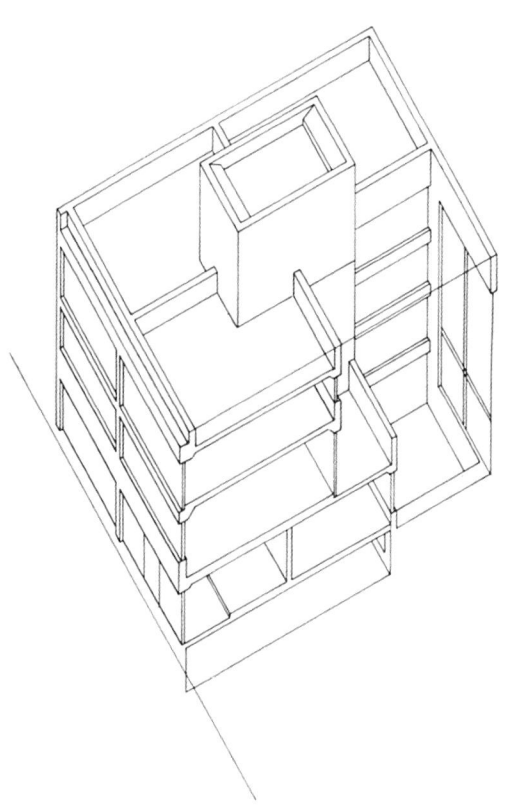

소재지	오사카시 기타구
설계·감리	안도 다다오, 야노 마사타카, 하네 기요노
설계 기간	1984.1 ~ 1985.9
준공	1986.9
주요 구조	철근콘크리트조(벽식구조)
층수	지하 1층, 지상 3층
대지면적	89.6m²
건축면적	64.0m²
연건평	245.7m²
주요 용도	전용 주택
가족 구성	부부 + 자녀 2

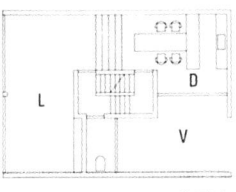

3층 평면

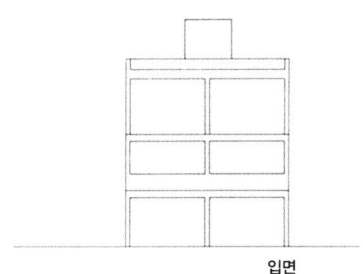

입면

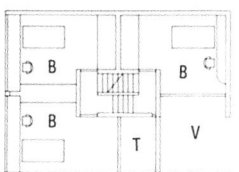

2층 평면

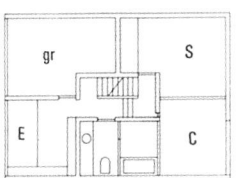

1층 평면

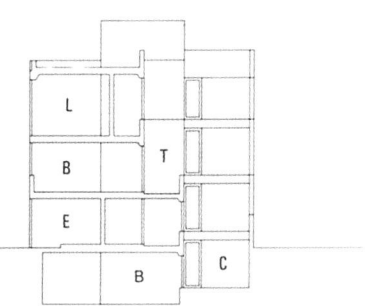

단면

요시모토의 집
Yoshimoto House

어수선한 시타마치 안의 너무나도 협소한 3층 건물이다. 안도의 도시형 주택 중에는 이 정도로 정면의 폭이 좁은 것이 더 있다. 「스미요시 나가야」(13)도 같은 정도이고, 「니폰바시 주택」(76)은 더 좁다. 그러나 안길이가 짧다는 점에서는 다른 예가 없을 것이다. 옥외 계단에서 각 층으로 접근하고, 2층과 3층은 개인용 방으로 설계했다. 그러나 2층의 절반과 3층의 남서쪽 끝을 보이드 공간으로 구성한 덕분에 1층의 식당·거실은 숨을 쉴 수 있다. 잘난 체하는 데라고는 전혀 없이 강속구를 던지듯 해결을 보여 의외로 편안한 거주를 제공한다.

소재지	오사카시니시구
설계·감리	안도 다다오, 도다 준야
설계 기간	1984.6~1984.12
준공	1985.12
주요 구조	철근콘크리트조(벽식구조)
층수	지상3층
대지면적	41.3m²
건축 면적	28.7m²
연건평	62.1m²
주요 용도	전용 주택
가족 구성	부부

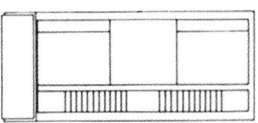

옥상 평면

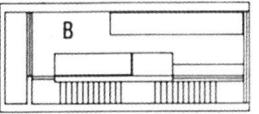

3층 평면

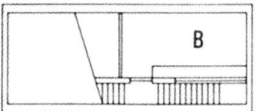

2층 평면

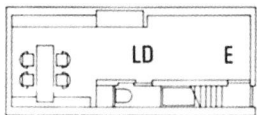

1층 평면

손(孫)의 집
Son House

모퉁이 땅의 대지 전체를 콘크리트 벽으로 둘러싸고 있다. 중앙 부분은 1층에 부엌과 화장실과 욕실, 2층에 부엌과 식당, 3층에 주 침실을 두었고, 그 주위로 계단실과 넓은 홀, 차고와 테라스, 두 층 높이 보이드 공간의 거실과 다다미방 등을 두르고 있다. 이 구성은 성격이 명확한 방과 다의적인 방을 구별하여 각각에 어울리는 형태를 부여하고, 집 안에 깊숙한 안길이, 분기점, 프라이버시가 높은 옥외 공간을 만들어 낸다. 큰길에 면한 커다란 개구부는 나선 모양으로 나아가는 출구를 표시하여 인상적이다.

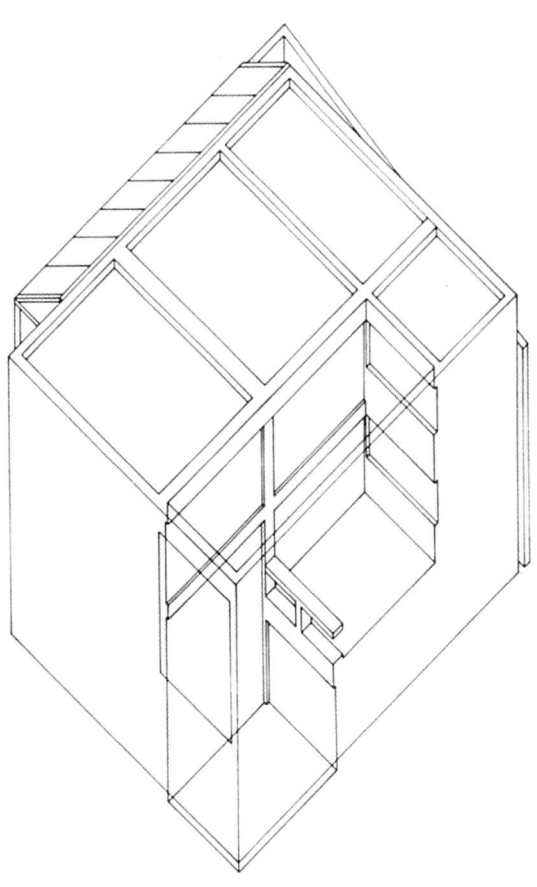

소재지	오사카시 덴노지구
설계·감리	안도 다다오, 오카노 가즈야, 미즈타니 다카아키
설계 기간	1984.9~1985.4
준공	1986.3
주요 구조	철근콘크리트조(벽식구조)
층수	지상 3층
대지면적	103.3m²
건축 면적	85.2m²
연건평	206.5m²
주요 용도	전용 주택
가족 구성	부부+자녀 3

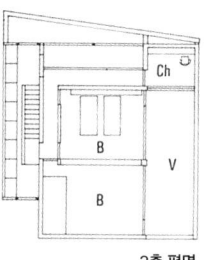

3층 평면

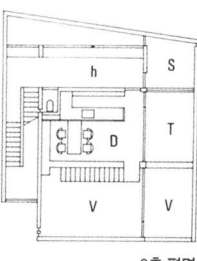

2층 평면

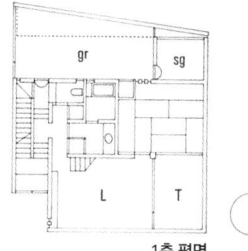

1층 평면

사사키의 집
Sasaki House

도쿄 미나미아자부(南麻布)의 고급 주택지, 교통량이 많은 삼거리의 모퉁이 땅에 세워졌다. 도로 쪽 벽을 겹쳐 돌리고, 침실을 안쪽으로 모아 두고 있다. 기본적으로 12미터×12미터의 정사각형 설계, 전면 도로의 선을 반영하는 반지름 9미터의 원호 벽, 남북 축으로 일치된 대각선의 벽이 그 두 형태를 관통한다. 그리고 노출 콘크리트 대신 콘크리트 블록을 채택하고 있고, 중용을 얻은 벽과 개구부가 균형을 이룬다. 드물게도 다양한 요소를 모았는데 온화한 저택의 형식을 의도했을 수도 있지 않을까?

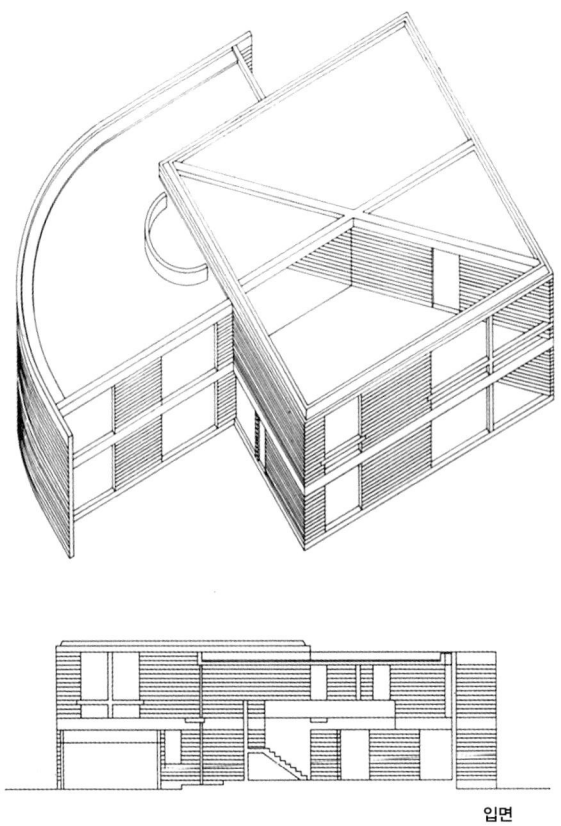

입면

소재지	도쿄도 미나토구
설계·감리	안도 다다오, 야노 마사타카, 나카무라 쇼지(中村祥二)
설계 기간	1984.9~1985.8
준공	1986.7
주요 구조	보강콘크리트블록조
층수	지상 2층
대지면적	382.1m²
건축 면적	227.1m²
연건평	373.1m²
주요 용도	전용 주택
가족 구성	부부+자녀 2, 가정부

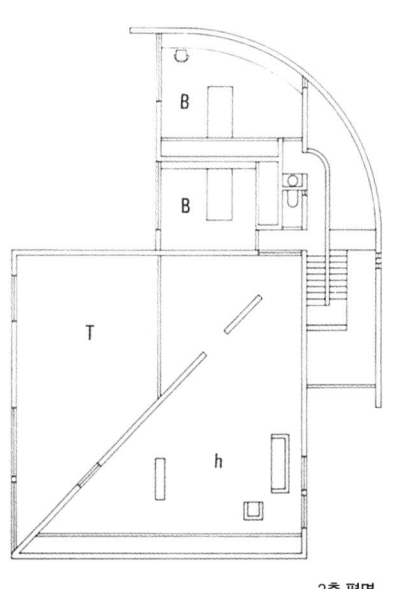

2층 평면

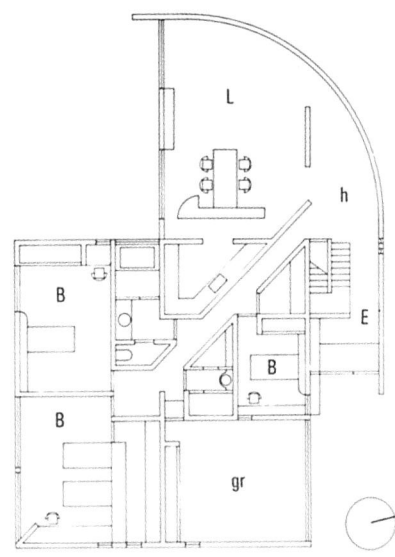

1층 평면

핫토리의 집 게스트하우스
Guest House for Hattori House

기존의 목조 가옥을 그대로 두고, 대지의 동쪽 인접 지역과의 경계까지 길이 28미터의 콘크리트 벽을 세웠다. 그 끝부분의 1층에 입구와 차고, 2층에 게스트 룸 박스를 설치했다. 나머지는 게스트 룸에 이르는 옥외 계단과 긴 무대 통로 같은 브리지만으로 구성했다. 이를테면 거실도 중정도 없이 완성한 주택 건축인데, 그만큼 안도만의 벽이라는 존재를 체감하는 데는 아주 좋은 예가 되었다. 주변 사람들에게 제공된 커뮤니티 공간이기도 하다.

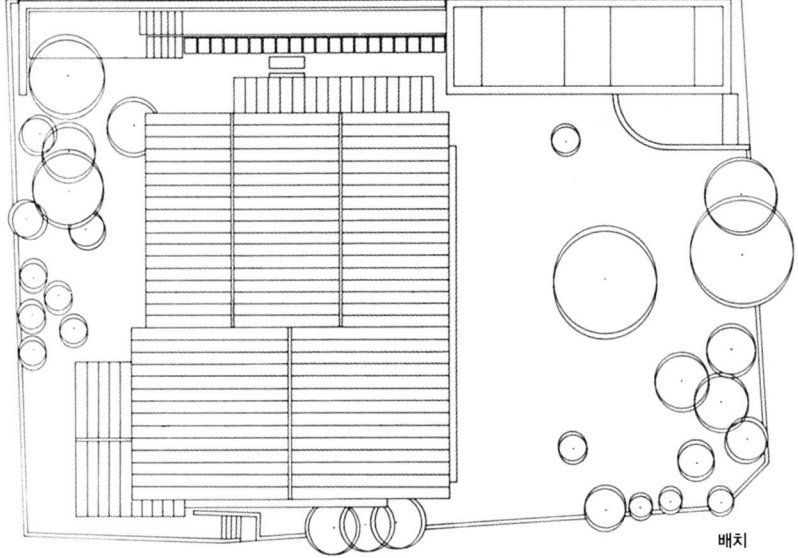

배치

소재지	오사카시 아베노구
설계·감리	안도 다다오, 이시마루 노부아키(石丸信明)
설계 기간	1984.10~1985.3
준공	1985.12
주요 구조	철근콘크리트조(벽식라멘구조)
층수	지상 2층
대지 면적	—
건축 면적	32.3m²
연건평	68.3m²
주요 용도	게스트하우스

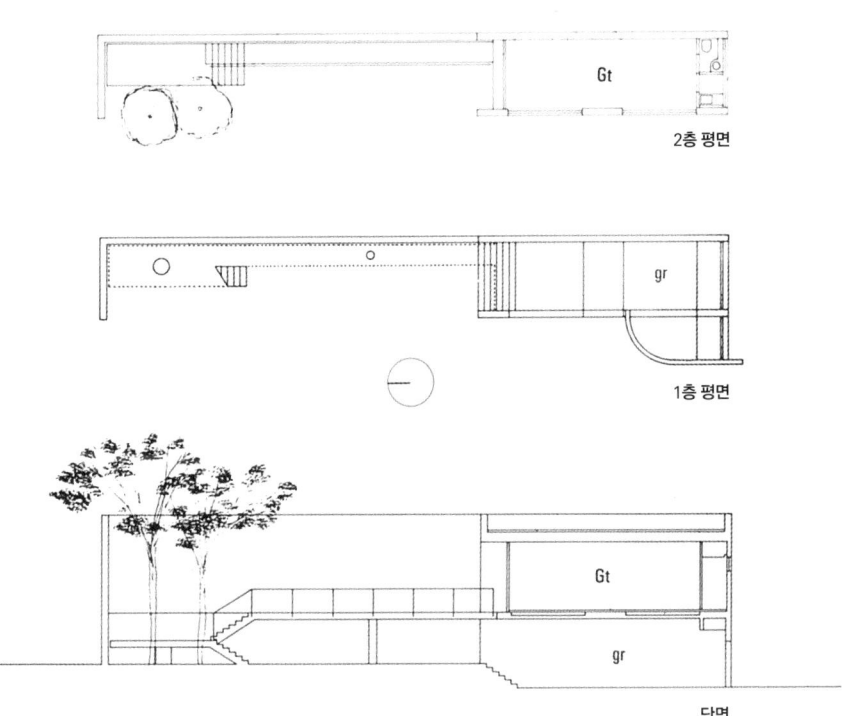

2층 평면

1층 평면

단면

TS 빌딩
TS Building

지하 1층, 지상 6층의 갤러리, 사무실, 게스트하우스를 포함하는 빌딩이다. 그러나 무엇보다 인상적인 것은 바닥에서 천장까지 풀하이트*full-height*의 개구부로, 축 회전에 의해 바깥 공기를 들어오게 하는 창호이다. 6층 로비는 높이가 5미터에 달한다. 심플하고 웅대한 이 구조체의 최상부 공중에 떠 있으면서도 모든 이에게서 숨은 듯한 게스트하우스가 독립된 소우주를 만들고 있다. 6층에서 보이드 공간에 걸친 통로를 통해 로비로, 그리고 또 하나의 보이드 공간 안의 계단을 통해 5층으로 내려간다.

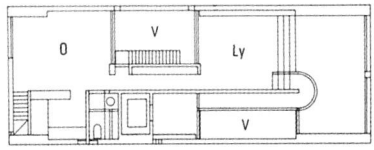

6층 평면

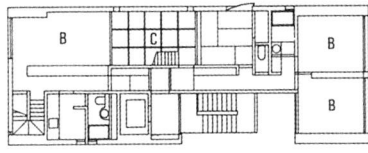

5층 평면

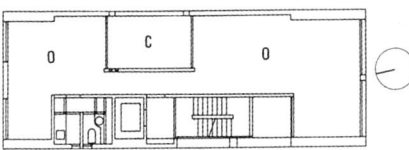

3층 평면

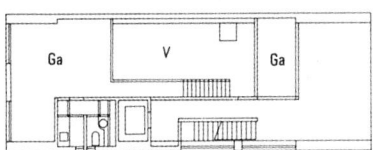

1층 평면

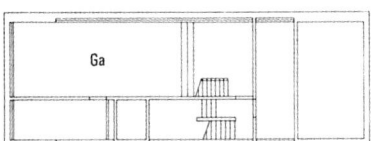

지하 평면

소재지	오사카시 기타구
설계·감리	안도 다다오, 오카노 가즈야
설계 기간	1984. 11 ~ 1985. 8
준공	1986. 8
주요 구조	철근콘크리트조(라멘구조)
층수	지하 1층, 지상 6층
대지 면적	160.7m²
건축 면적	118.1m²
연건평	665.0m²
주요 용도	주택＋사무실＋점포
가족 구성	부부

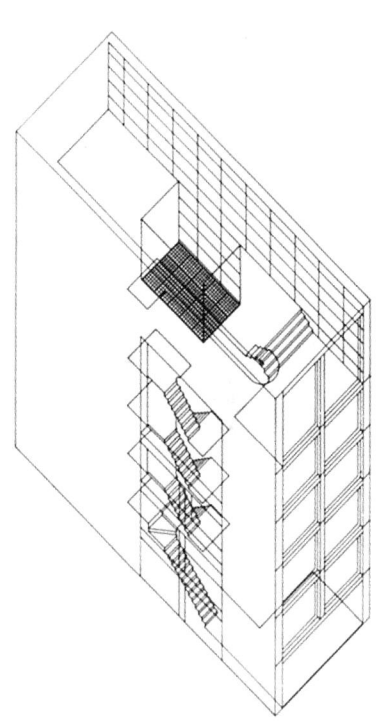

오요도 다실(베니어 다실)
Tea House in Oyodo — Veneer Tea House

목조 나가야의 지붕에 증축한 바닥·벽·천장 모두가 참피나무 베니어로 만들어진 다실이다. 나중에 같은 나가야의 1층에 「블록 다실」(55), 그리고 다시 옥상 위의 이 베니어 다실 옆에 「천막 다실」(56)을 만들었다. 경사가 급한 사다리 계단을 통해 나가야의 2층으로 올라가면(안도는 이곳을 결계(結界)로 삼았다) 갑자기 베니어로 된 육면체가 몸을 감싼다. 규모는 묘키안(妙喜庵)의 「다실 다이안(待庵)」과 비교 검토했다고 한다. 지름 2,390밀리미터의 구체가 내접하는 크기이다. 그 밑에 육분원(六分圓)*의 볼트 천장을 내려뜨리고 있다.

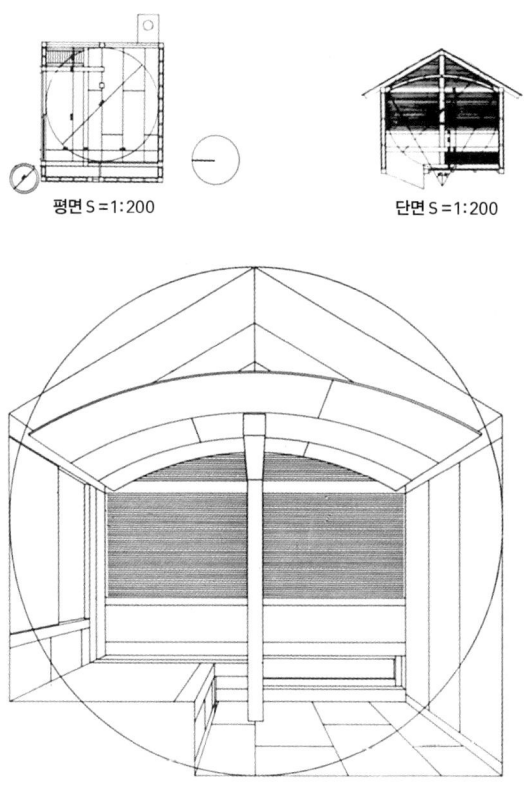

평면 S=1:200

단면 S=1:200

* 원을 6등분한 하나하나.

소재지	오사카시 오요도구
설계·감리	안도 다다오, 미즈타니 다카아키
설계 기간	1985.4~1985.10
준공	1985.12
주요 구조	목조
층수	—
대지면적	—
건축 면적	—
연건평	7.0m²
주요용도	다실
가족 구성	—

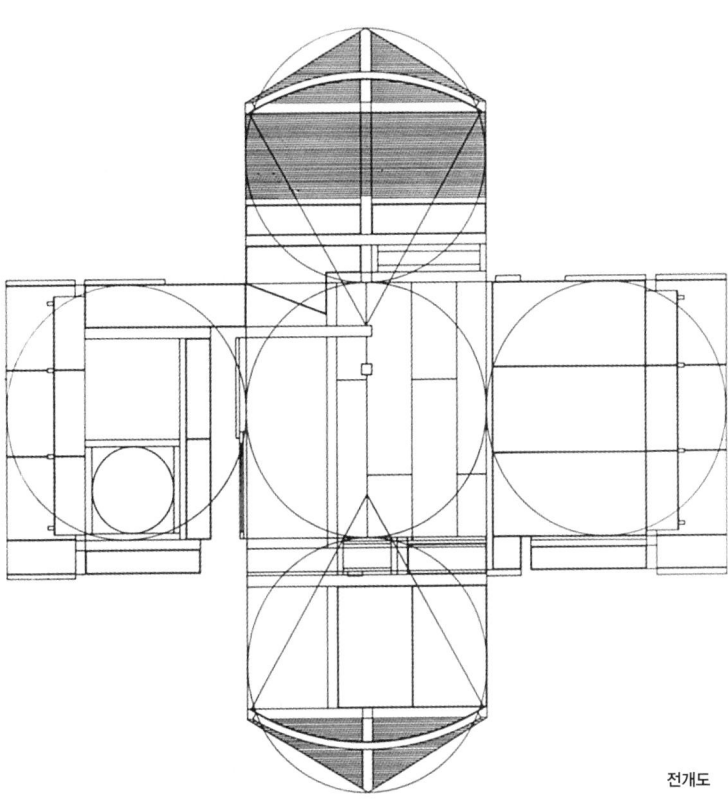

전개도

오요도 다실(블록 다실)
Tea House in Oyodo — Block Tea House

목조 나가야의 1층을 개축한 것이다. 큰길에 면한 미닫이를 열면, 이를테면 입구 봉당 앞을 가로막고 선 것처럼 콘크리트블록의 직육면체가 있다. 실내는 200밀리미터×400밀리미터의 테라조 블록으로 짧은 변 1,400밀리미터, 긴 변 2,800밀리미터, 천장 높이 2,000밀리미터의 공간이다. 안쪽에서 돌아보면 유백색 유리에 은행잎 모양(이라고 설명되어 있는데 샤미센의 발목(撥木)으로도 보인다)의 빛이 비치는 면이 단면의 규모를 보여 준다. 일종의 수수께끼 같은 인상이 지붕 위 두 다실에 주춧돌처럼 작용한다.

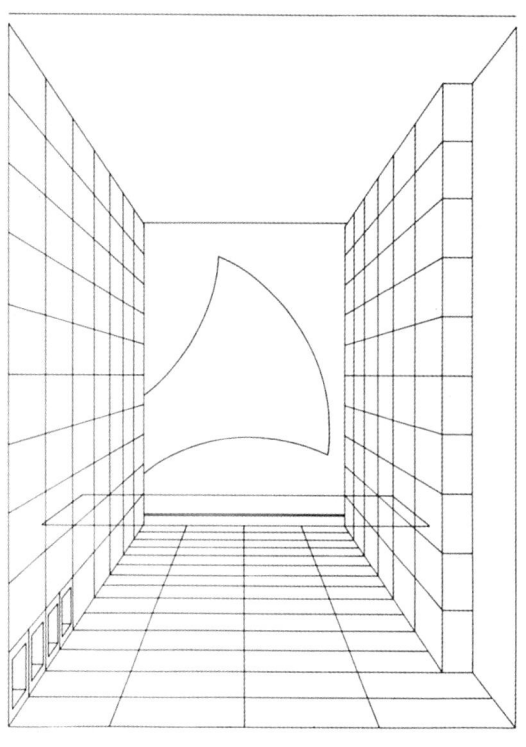

소재지	오사카시 오요도구
설계·감리	안도 다다오, 미즈타니 다카아키
설계 기간	1985.5~1986.10
준공	1986.11
주요 구조	콘크리트블록구조
층수	—
대지면적	—
건축면적	—
연건평	4.4m²
주요용도	다실
가족 구성	—

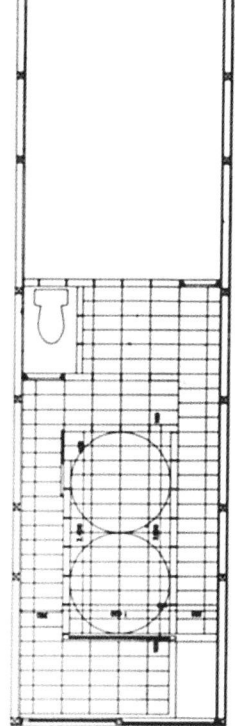

평면 S=1:200

오요도 다실(천막 다실)
Tea House in Oyodo — Tent Tea House

「베니어 다실」(54)의 창으로부터 강화유리로 된 무지개다리가 걸려 있고, 그 끝에는 지붕 건물에 걸쳐 있는 철골 기둥, 천장과 바닥이 유리로 된 다실이 있다. 천막은 지붕과 벽 스크린에 일시적 용도로 사용되고 있지만, 부차적인 것은 아니다. 전통적 소재든 현대의 소재든 건축을 구성하는 것을 모두 없애고, 이를테면 무(無)의 상태에서 공간을 파악하려 하고 있다. 평면의 안치수와 천장의 높이는 5척(尺)* 8촌(寸)**인데, 일부러 전통적 모듈을 선택한 것은 공간을 자립시키려는 의도의 표현으로 보인다.

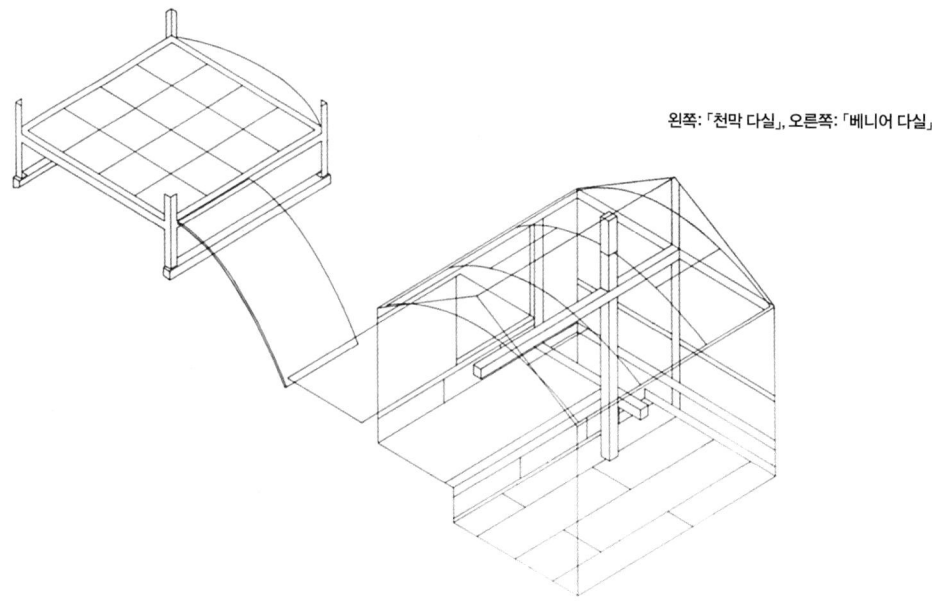

왼쪽: 「천막 다실」, 오른쪽: 「베니어 다실」

* 1척은 30.3센티미터.
** 1촌은 3.03센티미터.

소재지	오사카시 오요도구
설계·감리	안도 다다오, 미즈타니 다카아키
설계 기간	1987.1 ~ 1988.4
준공	1988.4
주요 구조	철골조
층수	—
대지면적	—
건축면적	—
연건평	3.3m²
주요용도	다실
가족 구성	—

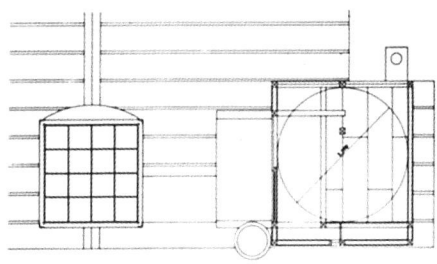

왼쪽:「천막 다실」, 오른쪽:「베니어 다실」 평면 S=1:200

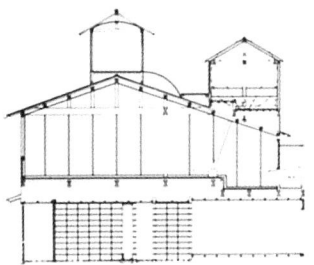

「천막 다실」,「베니어 다실」, 1층의「블록 다실」단면 S=1:400

야마나카 호 아틀리에
Atelier on Lake Yamanaka

반원형 평면의 보이드 공간이 하늘로 열린 채 절반은 땅속에 묻혀 있다. 이 공간에 직육면체의 콘크리트 박스가 관입(貫入)하고 다실과 다다미방(침실을 겸한다)은 원호의 벽 안쪽에, 예비실은 바깥쪽에 구성하고 있다. 이 위에 부엌과 큰 객실, 그곳에 연속된 테라스가 있다. 이 건물에 다시 L 자 모양의 벽을 관입하여 입구로의 진입로, 부엌과 욕실 부분의 벽, 테라스를 양분하는 칸막이가 된다. 둘러싸인 조용한 뜰과 훌륭한 전망, 이 두 종류의 자연이 〈관입〉 기법을 통해 다시 안팎의 음영으로 나뉜다.

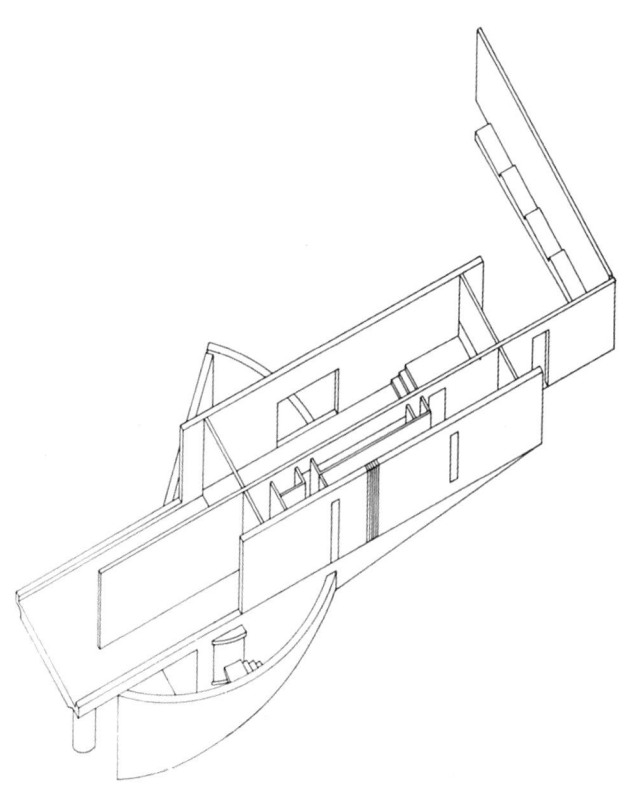

소재지	야마나시현 미나미츠루군
설계·감리	안도 다다오, 이와마 후미히코, 나카무라 쇼지, 시치리 다마오(七里玉緒)
설계 기간	1985.4~1986.4
준공	1987.5
주요 구조	철근콘크리트조(벽식구조), 상부 목조
층수	지상 2층
대지면적	693.6m²
건축 면적	71.9m²
연건평	100.5m²
주요 용도	별장
가족 구성	—

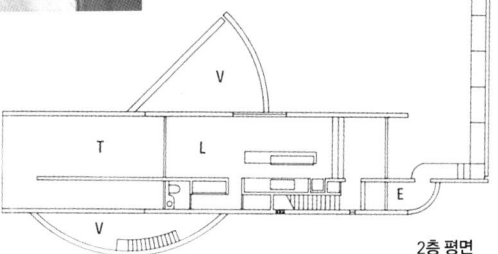

2층 평면

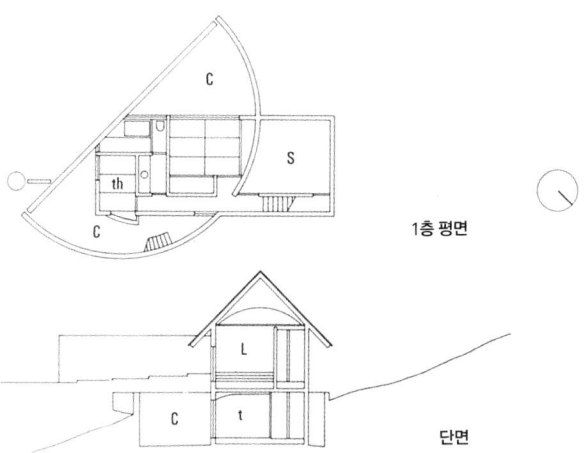

1층 평면

단면

사이쿠다니 타운하우스(노구치의 집)
Town House in Saikudani — Noguchi House

오사카 시타마치의 전형적인 상점가에 있다. 그 한 구획에 연속되어 있는 목조 나가야의 한 세대를 잘라 내, 정면의 폭 3.5미터, 안길이 15미터의 3층 콘크리트 상자를 삽입했다. 「스미요시 나가야」(13)와 비슷하게 전체를 삼등분하여 중앙을 보이드 공간으로 설계했다. 여기서는 그것에 덧붙여 긴 쪽 방향을 세로로 가르는 기준선을 긋고 그곳에 부엌이나 화장실, 자녀의 방을 할당했다. 극한의 공간이라고 해야 하지만 어느 방이나 옥외와 직접 접하고, 3층 다락방에서는 15미터의 거리를 그대로 주거 공간으로 이용한다.

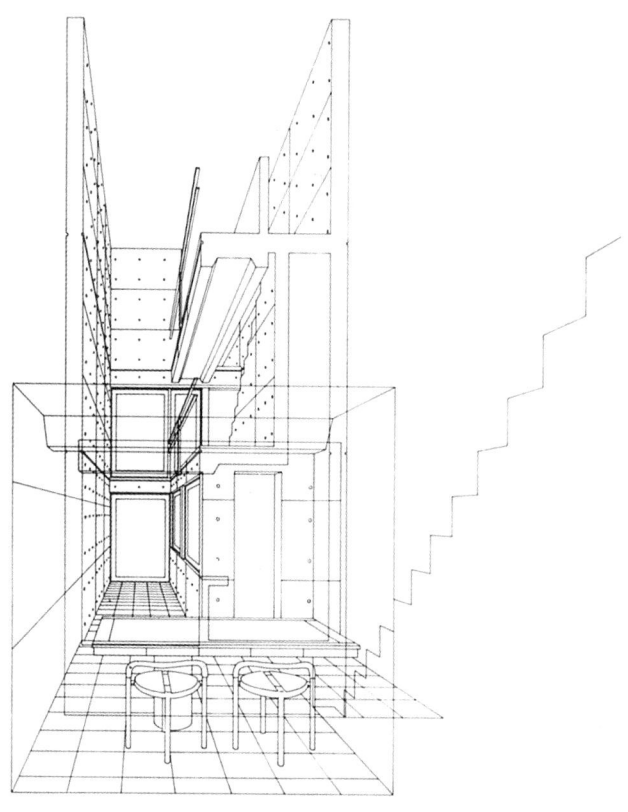

소재지	오사카시 덴노지구
설계·감리	안도 다다오, 오카노 가즈야, 미즈타니 다카아키
설계 기간	1985.5~1985.9
준공	1986.5
주요 구조	철근콘크리트조(벽식구조)
층수	지상 3층
대지 면적	68.5m²
건축 면적	40.0m²
연건평	106.3m²
주요 용도	전용 주택
가족 구성	부부+자녀 2+노부부

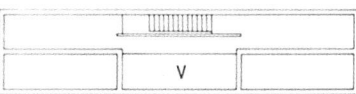

옥상

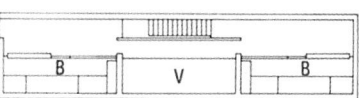

3층 평면

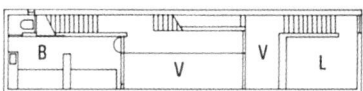

2층 평면

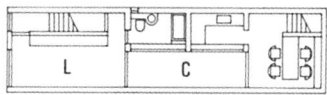

1층 평면

롯코 집합 주택 2기
Rokko Housing II

「롯코 집합 주택 1기」(30)의 인접 경사면에 세워져 있다. 면적은 「롯코 집합 주택 1기」의 약 4배, 세대수는 30, 기본 단위 5.2미터×5.2미터의 정사각형 그리드가 반복되고 어긋나면서 전체를 구성한다. 1기도 집합 주택에서는 보기 드문 규모를 달성했지만, 2기는 그것을 훨씬 넘는 압도적 규모여서, 집합 주택이라기보다는 다양한 단독주택의 집합체로 보인다. 이 규모에 어울리도록 중앙을 관통하는 큰 계단, 아동 공원, 부채꼴 모양의 테라스와 반은 옥내인 광장, 풀장 등 명쾌하고 공공성이 높은 요소가 골격을 이룬다.

배치 S=1:2000

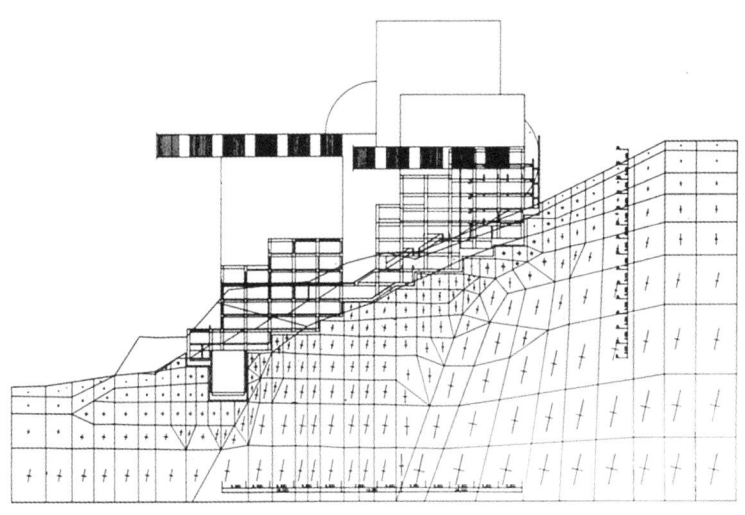

단면 S = 1:2000

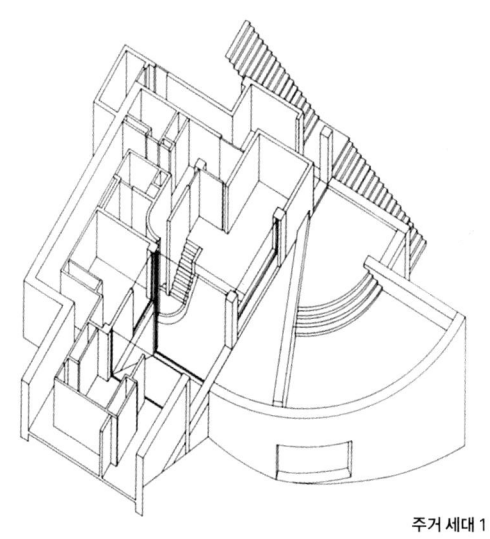

주거 세대 1

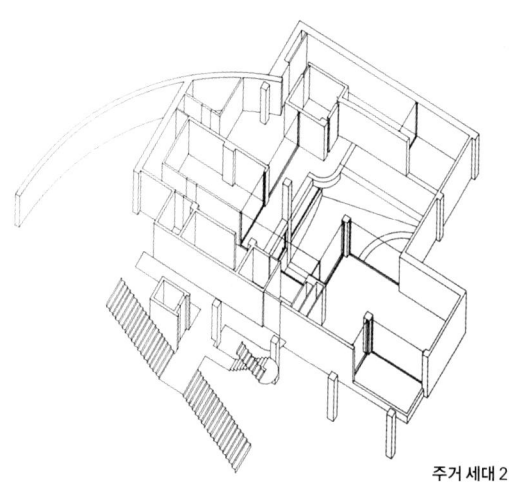

주거 세대 2

소재지	고베 시 나다구
설계·감리	안도 다다오, 시마 다카오, 나카키타 고
설계 기간	1985.8~1989.5
준공	1993.5
주요 구조	철골철근콘크리트조(라멘구조)
층수	지상 14층
대지 면적	5998.1m²
건축 면적	2964.7m²
연건평	9043.6m²
주요 용도	공동 주택
가족 구성	—

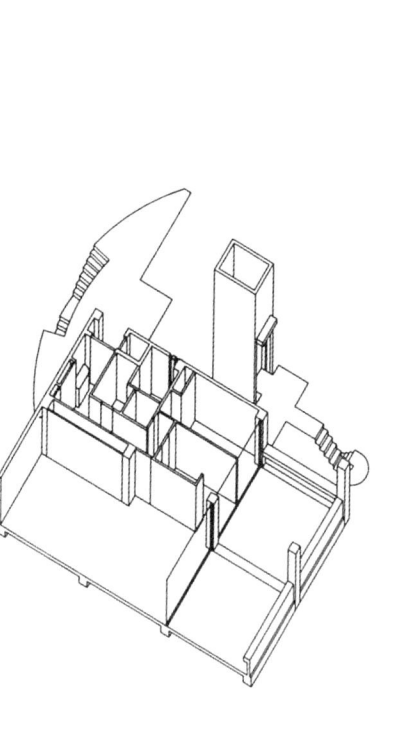

주거 세대 3

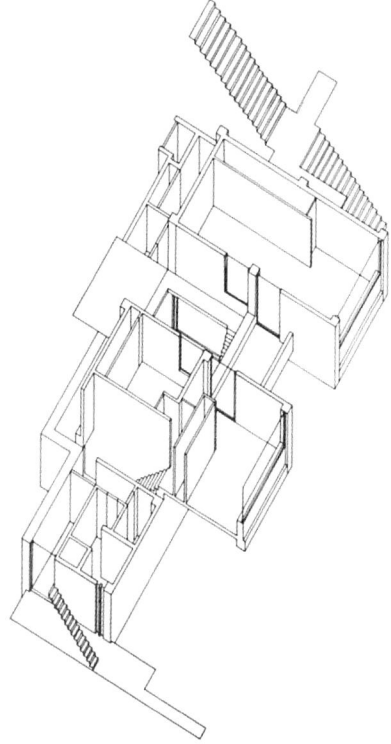

주거 세대 4

I 하우스
I House

아시야가와(芦屋川)에 면하여 세운 두 세대의 주택이다. 강변의 도로에는 아치형 지붕, 철골의 심플한 건물이 경쾌하게 돌출된 것이 인상적인데, 뒤의 입구 쪽은 콘크리트의 직선·직각과 원호의 벽이 겹치며 전환한다. 대지의 북서쪽에 L 자 모양으로 건물을 바싹 붙였는데, 중요한 부분은 원호의 벽이다. 남은 부분은 높은 벽으로 둘러싸인 경사면의 뜰이다. 이 구성 요소만으로 명과 암, 건과 습, 개와 폐, 동과 정 등 주택에 불가결한 양면의 성격을 두드러지게 하며 잇고 있다. 아름다운 뜰에 서서히 부채꼴 모양으로 열리는 3층 거실이 무척 매력적이다.

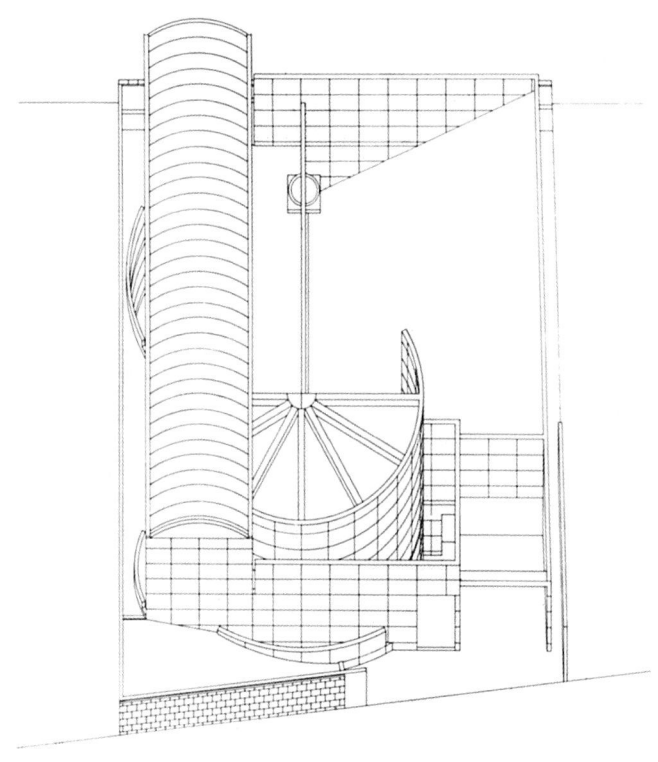

소재지	효고현 아시야시
설계·감리	안도 다다오, 야마구치 다카시(山口隆)
설계 기간	1985.8~1986.11
준공	1988.6
주요 구조	철근콘크리트조(벽식구조), 일부 철골조
층수	지하 1층, 지상 2층
대지면적	987.0m²
건축면적	263.0m²
연건평	907.9m²
주요 용도	전용주택
가족구성	부모+부부+자녀 1, 가정부

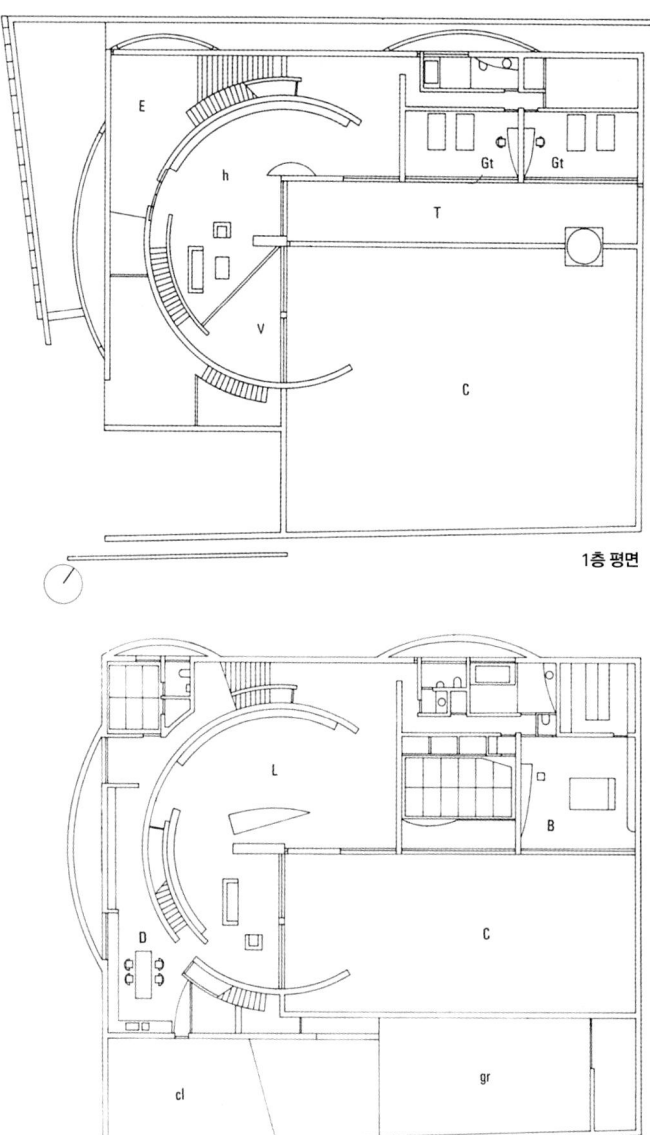

1층 평면

지하 평면

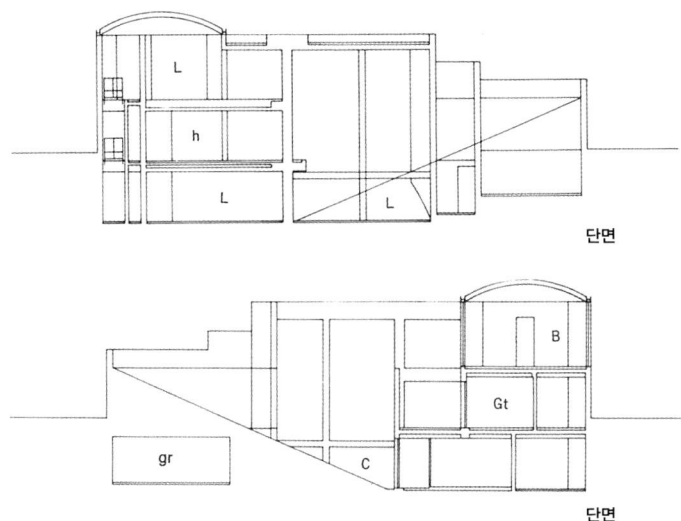

단면

단면

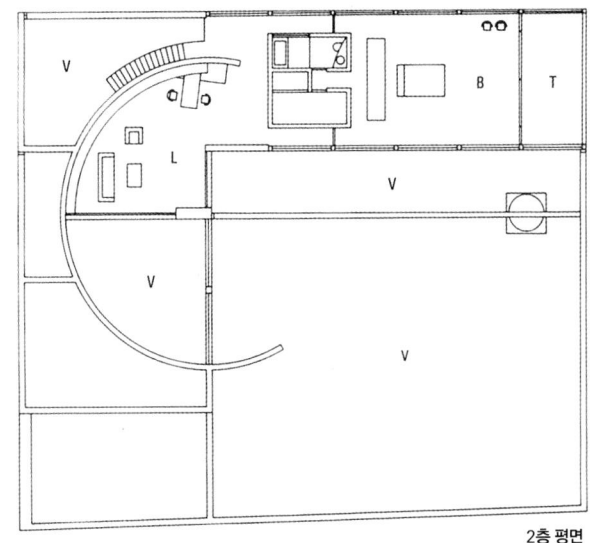

2층 평면

오구라의 집
Ogura House

나고야 시 동부의 고급 주택지에 있다. 놀랄 만큼 외부로 열린 형태로 교차로에 세워져 있다. 이는 길을 사이에 두고 정면에 나무가 무성한 낮은 언덕이 다가서 있기 때문이다. 남쪽의 3분의 2를 차고, 2층을 식당, 3층을 침실로 할당하고, 나머지는 남북 방향으로 세로로 나누어 동쪽 절반을 중정과 테라스로 구성하고 있다. 중정에는 굵은 자갈을 깔아 1층 다다미방의 성격에 맞추는 동시에 거푸집 철근콘크리트블록 벽에도 어울리게 하고 있다. 공중에 걸쳐진 콘크리트 보가 이 집의 단순함과 개구부의 풍요로움을 결정짓는다.

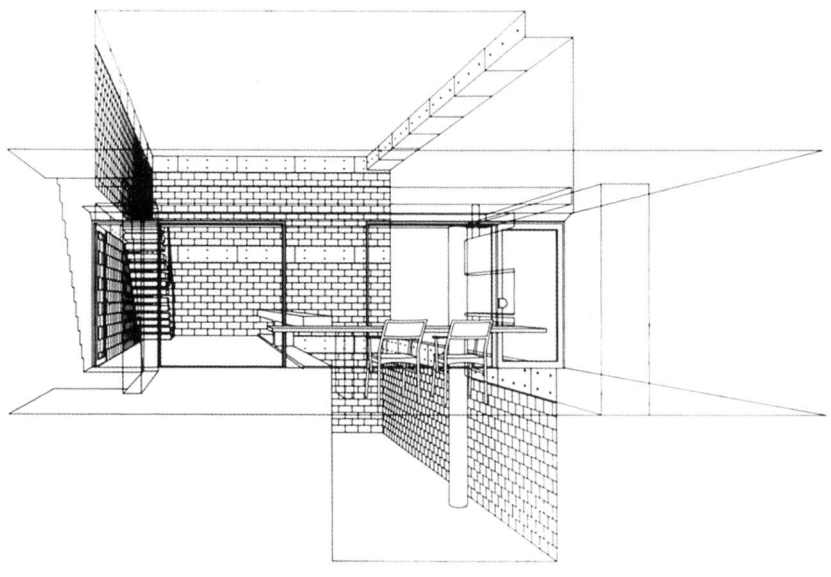

소재지	아이치현 나고야시
설계·감리	안도 다다오, 이시마루 노부아키
설계 기간	1986.2~1987.2
준공	1988.2
주요 구조	거푸집 콘크리트블록조
층수	지상 3층
대지면적	214.9m²
건축면적	106.6m²
연건평	189.4m²
주요용도	전용주택
가족구성	부부

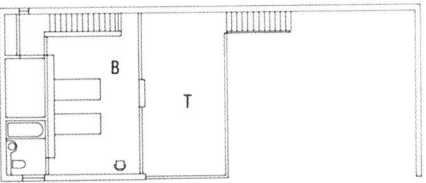

3층 평면

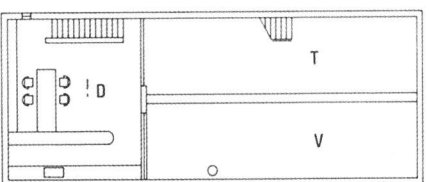

2층 평면

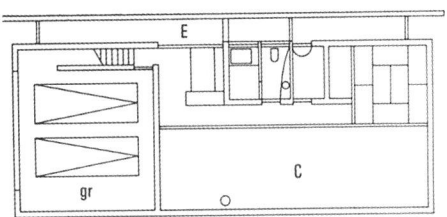

1층 평면

가구라오카 B-LOCK
B-LOCK, Kaguraoka

여섯 세대의 집합 주택이다. 안쪽에는 집주인의 주거가 있다. 몇 겹으로 겹친 벽의 틈으로 진입로와 계단을 만들었다. 북서쪽 구석의 온화하고 완만한 계단을 꺾어 올라간 곳에 2층 주거로 가는 입구가 있고 또 앞의 계단을 내려간 곳에 1층 주거로 가는 입구가 있다. 집주인의 주거 부분은 1층에 독립된 방 2개이고, 그 하나는 2층 아틀리에와 복층으로 되어 있다. 1층은 도로보다 약간 낮다. 아울러 미로 같은 벽과 통로가 집주인의 주거와 아파트라는 형태를 슬며시 감추고 있다.

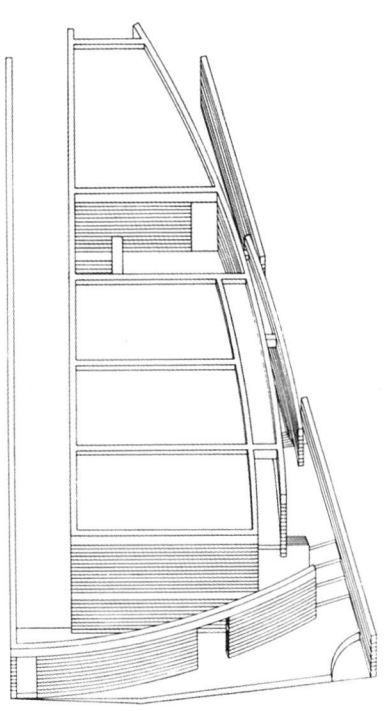

소재지	교토시 사쿄구
설계·감리	안도 다다오, 하야시시게오(林茂生)
설계 기간	1986.3~1987.9
준공	1988.3
주요 구조	형틀콘크리트블록조
층수	지상 2층
대지면적	244.0m²
건축면적	118.0m²
연건평	211.0m²
주요 용도	공동주택
가족구성	—

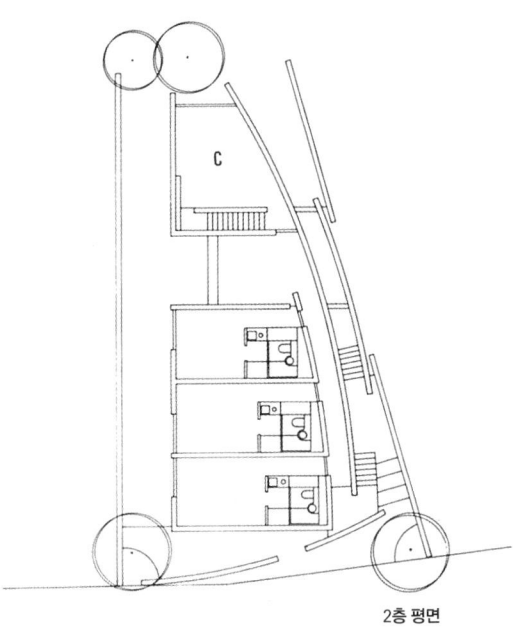

2층 평면

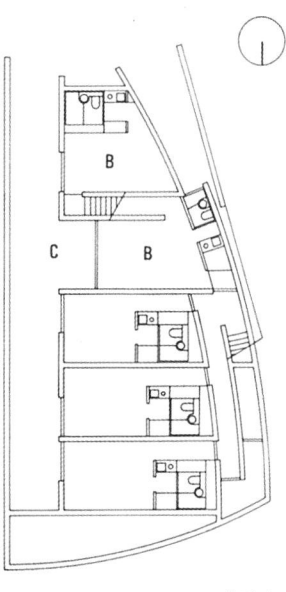

1층 평면

요시다의 집
Yoshida House

이 아틀리에는 몇 명이 작업을 하는 방인데, 이를테면 겸용 주택인 셈이다. 다시 말해 1층의 절반은 바깥으로 열린 영역과 2, 3층의 사적 영역이 겹치는 것이 구성의 포인트이다. 아틀리에는 입구로 들어가 몇 계단 내려간 곳에 있고, 뜰도 도로에서 몇 계단 내려간 곳에 있어 양자가 일체를 이룬다. 뜰은 휴식의 장소이기도 한 식당·침실 앞까지 뻗어 있다. 2층의 거실은 방향을 돌려 남쪽으로 열려 있고 또한 아틀리에 상부의 테라스로 이어진다. 3층에는 전용 테라스가 있다.

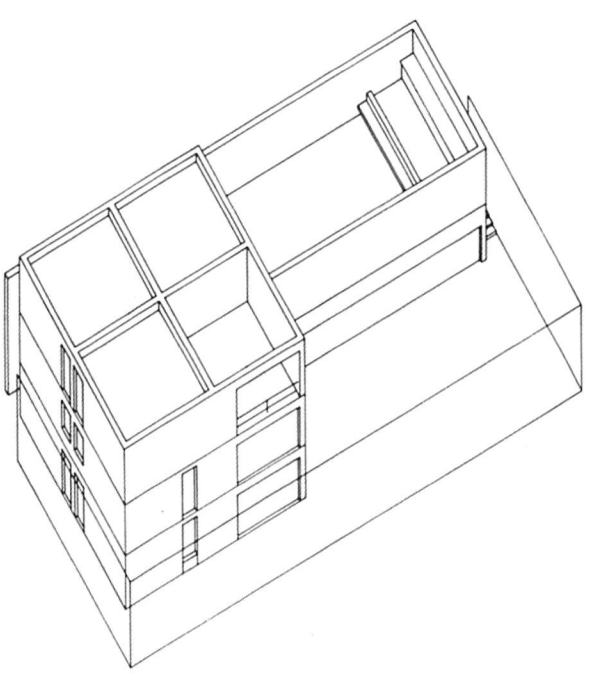

소재지	오사카부 돈다바야시시
설계·감리	안도 다다오, 하네 기요노
설계 기간	1986.5~1987.5
준공	1988.2
주요 구조	철근콘크리트조(벽식구조)
층수	지하1층, 지상2층
대지 면적	252.0m²
건축 면적	124.0m²
연건평	211.0m²
주요 용도	주택+아틀리에
가족 구성	부부+자녀2

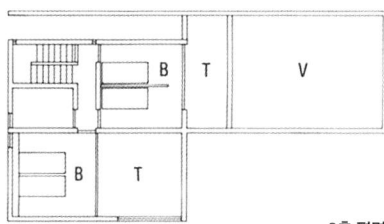

3층 평면

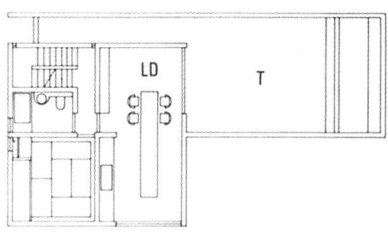

2층 평면

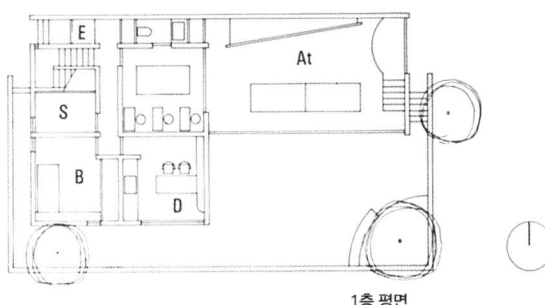

1층 평면

| 프로젝트
| Project

솟아오른 언덕에 같은 크기의 건물 18동이 빽빽이 늘어서 있다. 각 건물은 한 변이 12.25미터인 정사각형의 평면이고, 고층 건물 주거는 14동, 레스토랑과 목욕탕 등을 수용한 저층 건물이 4동, 합쳐서 지상 11층, 지하 2층의 복합 주거이다. 주거는 각층에 1~2세대가 독립적으로 구성되어 있다. 4층에서 위의 주거 층으로 접근하는 보이드 공간인 좁고 긴 로비가 공중으로의 플랫폼이다. 「데즈카야마 타워플라자」(16) 이후에 등장한 안도의 고층건물 중에서 가장 강한 비전이 제시되어 있다.

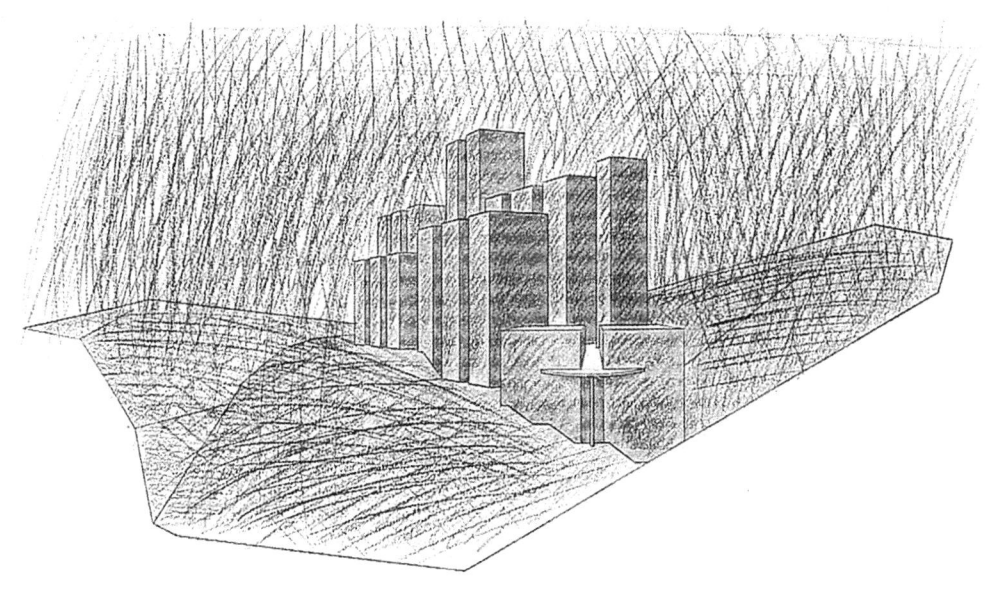

배치 S=1:6000

소재지	—
설계·감리	안도 다다오
설계 기간	1987.3~1990.10
준공	계획안
주요 구조	철골철근콘크리트조
층수	지하 2층, 지상 11층
대지면적	10933.6m²
건축 면적	4922.5m²
연건평	21068.9m²
주요 용도	공동주택
가족 구성	—

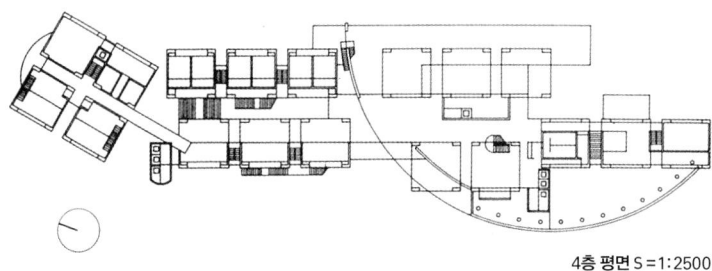

4층 평면 S=1:2500

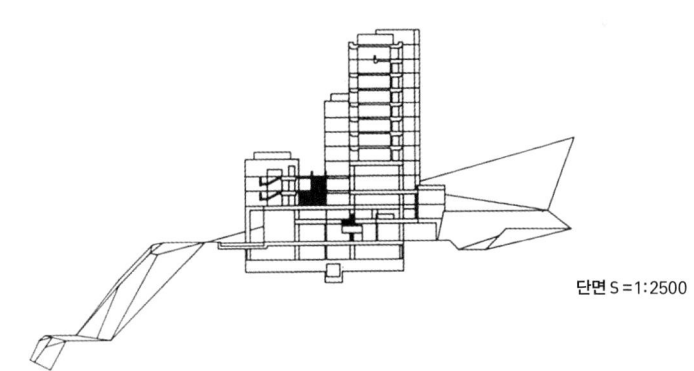

단면 S=1:2500

이토의 집
Ito House

도쿄 세타가야 구의 고급 주택지에 세운 세 세대 주거이다. 대지 전체를 콘크리트로 둘러싼 점 등에서 「기도사키의 집」(42)과 공통된 부분이 많다. 그러나 이 주택에서는 원호의 벽면이 커져, 거의 반원형 안에 건물과 뜰을 넣고 있다. 그 결과 부정형의 방이 뜰을 향해 묶인 듯이 구성되었다. 남은 한 그루의 벚나무가 초점이 되고, 프라이버시가 높은 각 방에서의 시선이 그곳으로 모인다. 복수 세대 주택의 새로운 연결 가능성이 여기에 있다.

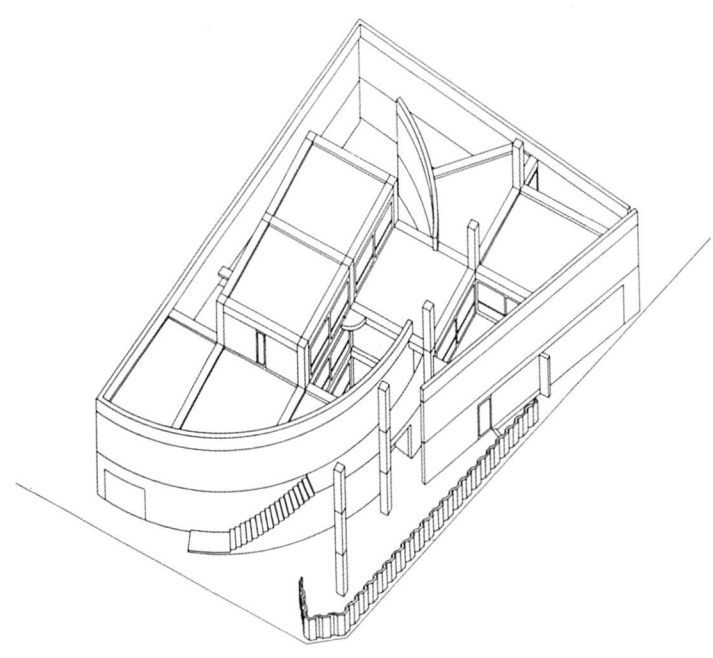

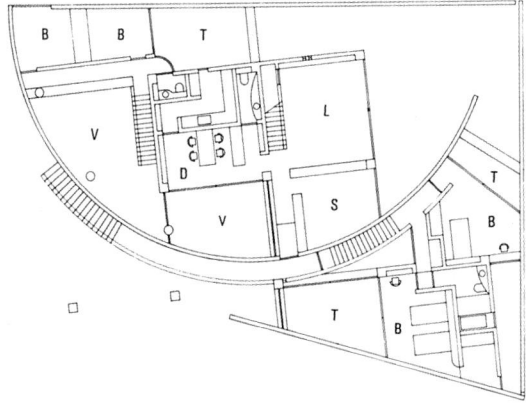

2층 평면

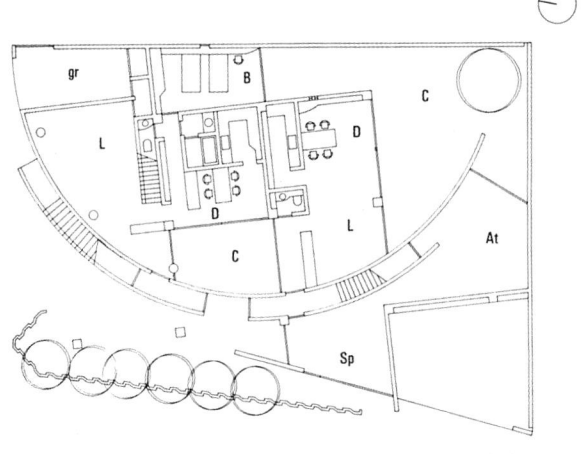

1층 평면

소재지	도쿄도 세타가야구
설계·감리	안도 다다오, 야노 마사타카
설계 기간	1988.4~1989.6
준공	1990.11
주요 구조	철근콘크리트조(라멘구조+벽식구조)
층수	지상3층
대지면적	567.7m²
건축면적	279.7m²
연건평	504.8m²
주요 용도	세 세대 주택
가족 구성	부부, (아들)부부+자녀1, (딸)부부+자녀2

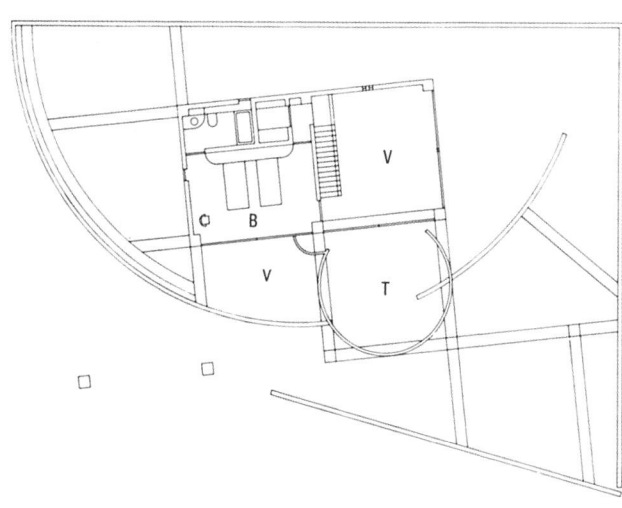

3층 평면

이토 갤러리
Ito Gallery

대지의 거의 중앙 부분에 직육면체 상자가 놓인다. 대지의 동쪽은 오래된 나무들을 살린 뜰이 지하의 아틀리에나 침상원 (沈床園, *sunken garden*)*과 일체가 되고, 서쪽은 계단 모양의 진입로가 안쪽까지 이어진다. 그곳에 2, 3층의 두 세대 주거로 가는 입구 계단이 있다. 전면 도로에서 45도로 틀어진 덱이 아틀리에와 침상원을 내려다보는 보이드 공간을 건너 1층의 갤러리에 이른다. 중첩되는 주거의 계단 모양 테라스도 이 보이드 공간을 내려다보고 있다. 프라이버시가 높고 동시에 주택을 겸하는 풍부함을 담은 계획이다.

* 주위보다 한 층 낮게 만든 정원.

소재지	도쿄도 세타가야구
설계·감리	안도 다다오, 야노 마사타카
설계 기간	1988
준공	계획안
주요 구조	철근콘크리트조(라멘구조)
층수	지하 1층, 지상 3층
대지면적	520.0m²
건축면적	208.0m²
연건평	445.0m²
주요 용도	주택＋갤러리
가족 구성	부부＋자녀 2

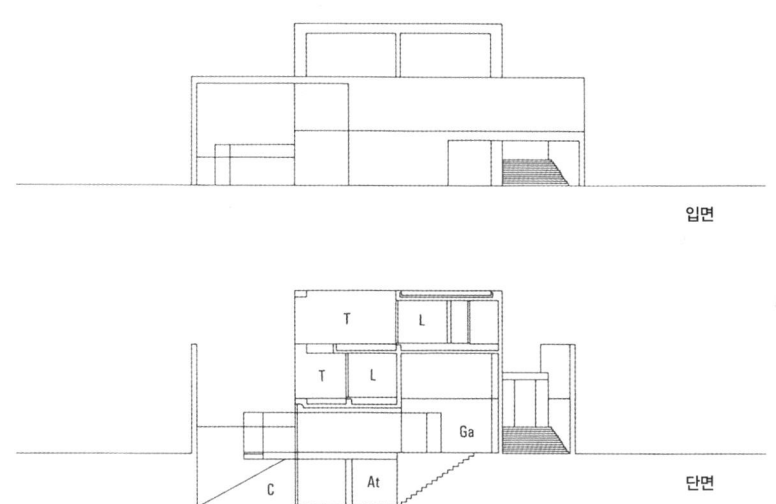

입면

단면

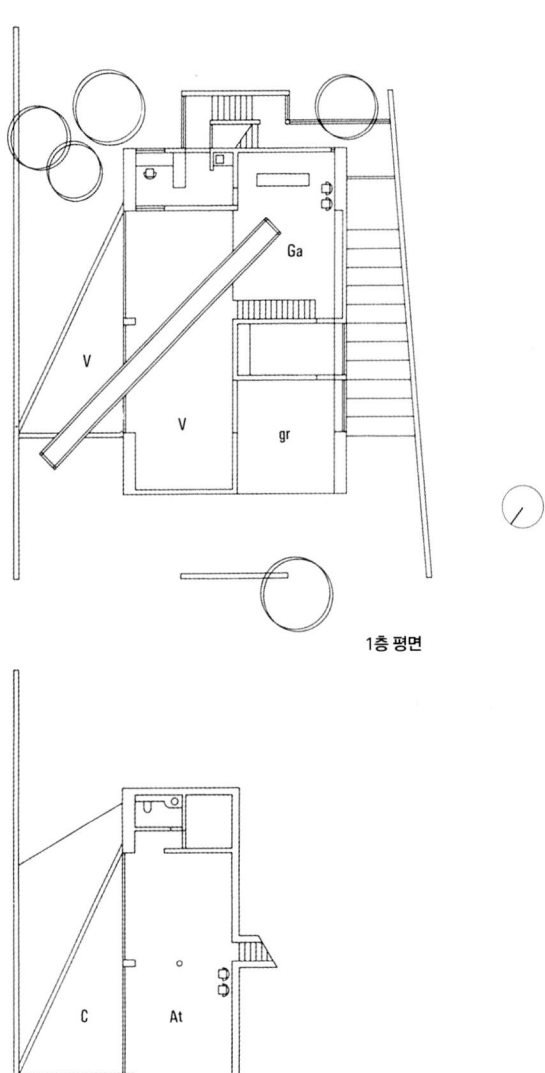

1층 평면

지하 평면

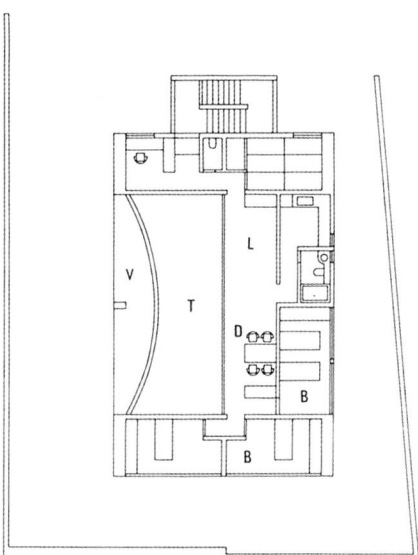

3층 평면

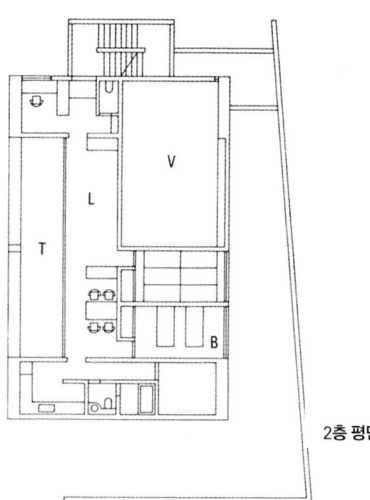

2층 평면

이시코의 집
Ishiko House

마취 클리닉과 주거로 구성되어 있다. 정사각형을 원호의 벽이 둘러싸고 있고, 그 일부에 벽이 비스듬하게 돌입한 평면 모양이다. 이러한 편성에서 생기는 부정형의 부분이 1층에서는 입구 홀 겸 대합실, 2층에서는 주거의 현관 포치porch[*]와 계단실이 된다. 이 겸용 주택은 각 영역을 분리하여 독립시키면서 그 이상으로 활발한 동선으로 서로 관입하는, 이를테면 다공질 porous(입구가 많은)의 성격이 강하다. 대합실에서도, 클리닉의 뒤쪽에서도 주거로 가는 계단이 있고, 3층 침실로 가는 계단도 보이드 공간인 식당·거실로 노출되어 있다. 닫혀 있으면서도 친숙한 듯 열린 벽과 개구부가 특징이다.

[*] 서양식 건물에서 건물의 현관 또는 출입구의 바깥쪽으로 튀어나와 지붕으로 덮인 부분.

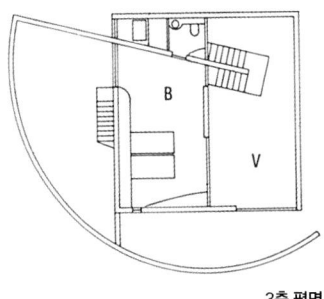

3층 평면

소재지	오사카부 다카쓰키시
설계·감리	안도 다다오, 하네 기요노
설계 기간	1989.1~1990.4
준공	1991.5
주요 구조	철근콘크리트조(벽식구조)
층수	지하 1층, 지상 2층
대지면적	179.3m²
건축 면적	107.0m²
연건평	239.8m²
주요 용도	주택＋병원
가족 구성	부부

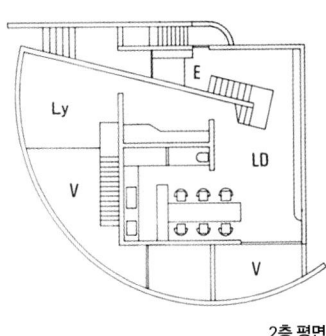

2층 평면

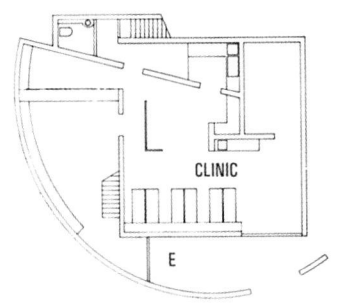

1층 평면

사요 하우징
Sayoh Housing

오카야마(岡山) 현과의 경계에 위치한 리조트용 숙박 시설이다. 정사각형 평면의 고층 건물과 저층 건물이 60도 각도로 위치해 있다. 세 채의 고층 건물이 「I 프로젝트」(64)의 콘셉트를 이어받은 안으로 볼 수 있는데, 여기서는 동서로 뻗은 폭 4미터의 계단 위아래에 만들어진 광장 주변의 풍요로움이 인상적이다. 위의 광장에서는 세 방향으로 긴 브리지와 슬로프가 뻗어 있고, 아래 광장은 원호 모양의 계단으로 연속되어 더 깊은 계단 홀에 이른다. 저층 건물의 옥상은 녹음 정원이고, 각 방의 테라스도 조망으로 직접 이어진다.

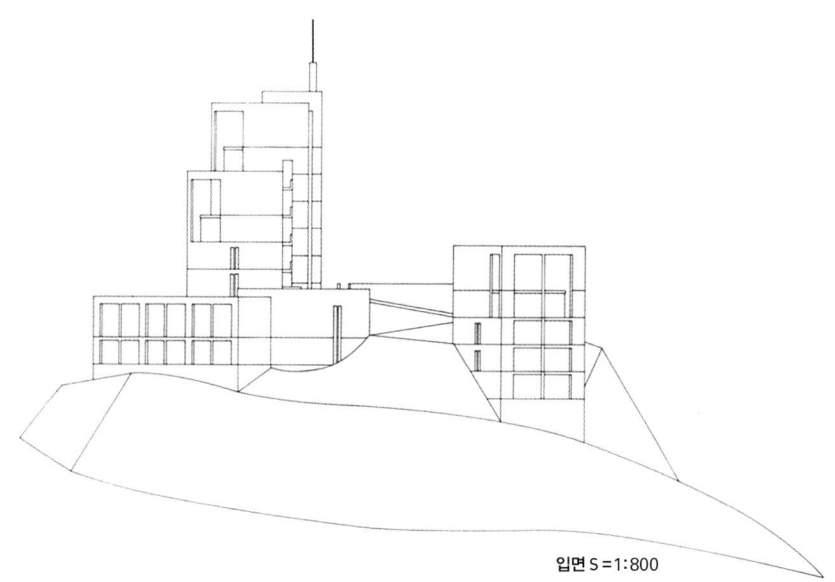

입면 S = 1:800

소재지	효고현사요군
설계·감리	안도 다다오, 나카키타고
설계 기간	1989.3~1990.3
준공	1991.8
주요 구조	철근콘크리트조(라멘구조)
층수	지하2층, 지상7층
대지면적	6989.0m²
건축면적	1270.0m²
연건평	3854.2m²
주요용도	공동주택
가족구성	—

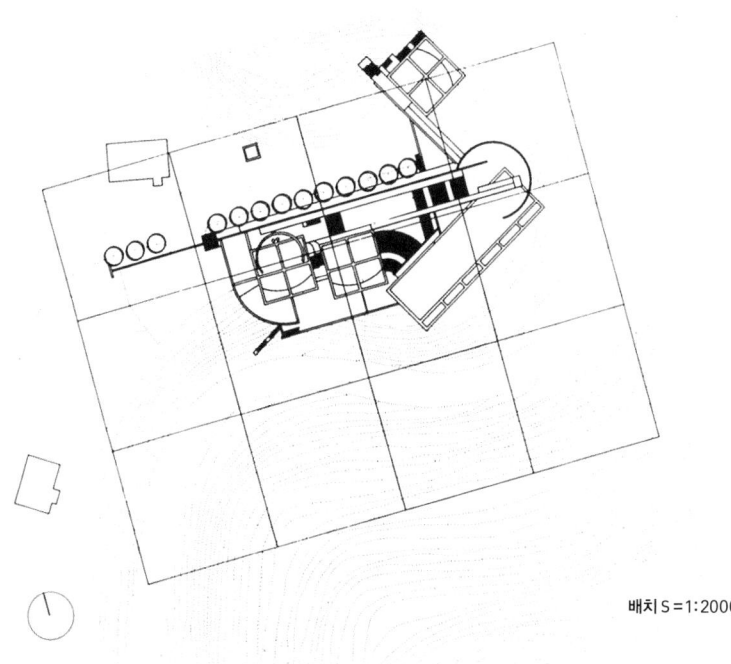

배치 S=1:2000

미놀타 세미나 하우스
Minolta Seminar House

대지의 거의 전체에 44.5미터×44.5미터의 저층부가 먼저 그려진다. 그 위에 24미터×24미터의 중층 건물 둘이 비스듬히 겹쳐 있다. 미니멈 아트 같은 기본 구성이 세부를 결정하는 과정에서 더욱 심플하고 직접적으로 보이도록 배려했다. 저층부는 1층에 차고와 중정, 로비, 관리 부문, 손님용 숙박실, 2층에 홀 등을 두었다. 중층 건물은 2, 3층에 가족용, 4층 이상에 개인용 방을 배치하여 정사각형 플랜의 윤곽을 보이며 세워져 있고, 그 안에 커다란 보이드 공간을 안고 있다.

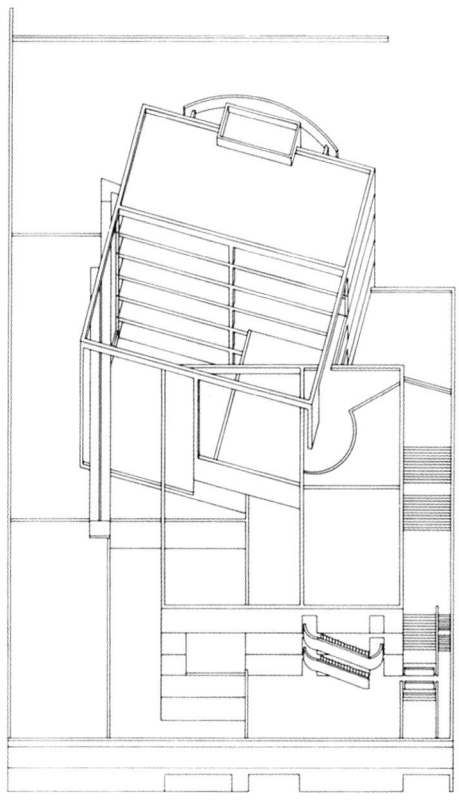

소재지	고베시 니시구
설계·감리	안도 다다오, 미즈타니 다카아키
설계 기간	1989.4~1990.4
준공	1991.3
주요 구조	철근콘크리트조(라멘구조)
층수	지상 7층
대지면적	4132.9m²
건축 면적	1859.3m²
연건	4556.4m²
주요 용도	사원 기숙사
가족 구성	—

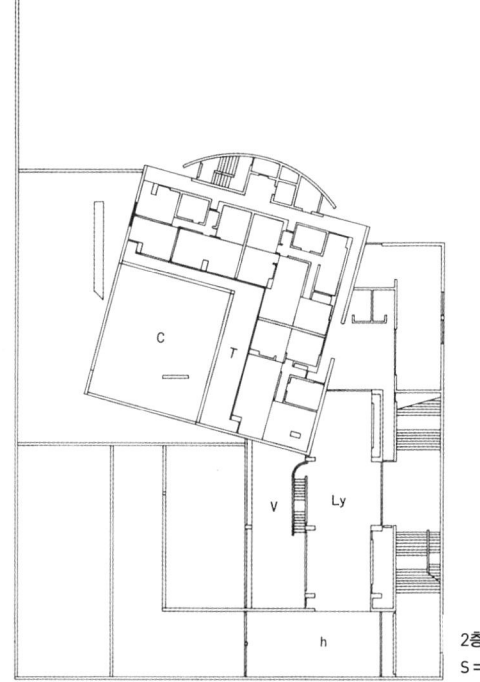

2층 평면
S = 1 : 800

미야시타의 집
Miyashita House

8미터×14미터의 직육면체 상자를 세로로 잘라 거실과 옥외 공간을 구성하고, 동쪽에는 다시 부정형의 벽을 둘러 부엌·화장실·욕실, 수납 공간, 다다미방 등 보완적인 공간을 확보하고 있다. 어딘가 여유를 느낄 수 있는 설계안은 예술가가 혼자 거주하는 공간이라는 조건에서 나왔을 것이다. 아틀리에 앞의 지하 중정, 거기에서 1층 테라스에 이르는 계단, 또한 같은 층에서 나선 계단으로 천문대에 이르는 장치 등은 내외의 생활 풍경이나 조망과 대응하여 각 장소의 색조와 음영을 인상 깊게 한다.

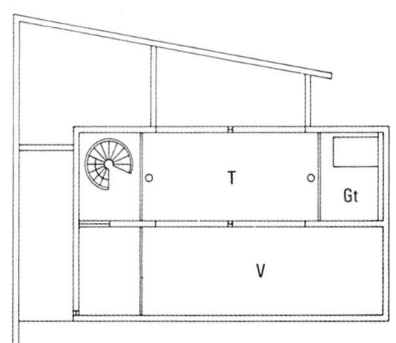

소재지	고베시 다루미구
설계·감리	안도 다다오, 야마구치 다카시, 나가타 나오유키(長田直之)
설계기간	1989.12~1990.12
준공	1992.4
주요구조	형틀콘크리트블록조
층수	지하1층, 지상2층
대지면적	332.0m²
건축면적	148.7m²
연건평	250.9m²
주요용도	전용주택
가족구성	단신

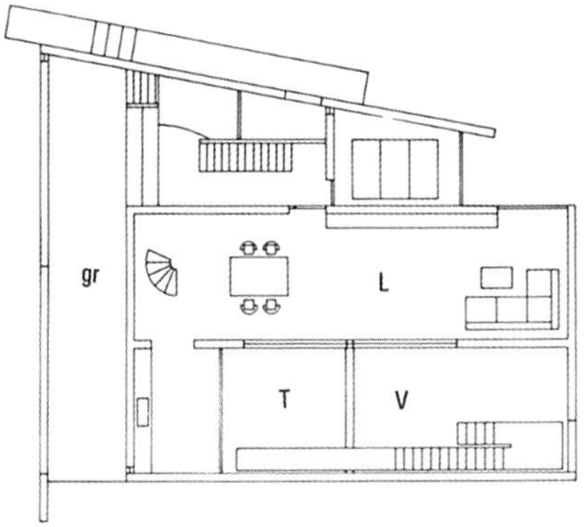

2층 평면

1층 평면 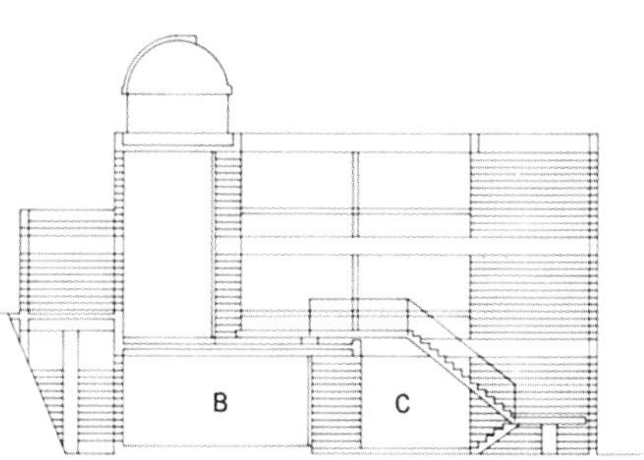 단면

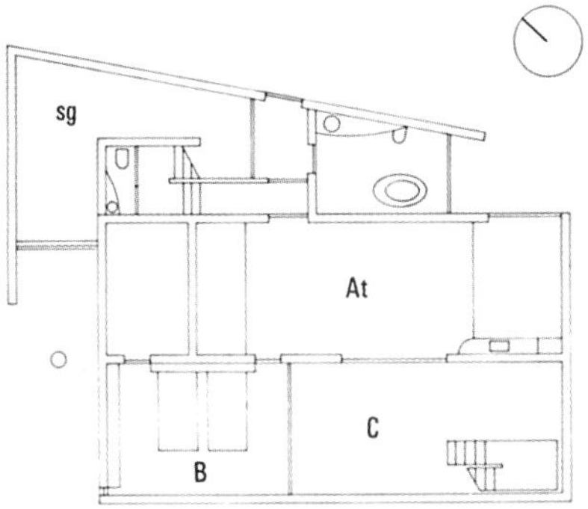

지하 평면 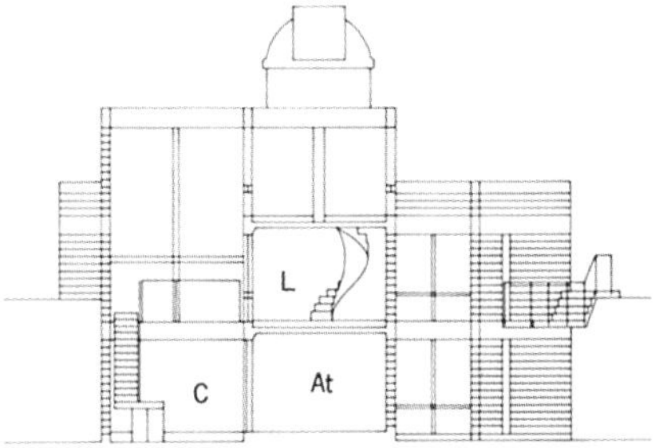 단면

YKK 세미나 하우스
YKK Seminar House

우선 대지 전체를 명확한 윤곽으로 선을 두른다. 그 양끝에 띠 모양의 진입로, 지하 주차장으로 들어가는 입구가 있다. 그 안쪽에 저층 건물이 마주보는 듯이 놓여 있다. 동쪽 저층 건물의 중앙에 쌍을 이루는 두 건물이 관입한다. 남겨진 중심은, 지하층에 여러 시설을 넣고 나머지 보이드 공간이 주조가 된다. 주거 세대의 배치는 정연하지만 그 사이를 지나가는 통로는 구부러져 있고 브리지나 경사로는 교차하며 어떨 때는 밖으로 향하고 어떨 때는 안쪽의 보이드 공간으로 향한다. 길을 따라 있는 집이 보이다 안 보이다 하는 환경이다.

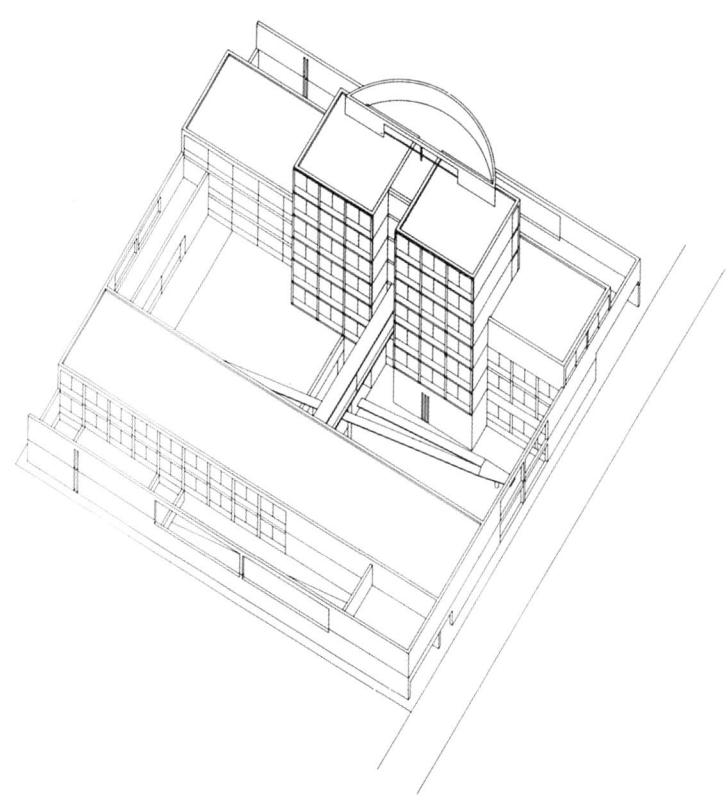

소재지	지바현 나라시노 시
설계·감리	안도 다다오, 야노 마사타카
설계 기간	1990.5~1991.6
준공	1993.2
주요 구조	철근콘크리트조(벽식라멘구조)
층수	지하 1층, 지상 6층
대지 면적	2067.8m^2
건축 면적	870.5m^2
연건평	4199.8m^2
주요 용도	사원 기숙사
가족 구성	—

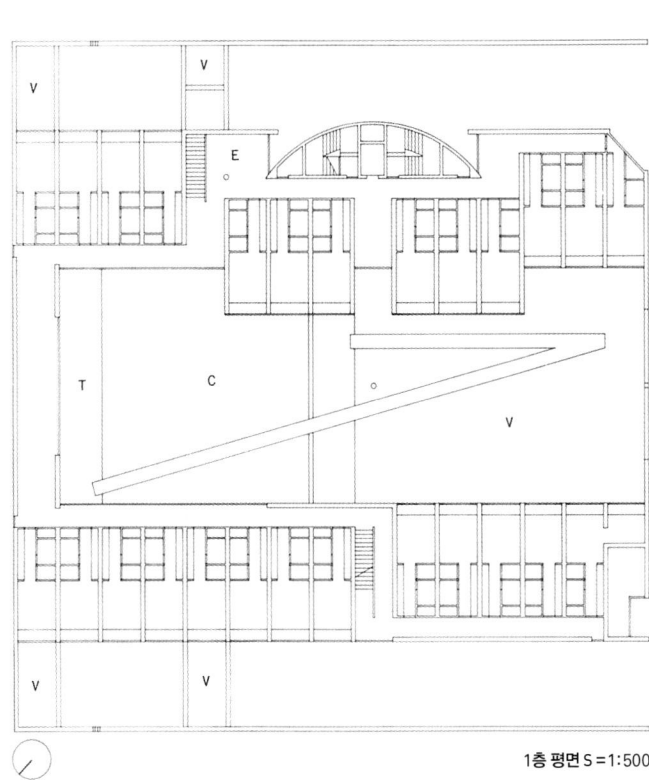

1층 평면 S = 1:500

이(李)의 집
Lee House

한적한 주택지에 녹음으로 둘러싸인 모습이다. 뜰 안으로 길게 뻗은 건물을 두고 그 앞뒤로 벽을 세워 중정을 만들었다. 거실에 면한 남쪽의 삼각형 뜰에는 검은 돌을 깔고 산딸나무 한 그루를 심었다. 슬로프 모양의 북쪽 뜰의 녹음은 가장 안쪽의 식당이 받아들인다. 2층에서는 남쪽 뜰에 면한 테라스가 하늘로 빠져나간다. 입구에서 경사로로 내려오는 거실은 갤러리의 성격을 띠고, 2층의 침실 사이를 잇는 경사로도 그 자체가 마치 갤러리 같다. 세로로 긴 창을 한 줄로 이어 놓은 큰 개구부나 경사로는 안도의 새로운 건축 언어이다.

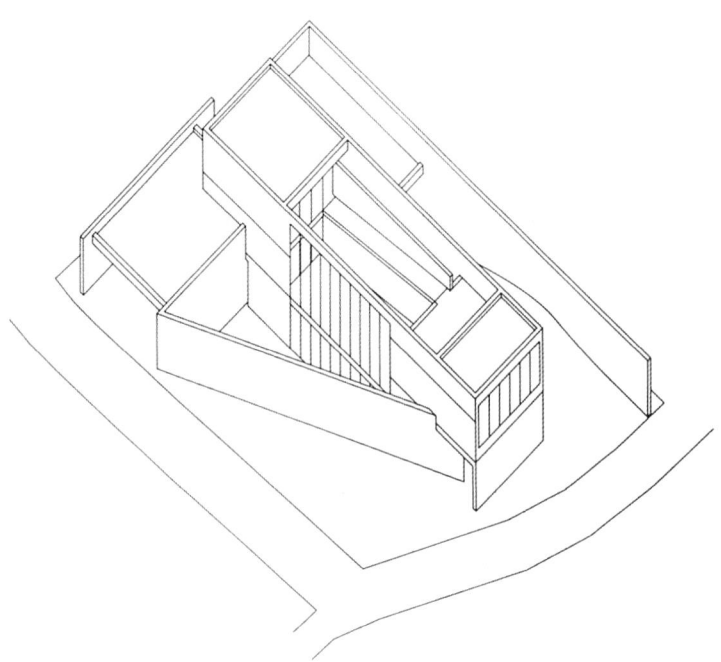

소재지	지바현 후나바시시
설계·감리	안도 다다오, 야노 마사타카
설계 기간	1991.7~1992.6
준공	1993.7
주요 구조	철근콘크리트조(벽식구조)
층수	지상 3층
대지면적	484.1m²
건축면적	174.8m²
연건평	264.8m²
주요용도	전용주택
가족 구성	부부+자녀 2

3층 평면

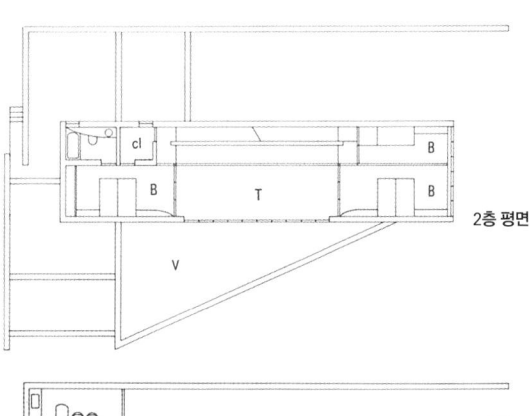

2층 평면

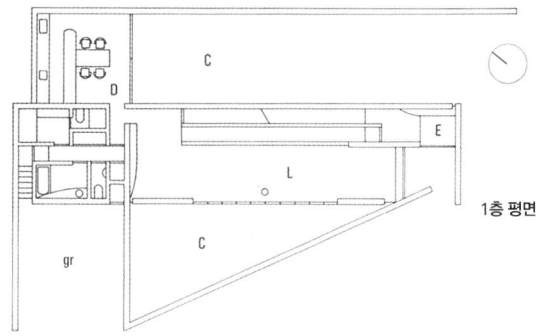

1층 평면

갤러리 노다
Gallery Noda

철로변의 길에 면한 협소한 사다리꼴 대지에 세운 갤러리와 아틀리에를 겸용하는 주거이다. 예를 들어 1층의 갤러리는 바*bar*이기도 하고 주거의 부엌과 식당까지 겸한다. 그러나 각 장소는 면적의 제약에 따른 공간성의 결여를 전혀 느끼지 못하게 한다. 아틀리에는 두 층 높이를 가지고 있고, 최상층의 주거는 커다란 개구부를 통해 햇빛과 도시의 역동적인 조망을 만끽한다. 다만 입구에서 이미 시작되는 통로가 높이 10미터의 보이드 공간을 도는 계단과 브리지가 되어 전체를 지배하는 모습이 압도적이다. 바로 소우주인 것이다.

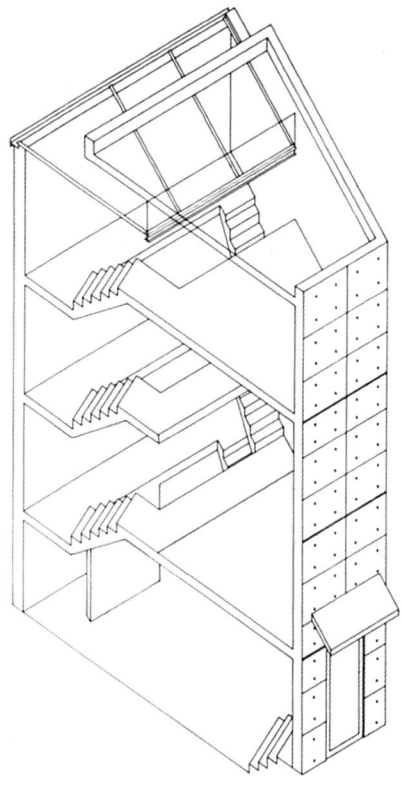

소재지	고베시나다구
설계·감리	안도 다다오, 시마다카오, 후지모토 가즈노리(藤本壽德)
설계 기간	1991.12~1992.5
준공	1993.1
주요 구조	철근콘크리트조(벽식구조)
층수	지상3층
대지면적	39.8m²
건축면적	27.0m²
연건평	79.0m²
주요 용도	주택+갤러리+바
가족 구성	단신

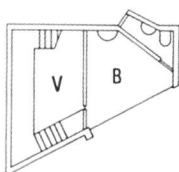

4층 평면

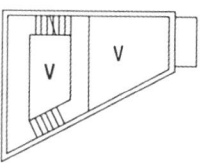

3층 평면

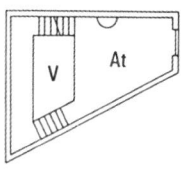

2층 평면

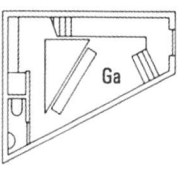

1층 평면

아이캐너/리의 집
Eychaner/Lee House

시카고 도심 근처의 한적한 주택지, 남북으로 긴 대지에 세워졌다. 남쪽 끝에는 40피트(약 12미터)×40피트의 3층 건물, 북쪽 끝에 40피트×20피트의 2층 건물이 있다. 남쪽 건물은 가족을 위한 공간, 북쪽은 현관과 손님용 침실 등 공적 공간이다. 이 두 동의 중심축이 되는 벽이 북쪽 입구의 중정에서 남쪽의 안뜰까지 관통하고, 그 밖의 벽은 모두 미묘하게 어긋나면서 겹친다. 그것은 두 동의 기하학적 완결과 중심축을 두드러지게 하고 동시에 대지 안에 남겨진 자연과 건물이 친숙해지는 풍경이기도 하다. 서쪽은 연못이고, 그것을 숲이 둘러싸고 있다.

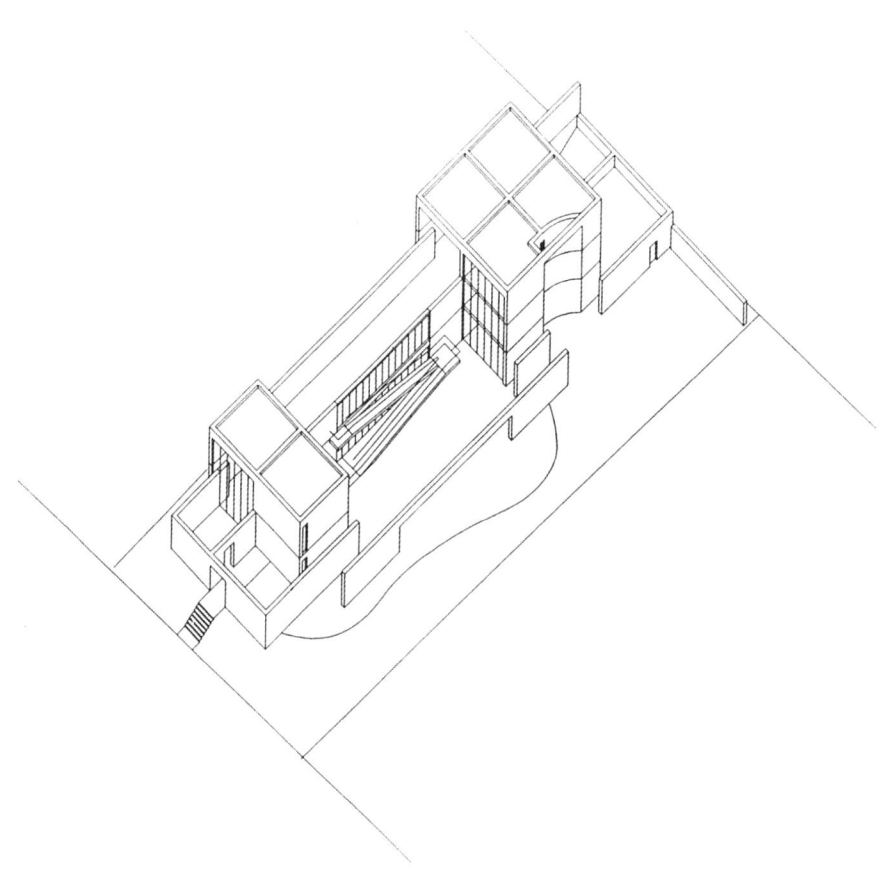

소재지	고베시 나다구
설계·감리	안도 다다오, 시마 다카오, 후지모토 가즈노리(藤本壽德)
설계 기간	1991.12~1992.5
준공	1993.1
주요 구조	철근콘크리트조(벽식구조)
층수	지상 3층
대지면적	39.8m²
건축면적	27.0m²
연건평	79.0m²
주요 용도	주택＋갤러리＋바
가족 구성	단신

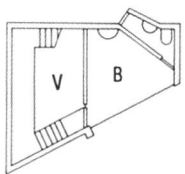

4층 평면

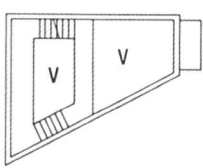

3층 평면

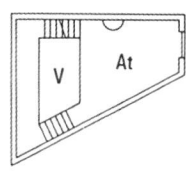

2층 평면

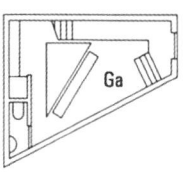

1층 평면

롯코 집합 주택 3기
Rokko Housing III

「롯코 집합 주택 2기」(59)를 완성한 시점에서, 3기 계획은 자유롭게 제안하는 형태로 이미 정리되어 있었다. 2기의 축선에서 동쪽으로 13도 틀어진 중심축이 더욱 깊고 넓은(2기의 7배) 집합 주택을 전개하고 있다. 터무니없는 구상에서 실제 토지 소유자의 요청을 받고 구체화한 계획은, 2기 중심축의 연장선상에 올린 대칭형의 고층 2블록, 동쪽으로 뻗는 고층 1블록과 저층 코트하우스*coat house *이다. 6.9미터×7.5미터의 그리드를 단위로 하고 있다. 고령자와 어린이를 특별히 배려한 모습이다.

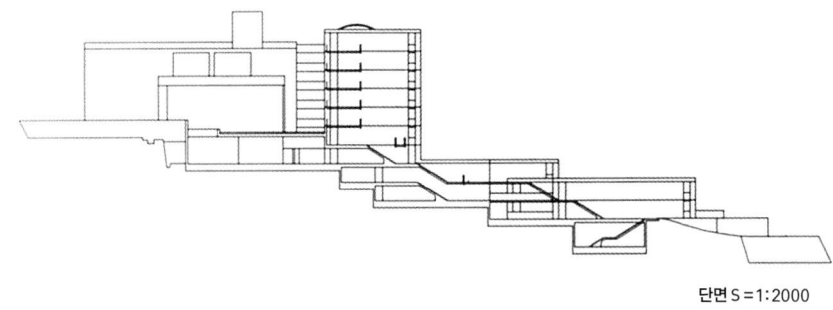

단면 S = 1:2000

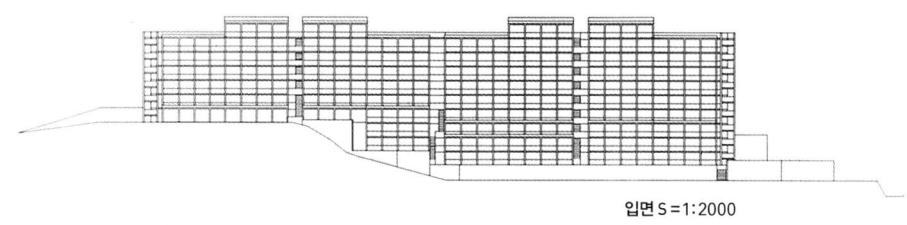

입면 S = 1:2000

* 중앙에 정원을 설치하고 그 주위에 건물을 배치한 주택.

소재지	고베 시 나다 구
설계·감리	안도 다다오, 시마 다카오, 신보리 마나부, 시오자키 게이조(塩崎圭三), 이시카와 마나부(石川學)
설계 기간	1992.1~
준공	건설 중
주요 구조	철근콘크리트조(라멘구조)
층수	지상 11층
대지면적	11717.2m²
건축 면적	7030.3m²
연건평	20730.0m²
주요 용도	공동 주택
가족 구성	—

배치 S=1:2000

아이캐너/리의 집
Eychaner/Lee House

시카고 도심 근처의 한적한 주택지, 남북으로 긴 대지에 세워졌다. 남쪽 끝에는 40피트(약 12미터)×40피트의 3층 건물, 북쪽 끝에 40피트×20피트의 2층 건물이 있다. 남쪽 건물은 가족을 위한 공간, 북쪽은 현관과 손님용 침실 등 공적 공간이다. 이 두 동의 중심축이 되는 벽이 북쪽 입구의 중정에서 남쪽의 안뜰까지 관통하고, 그 밖의 벽은 모두 미묘하게 어긋나면서 겹친다. 그것은 두 동의 기하학적 완결과 중심축을 두드러지게 하고 동시에 대지 안에 남겨진 자연과 건물이 친숙해지는 풍경이기도 하다. 서쪽은 연못이고, 그것을 숲이 둘러싸고 있다.

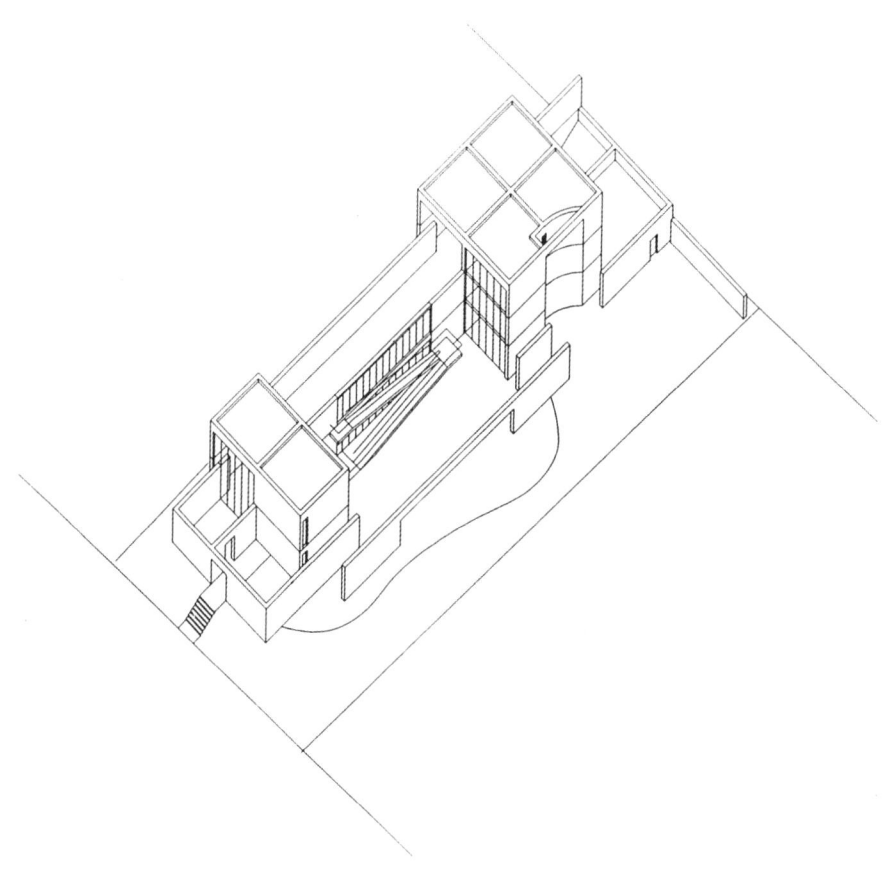

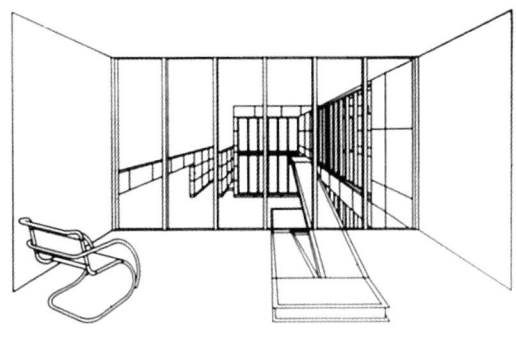

소재지	미국 시카고
설계·감리	안도 다다오, 야노 마사타카
설계 기간	1992.5~1994.12
준공	1997.3
주요 구조	철근콘크리트조(벽식구조)
층수	지하 1층, 지상 3층
대지 면적	1395m^2
건축 면적	403m^2
연건평	835m^2
주요용도	전용주택
가족구성	—

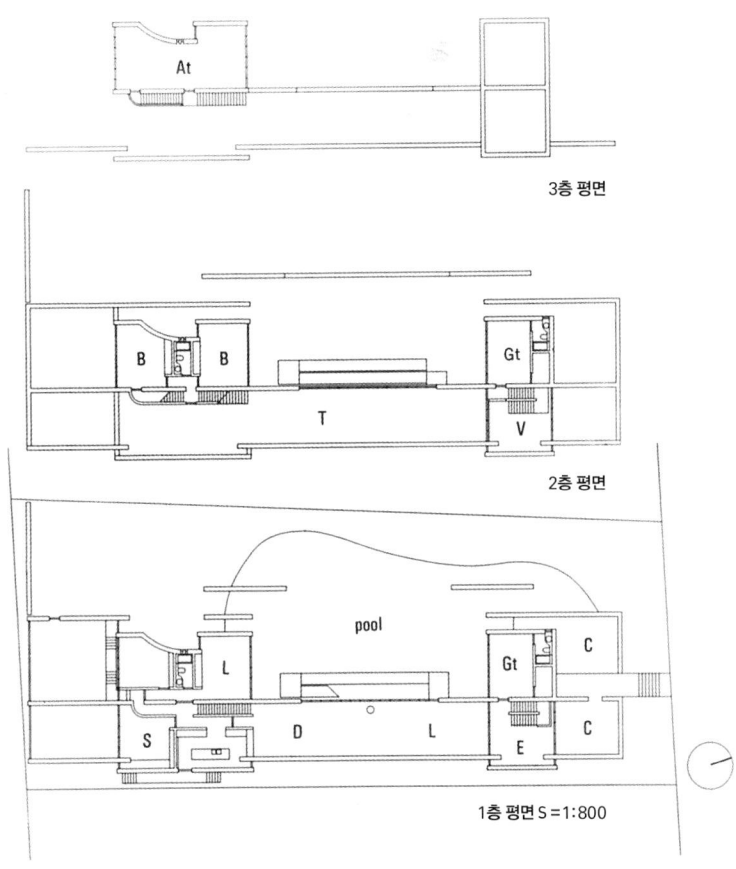

3층 평면

2층 평면

1층 평면 S=1:800

니폰바시 주택(가나모리의 집)
House in Nipponbashi — Kanamori House

정면의 폭 2.9미터, 안길이 15미터의 대지에 세운 4층의 겸용 주택이다. 1층은 가업인 미술점, 2층에서 4층까지가 주거이다. 옷장처럼 4층 4경간 *span* 을 정연하게 칸막이로 나눈 단면에 방을 할당하는, 땅 뺏기 놀이와 비슷한 특이한 구성이다. 3층 높이의 옥내 공간과 2층의 중정을 확보하고, 대부분의 방이 보이드 공간이나 옥외에 면해 있다. 그 효과를 강화시키는 것이 계단을 아주 교묘하게 다룬 방식일 것이다. 꺾어지고 교차하며 부드러운 미로로 이끄는 계단은, 이러한 대지에 새로운 구성의 매력을 높인다.

소재지	오사카시주오구
설계·감리	안도 다다오, 오카 유미코(岡由實子)
설계 기간	1993.3~1994.1
준공	1994.9
주요 구조	철근콘크리트조(벽식라멘구조)
층수	지상4층
대지면적	57.8m²
건축면적	43.5m²
연건평	139.1m²
주요 용도	점포+주택
가족 구성	부부+자녀2

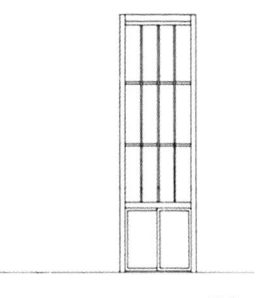

입면

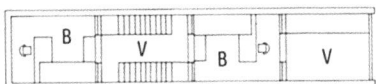

4층 평면

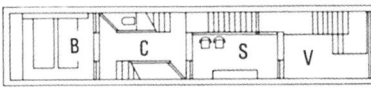

3층 평면

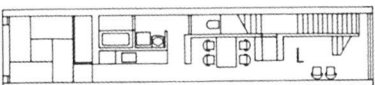

2층 평면

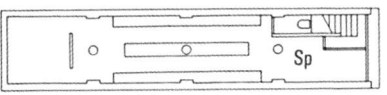

1층 평면

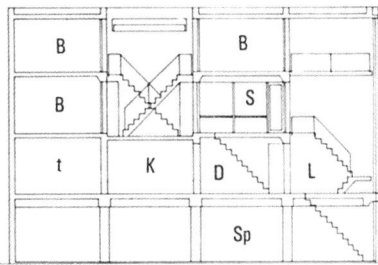

단면

오요도 아틀리에 별관
Atelier in Oyodo Annex

「오요도 아틀리에」에서 도로를 사이에 두고 건너편에 있는 별관이다. 주요 용도는 아틀리에라고 되어 있지만 회의나 숙박에도 사용할 수 있다. 주택의 대안으로 보아도 타당할 것이다. 부정형의 대지 중앙에 L 자 모양의 콘크리트 박스를 배치하고, 그 북동쪽에 대지 모양에 맞춘 벽을 다시 한 겹 둘러 계단실이나 부엌·욕실·화장실을 배치했다. 그 반대쪽은 수목이 있는 뜰 그대로이다. L 자 모양의 박스 안은 방과 보이드 공간과 테라스가 번갈아 적층되어 있는데, 전체에 온화한 조화를 전하면서 최상층에 이른다.

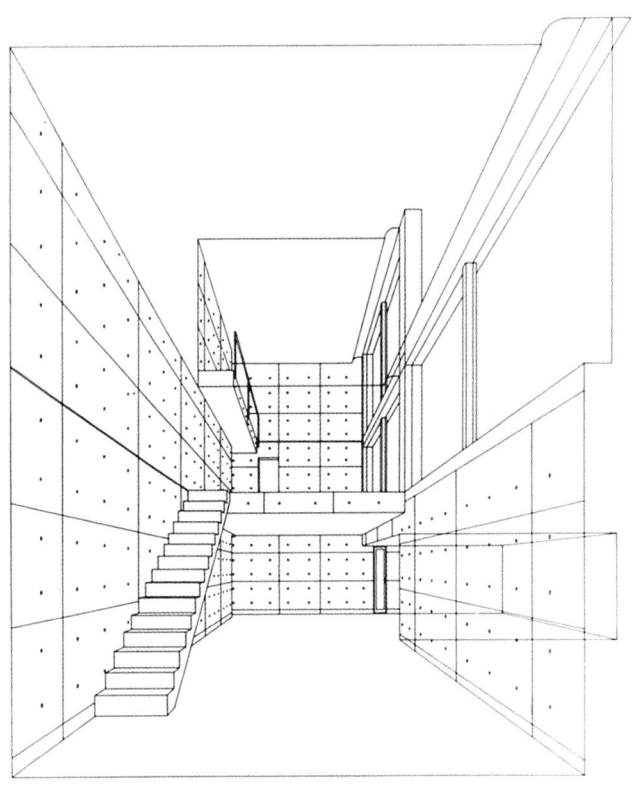

소재지	오사카 기타구
설계·감리	안도 다다오, 무토 다카시(武藤隆)
설계 기간	1994.1 ~ 1994.4
준공	1995.3
주요 구조	철근콘크리트조(벽식구조)
층수	지하 1층, 지상 3층
대지면적	182.8m²
건축면적	104.3m²
연건평	247.4m²
주요용도	아틀리에
가족 구성	—

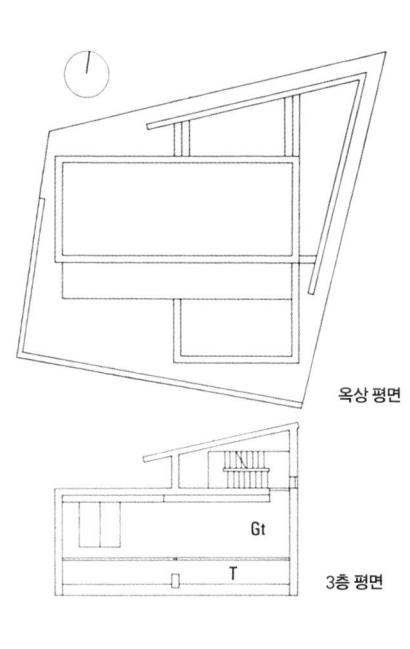

옥상 평면

3층 평면

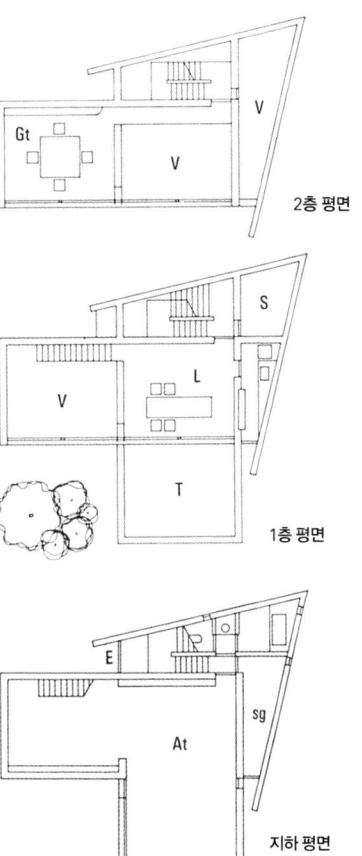

2층 평면

1층 평면

지하 평면

바다의 집합 주택
Seaside Housing

고베 시의 임해지구에 자주적 제안으로 계획된 7천 호의 거주 지구로 고층·중층·저층·코트하우스를 동시에 편성한 구성이다. 1.5킬로미터에 걸친 지구 중앙부에 수변 광장을 배치하고 있다. 이 지구는 〈주거를 중심으로 한 도시〉 제안의 기지로서도 설정되었고, 교육 시설이나 업무 지구와의 연결도 구상하여 전체를 조정했다. 지금까지 안도가 지은 일련의 집합 주택에서 보인, 예컨대 그리드의 명쾌함과 완결성을 활용하면서 더욱 크게 전개하고 있다.

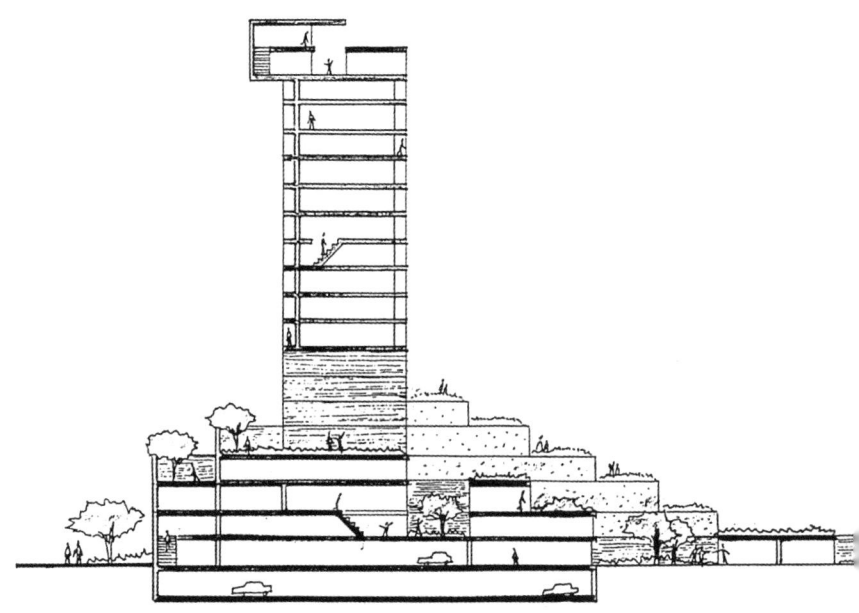

소재지	고베시
설계·감리	안도 다다오
설계 기간	1995.2~
준공	—
주요 구조	철근콘크리트조
층수	—
대지면적	—
건축 면적	—
연건평	—
주요 용도	공동주택
가족 구성	—

단면

언덕의 집합 주택
Hilltop Housing

다카라즈카(宝塚) 시와 가와니시(川西) 시의 경계 근처에 있는 구릉을 대지로 하여 구상한 대규모 계획안이다. 7미터×7미터의 그리드를 기본으로 하고, 고층·중층·저층을 연속시킨 800호의 경사면 집합 주택이다. 구릉 남쪽의 경사면과 북쪽 경사면을 각각 네 동, 두 동으로 둘러싸듯이 배치하고 있다. 즉 갓털처럼 언덕의 정상 부분을 건축 복합체로 재고했다고 보아도 좋다. 그 때문에 각 주거를 셋백 setback* 시켜 계단 모양의 전용 옥상 정원을 전체의 주조로 하고 있다. 이 녹음이 공용 공간의 녹음으로, 다시 언덕의 자연으로 이어질 것으로 기대한다.

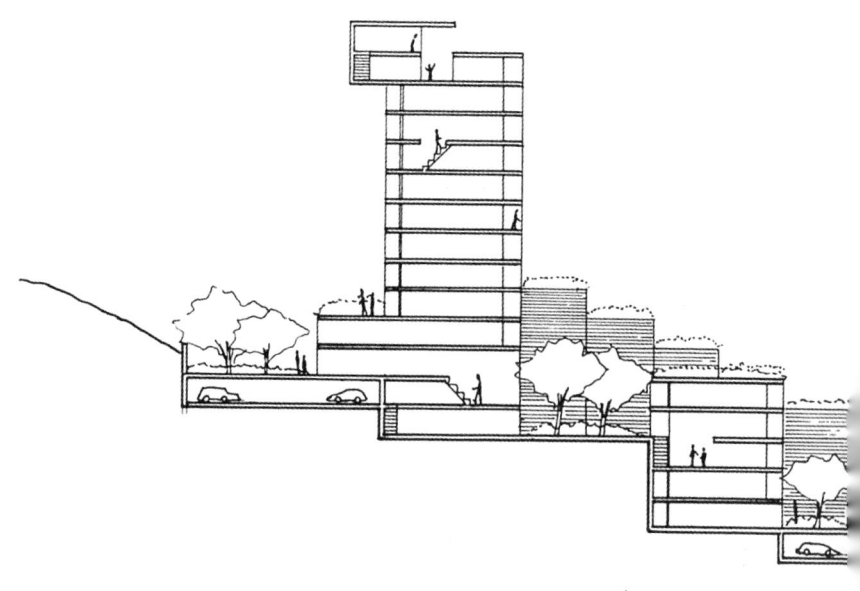

* 건물의 상부를 하부보다 후퇴시켜 일조나 통풍이 잘되게 하는 것.

소재지	효고현 다카라즈카시
설계·감리	1995.2~
설계 기간	—
준공	—
주요 구조	철근콘크리트조
층수	—
대지 면적	—
건축 면적	—
연건평	—
주요 용도	공동 주택, 초등학교
가족 구성	—

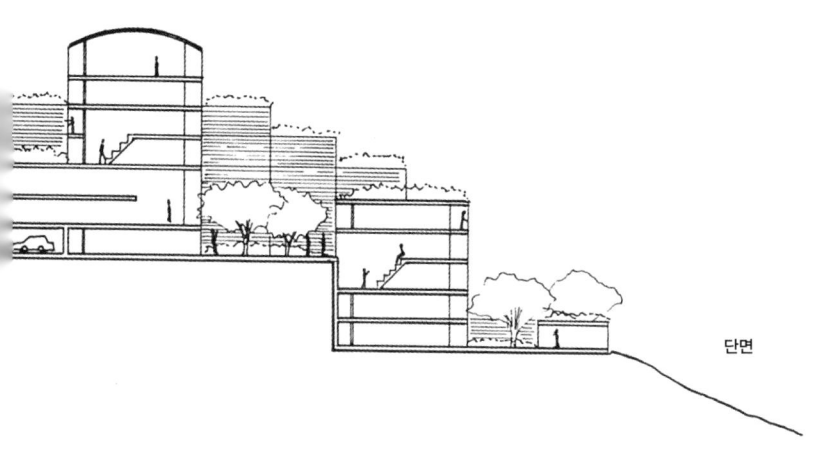

단면

히라노 구 상가(노미의 집)
Town House in Hirano — Nomi House

작은 공장이나 나가야가 남아 있는 시타마치의 한 구획에 세워졌다. 서쪽 둘레를 벽으로 두르고 방과 옥외 공간을 같은 크기로 구성하고 있다. 부부와 어머니가 사는 주거이다. 주목해야 할 것은 침실 구역의 프라이버시를 확립하는 동선 처리이다. 입구의 중정entrance court에서 계단을 올라가면 식당·거실이 있고, 그곳을 빠져나가 반대쪽 계단을 내려가면 안쪽의 중정으로 나가 침실로 이어진다. 또한 어머니의 구역은 입구에서 직접 옆의 중정으로 들어가(불투명 유리 칸막이에 문이 달려 있다) 침실로 이어진다. 침실과 침실 사이는 부엌·화장실·욕실 부분으로 이어져 있지만, 방으로 향하는 뜰과 길이 의식을 바꾸어 준다.

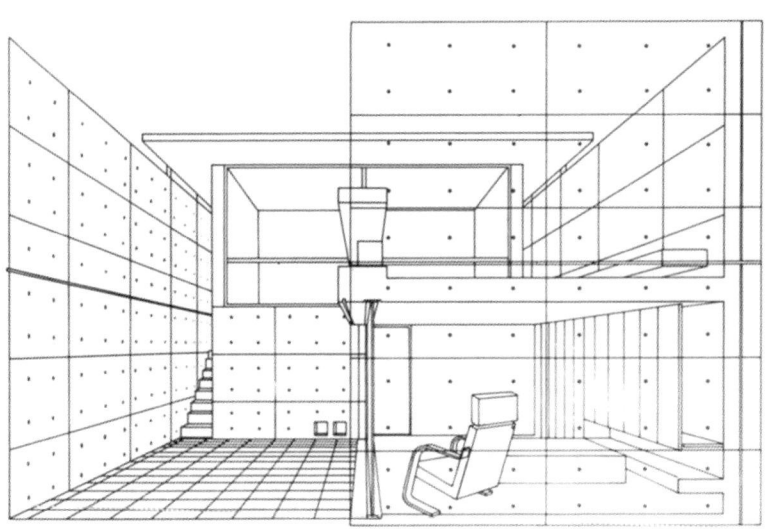

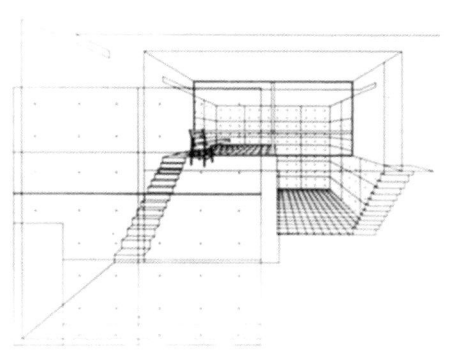

소재지	오사카시 히라노구
설계·감리	안도 다다오, 미즈타니 다카아키
설계 기간	1995.2~1995.12
준공	1996.8
주요 구조	철근콘크리트조(벽식구조)
층수	지상 2층
대지 면적	120.5m²
건축 면적	72.1m²
연건평	92.1m²
주요 용도	전용주택
가족구성	부부+어머니

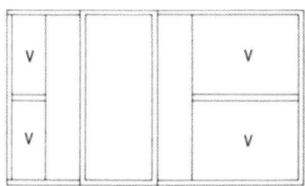

옥상 평면

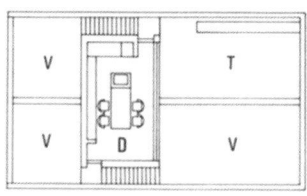

2층 평면

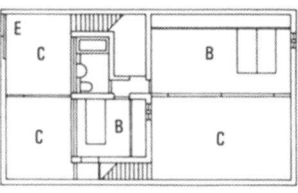

1층 평면

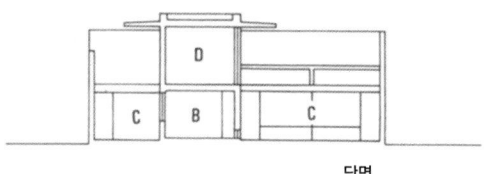

단면

사와다의 집
Sawada House

주거(게스트 룸) 위에 두 층 높이의 갤러리가 있다. 사유 도로에 면한 중정으로 들어가면 1층 입구에 이른다. 갤러리로 가기 위해서는 반대쪽 계단으로 가야 한다. 의뢰인 가족의 집과 이웃해 살던 어머니의 집이 한신·아와지 대지진으로 무너졌다. 근처에 있던 화가나 문화인이 모이는 카페도 없어져 버렸기 때문에 지역 커뮤니티의 재건을 위해 그 집터에 이 계획이 세워졌다. 방과 같은 크기의 외부 공간 구성은 안도의 기본자세인데, 여기서는 현재 효고 현의 나무인 녹나무가 중정 너머로 커다랗게 보인다. 부흥의 나무이다.

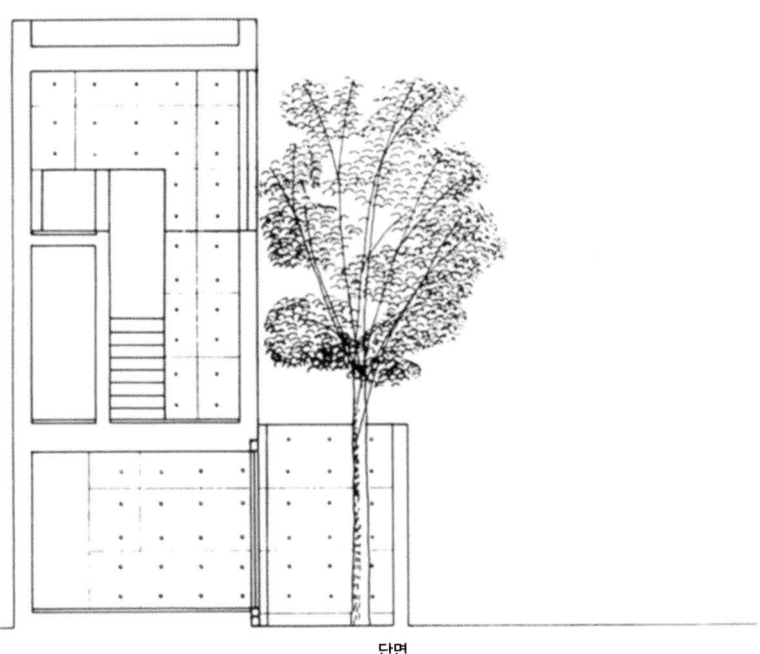

단면

소재지	효고 현 니시노미야시
설계·감리	안도 다다오, 미즈타니 다카아키, 이시카와 마나부
설계 기간	1995. 3 ~ 1995. 12
준공	1996. 8
주요 구조	철근콘크리트조(벽식구조)
층수	지상 3층
대지 면적	87.2m²
건축 면적	49.0m²
연건평	92.2m²
주요 용도	게스트 룸＋갤러리
가족 구성	단신

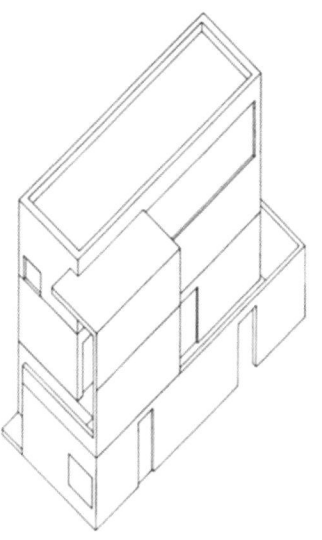

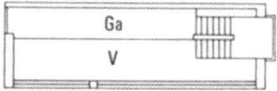

3층 평면

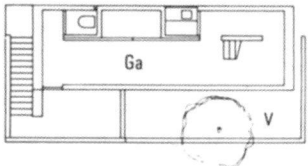

2층 평면

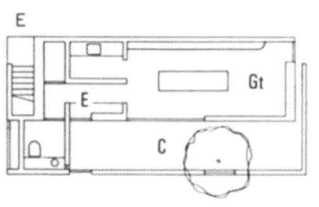

1층 평면

오기 집합 주택
Ohgi Housing

1, 2층에 독신자용 15세대, 3층과 4층에 가족용 4세대, 총 19세대의 주거가 계단 모양으로 구성되어 있다. 옥상에는 나무가 심어지기 때문에 계단 정원의 취향을 보여 준다. 한신·아와지 대지진으로 붕괴한 목조 문화 주택과 없어진 나무들의 회복을 위해, 학생을 주요 대상으로 한 임대료가 낮은 복합 주택이 지어졌다. 통로에는 불투명 유리를 넣고, 1층과 2층의 테라스는 보이드 공간에 면한 대기실을 만들어, 주거 주변의 공간성을 높이고 있다. 3층과 4층에는 보이드 공간과 전용 테라스가 교묘하게 조합되어 있다. 옥상의 나무는 서쪽의 공원으로 이어진다.

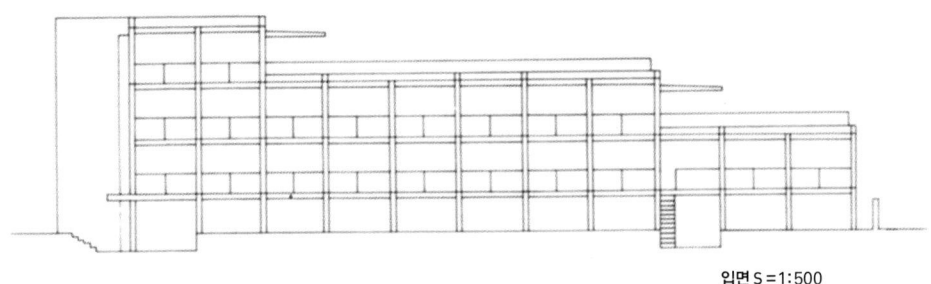

입면 S = 1:500

소재지	고베 시 히가시나다 구
설계·감리	안도 다다오, 시마 다카오, 아시자와 류이치(芦澤龍一)
설계 기간	1995.6~1996.4
준공	1997.2
주요 구조	철근콘크리트조(라멘구조)
층수	지상 4층
대지면적	622.4m^2
건축면적	373.3m^2
연건평	923.6m^2
주요 용도	공동 주택
가족 구성	—

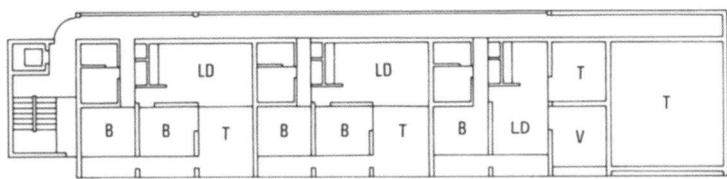

3층 평면

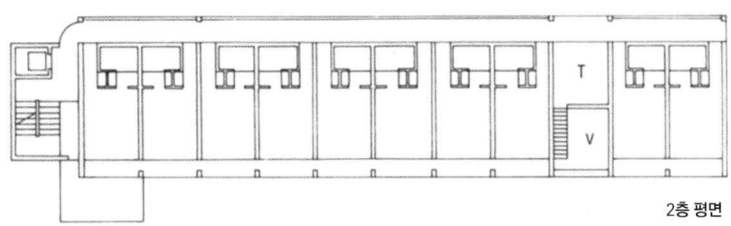

2층 평면

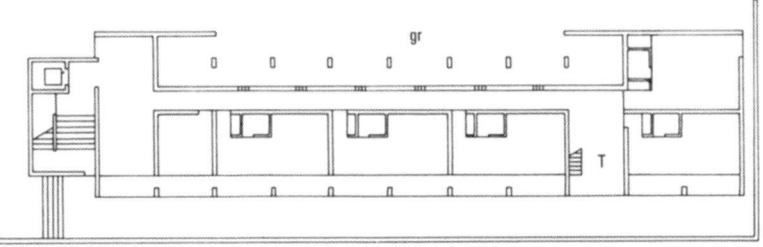

1층 평면 S=1:500

파리 교외의 스튜디오 하우스
Studio House in Suburbs of Paris

파리 교외의 숲속에 기어가듯이 뻗은 2층의 디자인 스튜디오이다. 좁고 긴 두 동의 건물이 평행하게 늘어서 있고 그 사이를 커다란 계단이 잇고 있다. 저층 부분은 거의 땅속에 파묻혀 있는 점 등을 포함하여 「고시노의 집」(31) 구성과 비슷하다. 저층 부분은 커다란 계단 옆에 입구 홀이 있다. 그 밖에 회의실, 스튜디오, 사무실, 객실, 수영장 등이 완비되어 있다. 한편 중정 안에 사적인 구역으로 들어가는 입구가 숨어 있다. 여기에서 위층으로 올라가면 평온한 아틀리에, 그리고 옥상으로 연결된다.

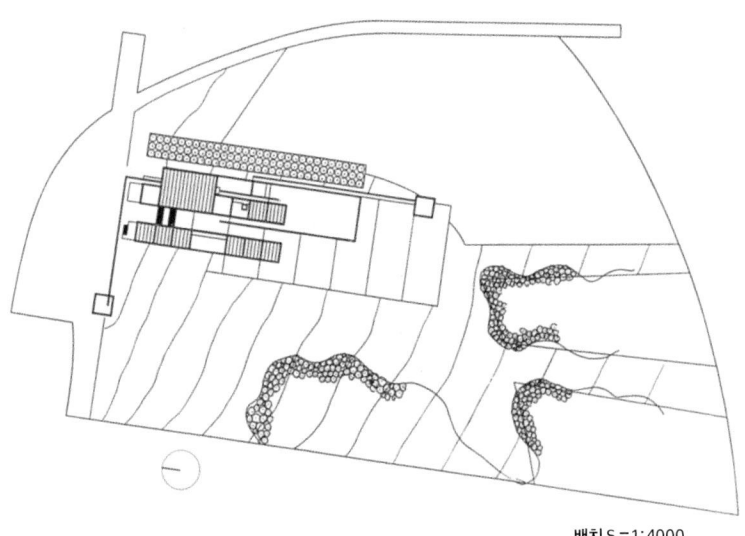

배치 S = 1:4000

소재지	프랑스
설계·감리	안도 다다오
설계 기간	1996.1~
준공	—
주요 구조	철근콘크리트조
층수	지상 2층, 지하 1층
대지면적	약 100ha
건축 면적	1,900m²
연건평	2,300m²
주요 용도	주택＋스튜디오
가족 구성	단신

시라이의 집
Shirai House

교토와 오사카 사이에 있는 신흥 주택지에 세워진 집이다. 간선도로와 지구 내의 도로가 뚫려 있지만 아직 빈 택지가 산재한 가운데, 두 동의 콘크리트 박스와 그 심플한 지붕이나 벽이 두드러져 보인다. 마감 공사를 최소한으로 하고 거푸집 패널의 가공도 적게 한 저비용 주택이다. 그러나 중정의 벽에 통풍을 위한 슬릿을 넣고 차양이나 지붕을 얹고 커다란 느티나무를 심어, 앞으로 시작되는 주거의 기본 조건을 먼저 갖추었다. 2층 보이드 공간 그대로인 자녀의 방도, 주변 환경도 모두 미래를 향하고 있다. 이것이 안도의 현재이다.

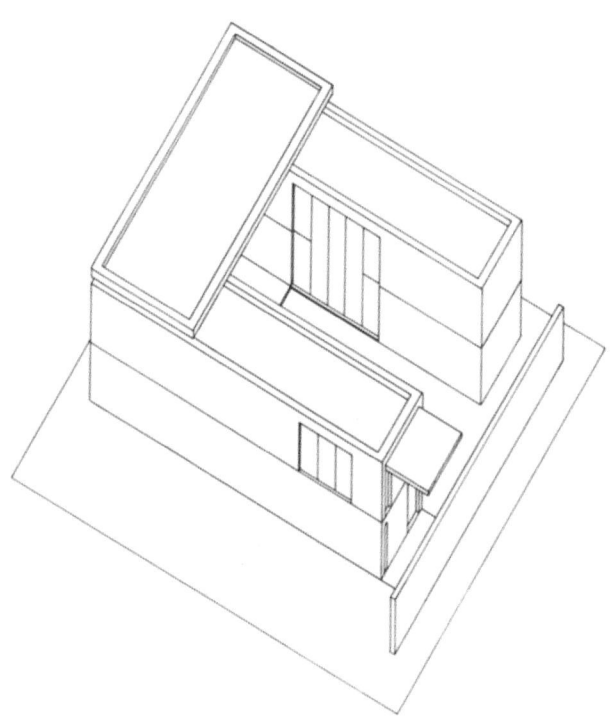

소재지	교토 시 야와타 시
설계·감리	안도 다다오, 미즈타니 다카아키, 아라키 히로시(荒木洋)
설계 기간	1994.10~1995.6
준공	1996.2
주요 구조	철근콘크리트조(벽식구조)
층수	지상 2층
대지 면적	247.3m^2
건축 면적	84.1m^2
연건평	94.1m^2
주요 용도	전용 주택
가족 구성	부부+자녀 3

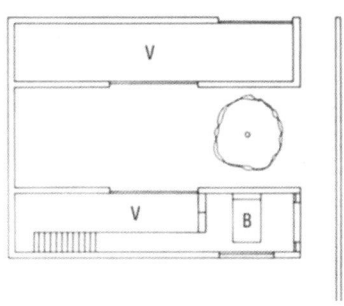

2층 평면

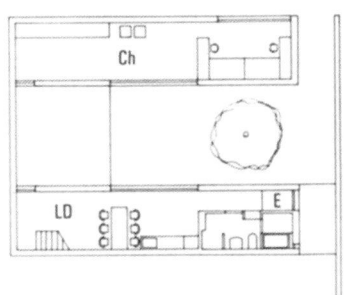

1층 평면

초창기의 도시 게릴라 주거 계획을 발표할 때의 선언을 비롯하여 지난 25년간, 주택과 관련된 안도의 주요 논술을 모았다. 이야기할 기회는 자주 있지만 쓰는 것은 자신 없다고 스스로 인정하는 안도이지만, 다시 그의 말을 추적함으로써 건축가의 문제와 작업의 강고한 동일성을 찾아내고 싶었다.

주택론 4

도시 게릴라 주거
1972

개(個)를 논리의 중심에 두는 것, 또는…….

산업혁명 이래 기술은 오로지 〈공업〉 발전의 논리만을 따랐다. 여기에 휘감겨 부상한 자본의 논리인 〈경제적 효율성 원리〉 그리고 그것을 더욱 바람직한 형태로 다듬은 〈기술 진전의 원리〉를 통해 근대의 인간이 도구적 존재로 타락하고 호모이코노믹스로 변모했다는 것은 이제 진부하기까지 한 표현이다. 그러나 그러한 근대 기술과 근대 자본주의 논리가 침투하는 과정에서 한편으로는 얼마나 많은 〈인간적인 여러 현상〉이 망각의 귀퉁이로 쫓겨나 버렸는가? 건축 분야에서도 윌리엄 모리스William Morris의 〈미술 공예 운동Arts and Crafts Movement〉을 효시로, 초기 바우하우스 등의 흐름에서 추측해 볼 수 있는, 〈근대〉의 병인과 대결하는 〈저항〉 운동이 항상 이 문제의 골짜기에서 좌절되고 해소되며, 아직도 명확한 방향을 찾지 못하고 갈팡질팡하는 것이 실상이다. 그런데도 〈다양화〉라는 편리하고 애매모호한 말로 덮으려는 정황을 상기하면, 그 조류의 밑바닥이 얼마나 깊은지 새삼 느끼지 않을 수 없다.

시대의 흐름에 민감한 건축 분야는 다양화에 호응하여 〈캡슐capsule〉, 〈팝 아키텍처pop architecture(팝 건축)〉, 〈버내큘러리즘vernacularism(토착주의)〉, 〈어너니머스 아키텍처anonymous architecture(익명 건축)〉, 〈디자인 서베이design survey〉* 등 표현하는 어휘도 여러 갈래로 나뉘어 백화요란(百花燎亂)한 느낌이 짙다. 이런 현대의 카오스적 단면 속에서 〈도시 게릴라 주거〉는 어떤 의미를 지닐 수 있을까?

예컨대 다채로운 어휘 가운데 하나인 〈정보 도시〉라는 말은 한 마디로 도시를 〈정보〉 처리의 거대한 시스템으로 파악하려는 생각으로, 사회 메커니즘을 고찰했다는 데 그 의미가 있다. 그것이 지시하는 세계는 공동환상적으로 존재하는, 빛나는 금속성의 백색 이미지를 가진 어디까지나 신선함만을 추구하는 동질적 세계이다. 그러나 주거의 논리에 그러한 상위개념의 어휘를 직접 끌어다 붙이기란 본질적으로 불가능하다.

주거란 체계적인 유형화가 가능할 만큼 단순 명쾌한 것일 수 없다. 주거는 이유를 붙이기 어려운 행위의 궤적이 모인 것으로서, 사물(도시를 포함하여)로부터도, 대중으로부터도 이탈한 곳에 존재한다. 이는 아주 본질적인 것이다. 그리고 어디까지나 〈개(個)〉로부터 나오는 〈살다〉, 〈생활하다〉라는 것에 대한 자아의 욕구를 사고의 중심, 이미지의 중심에 둔다. 그런 욕구

---

* 건축물을 설계할 때 건축 예정지 주변 지역의 거리나 역사 등을 조사하는 것. 여기에서 파생하여 전통적인 거리나 취락을 대상으로 실측 또는 그것에 가까운 방법으로 조사하고 건축의 구성 요소를 기록, 도면 등으로 시각화하고 객관화하는 것을 의미하게 되었다. 1970년대에는 디자인 서베이로 얻은 요소를 건축 설계에 도입하는 움직임이 유행했다.

는 때로는 그로테스크할 정도로 적나라하게 드러난다. 주거는 그런 욕구들을 몽땅 삼켜 버리는 피난처로서 이미지화된다.

겹치고 섞인 도시 안에서 고도의 〈정보화〉와 그것에 따르는 관료주의 — 그것은 총체적인 것을 금하고 개인을 부품화하며, 기술에서 혼까지 빼낼 수 있다 — 에 대항하고 종언을 고할 수 있는 유일한 보루는 개인이 구축한 주거이다. 현대 도시 안에서 인간성의 복권을 바랄 수 있는 가장 강력한 방법은 바로 〈거주〉 욕구의 본질을 복권하는 것이다. 따라서 그러한 주거는 당연히 동물적이라고도 할 수 있는 강렬한, 이를테면 〈극적으로 삶을 획득하는〉 공간을 내포하지 않으면 안 된다. 〈도시 게릴라 주거〉는 게릴라의 아지트라는 이미지를 갖는다. 이러한 사고의 구축은 〈위〉로부터가 아닌 〈개인〉의 차원에서만 이룰 수 있다. 〈개(個)〉를 사고의 중심에 두기 또는 육체적 직감을 기반으로 한 자기 표현으로서의 주거를 추구하기.

포장된 환경 PACKAGED ENVIRONMENT

여기에 제시된 주거의 의뢰인들 모두 도시가 가진 사회적 기능과 밀접한 관련이 있는 직업을 가졌다. 게릴라 1(「가토의 집」(3))로 지정한 텔레비전 프로듀서는 말할 것도 없고, 게릴라 3(「도미시마의 집」(1))은 도심의 회사원, 게릴라 2(「스완상회 빌딩(고바야시의 집)」(2))는 공업 지역에서 밤낮으로 나오는 더럽혀진 작업복에 기반을 둔 직업을 가진 사람이다. 세 사람 모두 자신의 큰 사업인 주거를 갖고 싶다는 꿈을 실현하기 위해 예산, 가정 내 여러 사정, 직업과의 관계 등 다양한 요인을 고려했다. 그 결론이 대도시 과밀 지역의 코딱지만 한 땅에 단독주택을 건설한다는 것이었다. 이 사실은 무엇을 의미하는가…….

어중간하고 위선적인 커뮤니티론보다는 그런 도시에 자리 잡고 살려는 사람들의 의지 그리고 유일한 해결책을 더욱 효과적으로 끌어낼 수 있는 훨씬 더 확고한 행위에 주목해야 하지 않을까? 그리고 세 지역 모두 외부 환경이 열악하기 때문에, 예컨대 〈드라마틱한 내외 공간의 상호 관입〉을 공간적 테마로 추구하는 것이 환상이고 무의미하다는 것이 너무나도 명백한 이상, 세 주거에 대한 우리의 테마는 외부 환경에 대한 〈혐오〉와 〈거절〉이라는 의사 표시로서 파사드를 버리고 내부 공간에 충실하자는 것이었다. 그렇게 함으로써 거기에 소우주를 출현시키고 공간에서 새로운 현실성을 추구했다. 그 결과 이 세 주거에서는 앞 절에서 말한 주거의 기본 개념인 〈개인〉을 논리의 중심에 두는 것이 너무나 순수한 형태로 등장하게 되었다. 비인간적인 환경에 어수룩한 촉수를 대기를 가능한 한 거부하고 이들 세 주거의 입지 환경을 뒤집은 것이다. 무취미하고 영혼이 없는 통속적인 구성주의 양식으로 균질화되어 하얗기만 한 근대건축에 대항해, 소규모 〈저항〉과 〈원한〉을 상징하는 검은 외피로 포장한 이들 건축은 뻔뻔하기도 하고 번거롭기도 한 다양한 외부 요인을 차단한 이른바 〈포장된 환경 *Packaged Environment*〉을 지향한다고 할 수 있다. 그리고 그 내부의 핵심이 되는 공간은, 외부와의 접촉을 최소한으로 억제해서 생긴 〈개(個)〉의 부분과 하늘을 향해 유일하게 촉수를 뻗은 〈돌출된 구멍〉으로 흘러드는 빛과 만나는 공간으로 이미지화된다. 그리고 〈어둠〉에 해당하는 부분 역시 각각의 성격을 갖는다는 것은 새삼 말할 필요도 없다. 주거를 도시의 여러 악(惡)으로부터 분리시키고 바로 개인의 영역에서 조작 가능한 내부 공간을 충실하게 하는 데 모든 것을 집중한 〈도시 게릴라 주거〉, 즉 도시 생활자의 아지트는 그러한 콘셉트 아래 〈나〉, 〈부부〉 또는 〈가족〉이라는 최소 단위에서 〈나의 존재감〉을 찾았다. 〈도시 게릴라 주거〉란 오사카·도쿄 등 대도시에서 단독주택의 존재에 의미를 부여하는 논리를 포섭해 왔다.

    어린아이 같은 해학성을 띤 명칭과 형태를 소유한 이 주거가 사실은 단순한 〈해학성〉만으로 치부하고 넘어갈 수 없다는 데에, 과밀하고 피폐해진 대도시의 체내에 뿌리 깊이 박힌 슬픔이 있는 게 아닐까?

상황에 쐐기를 박다
1977

기능주의 건축 또는 인터내셔널 스타일로 대표되는 근대건축의 주류에 마침표가 찍힌 지는 오래되었다. 그리고 현재, 느리기는 하지만 건축계에 새로운 움직임이 일어나고 있다. 도시가 무기적(無機的)인 건축물에 파묻혀 버린 오늘날, 나는 자신을 둘러싼 환경이 얼마나 살벌한지 깨달았다. 이것은 물리적인 문제에 그치지 않고 정신에까지 이른다. 자아의 확립에서 발단한 근대가 합리성 또는 논리의 정합성을 추구하는 과정에서 원래 인간이 갖고 있는 불확실한 부분을 사상(捨象)해 버리고 단순히 해석 가능한 범위 안에서만 인간을 분석하여 획일적이고 몰개성적인 인간상을 낳기에 이르렀다. 불모라고도 느껴지는 이러한 상황을 거치고 1970년대 후반으로 접어들자 건축계에서는 지(知)의 조작으로 건축을 창출해 가는 수법 그리고 비일상적인 공간을 만들어 내기 위한 건축, 즉 공간 예술을 위한 건축 작법 등이 두드러진다. 전자의 흐름에서는 건축이 사회에서 유리될 수밖에 없고, 후자의 흐름에서는 건축 공간에서 기능·생활 등 일상의 모든 의미를 빼앗는 데 전념하여 공간을 점점 더 추상화하는 방향으로 나아가게 된다.

내가 건축에 접근하는 방법도 얼핏 벌거벗은 형태의 공간이기 때문에 인간, 기능, 생활양식 등을 없앤 결과 생겨나는 추상적인 공간을 만들어 내는 것처럼 여겨진다. 그러나 나는 추상적 공간이 아닌 공간의 원형을 만들어 내려고 한다. 이 공간은 지의 조작과는 정반대로, 모든 인간의 욕망에 근거한 정념의 조작으로 생겨난다. 만드는 쪽의 논리에서, 공간의 원형을 만든다는 것은 오랜 필생의 작업으로서 자신의 작품을 전개해 나갈 때 늘 보유하고자 하는 기본 목표이다. 만드는 쪽에는 그것이 삶의 증거가 된다. 또한 공간의 향수자에게 이 공간은 모든 논리를 뛰어넘어 정신의 심층에 호소하는 것으로, 삶의 외침인 대화를 나눌 때의 매체가 된다.

즉 공간은 인간과 근원적인 부분에서 서로 관련이 있다. 모든 건축이 바슐라르가 말하는 시(詩) 공간의 기본 구조를 가지고 있는지도 모르고, 공간의 기본 구조 같은 것은 물리적으로 출현시킬 수 없는 것인지도 모른다. 그러나 굳이 그것을 만들려는 이유는 자신을 둘러싼 환경은 고사하고 자신의 존재조차 애매하게 파악할 수밖에 없는 상태에서 인간의 근저에 존재하는 것을 더욱 강력하게 건드림으로써 건축 자체에 존재감을 주고 싶다는 바람 때문이다.

내 작품의 특징은, 한정된 재료 내에서 재료 특유의 질감을 있는 그대로 표현한다는 것, 게다가 공간 구성에서는 꼭 기능으로만 공간을 명확히 구별하지 않는다는 것이다. 이 두 가지 특징은 공간의 원형을 만드는 데 가장 효과적이라고 생각되는 것인데, 전자는 질감에 의해 소박하고 강한 뉘앙스를 풍기고 소박한 공간 구성을 두드러지게 하며, 그것에 의해 빛과 바람 등 자연스러운 요소가 공간에 말을 걸어오는 것을 느끼게 해준다. 사실 내 작품에서는 항상 빛이 공간 연출의 중요한 요소로서 취급된다. 후자는 공간이 닫힌 것이고, 외부와의 관련에 의해 만들어지는 것이 아니라 어디까지나 개인의 내적 풍경을 조성하는 것이며, 개인의 내적 공간에 대응시키는 것에서 기인한다. 그 때문에 기능으로 구별하는 것보다는 인간의 정념과 관련된 불확실한 부분, 기능에 의해 의미가 부여된 공간과 공간의 간극 부분에 중점이 놓인다. 이 공간의 원형을 〈정념의 기본 공간〉이라고 한다면, 이를 창출한 후에는 다음 단계로서 이 공간을 상징적 공간으로 승화시키는 조작이 있다. 이 단계를 거치는 이유는 결코 공간을 위한 건축 때문이 아니다. 현대의 생활공간을 상징화하고 그것을 내포하는 건축을 지향하기 때문이다. 그렇게 함으로써 건축은 기본적인 차원에서 공간의 향수자와 공감하면서 사회적 의미도 갖는다. 건축이 사회성을 획득하는 것은, 건축가가 커뮤니티 운동에 참여하는 것도 아니고 건축의 일반해(一般解)를 제시하는 것도 아니다. 왜냐하면 건축이란 일회적이며, 건축가는 건축을 통해서만 사회와 관련을 맺기 때문이다. 그래서 쐐기를 박듯 거리에 자신의 주체성에 의해 뒷받침된 것을 하나하나 만들어 가는 방법밖에 없다.

그렇다면 〈정념의 기본 공간〉을 〈생활공간의 상징화〉에 이르게 하기 위한 조작으로서 내가 생각하는 방법을 말하려고 한다. 여기서 〈생활공간의 상징화〉는, 예를 들어 교토 상가(商家)의 골목(路地)* 공간이나 농가에 보이는 봉당 같은 것이다. 어둑어둑하고 좁은 상가의 골목은 공간으로서도 훌륭할 뿐만 아니라 점포**와 안집***이라는 상업 기능과 주거 기능을 결합하는 데도 필연적이다.

또한 농가의 봉당****은 상징적 공간인 동시에 기능적으로는 취사나 야간작업을 위한 공간이고, 농촌 특유의 공동체 의식과 농업이라는 산업 자체를 지탱하는 공간이다. 여기서 내가 말하고 싶은 것은, 그런 공간이 아무리 극적으로 창출되었다 해도 생활과 유리되면 성립할 수 없다는 것이다. 그래서 나는 〈정념의 기본 공간〉을 〈생활공간의 상징화〉로 승화시키려는 것이다.

〈정념의 기본 공간〉에서는 비일상적 양상이 드러난다. 그러나 그 비일상성을 그대로 유지하면서 일상적 의미를 부여하고 싶다. 그것은 기능적인 의미 부여이고 채광과 환기라는 기술적인 의미 부여이며, 개인 특유의 생활양식을 감안한 의미 부여이다. 그리고 일상적인 의미를 부가해 나가는 기능과 기술이라는 것은 고정되어 있지 않으며, 그때그때의 고유한 기능이자 기술이며 개인의 생활상의 요구로 이루어진다는 것을 잊으면 안 된다. 그리고 정신의 심층에서 서로 관련된 〈정념의 기본 공간〉은 비일상적이기 때문에 신선하고 다른 일상적인 공간과 대치되며 또 그것을 활성화하는 동시에 우리의 마음에 호소해 온다. 그것이 일상생활의 수준에서 의미가 부여될 때 비로소 〈공간+생활〉의 구조식이 성립한다. 여기서야 비로소 〈정

---

* 원래는 건물과 건물 사이의 좁은 길을 의미하나 문 안쪽이나 뜰 안의 통로를 의미하기도 한다. 이 책에서는 모두 골목으로 번역했으나 문맥에 따라 일반적인 골목인지, 외부 공간으로서의 골목이 내부로 이어진 통로를 말하는지 구별할 수 있을 것이다. 일본어 골목(路地, 로지)은 노지(露地, 지붕이 있는 건물 이외의 지면)에서 파생한 것으로, 가옥 사이에 편의를 위해 설치한 통로이다. 주로 보행자에게 제공되고 자동차의 통행은 고려되지 않는다. 이른바 〈요코초(横丁, 한길에서 옆으로 난 길, 골목)〉와 거의 같은 뜻이지만 로지(路地)로 표현되면 더욱 좁아서 인접한 건물의 관계자 말고는 거의 이용하지 않는 길을 뜻한다.
** 〈미세노마(見せの間=店の間)〉. 거리에 접한 첫 번째 공간으로, 장사를 위한 공간이다.
*** 〈오쿠(奥)〉. 점포(미세노마) 안쪽의 거처를 말한다.

념의 기본 공간〉은 내가 목표로 하는, 상징화된 생활공간이 된다.

나는 두꺼운 콘크리트 벽을 건축의 주된 구성 요소로 삼아 닫힌 공간을 만들어 왔다. 닫힌다는 것의 의미는, 사회 속에서 벽으로 자신의 자리를 잘라 우선적으로 내 개인의 영역을 확보하는 것이다. 현대사회가 고도의 관료제로 대표되는 것처럼, 전체를 구축하는 논리에 중점이 놓여 개인은 사회에 종속되기 쉽다. 환경과 건축이라는 문제를 볼 때도 그러하다. 환경 속에 자아를 버리고 매몰시켜 버리는 일이 얼마나 의미 없는 일인지, 우리를 둘러싼 환경의 따분함을 봐도 이는 명백하다. 그보다는 의지 있는 개인의 주장이 집적되어야 살아서 숨 쉬는 환경을 만들 수 있지 않을까?

이러한 발상에서 제일 먼저 개인의 자리를 확립하고 나서, 사회와 관계를 맺어 나가자는 의지의 표상으로 벽을 만들어 왔다. 그중에서도 「도미시마의 집」(1)과 「소세이칸」(9)에서는 닫힌 공간으로서의 〈정념의 기본 공간〉을 모색했다. 「도미시마의 집」은 노후로 어쩔 수 없이 개축해야 하는 도심의 나가야 한 귀퉁이를 잘라 내 지은 것으로, 이번에 소개하는 「스미요시 나가야」(13) 계열이다.

이것은 계획할 때부터 가혹한 도시 상황에서 개인의 거처를 옹호하기 위해 개구부를 갖지 않는 두꺼운 벽으로 닫힌 개인의 영역을 확립하려는 발상이었다. 외적 요소를 무방비하게 연계해 나갈 수 없을 때, 거처는 어떻게 해야 내부를 충실하게 할 수 있을까 하는 데에 중점이 놓인다. 그리고 원래 거처란 개인의 적나라한 생활을 내포하므로, 닫힌 공간은 외부와 상관없이 개인의 삶을 영위하는 장이 된다. 특히 거주 공간을 없애 나가려는 도시에 자리 잡으므로, 거주자의 거주 의지도 강고해야 한다. 이러한 조건에서 만들어진 내부 공간은 보이드 공간을 매개로 하여 스킵플로어로 구성되어 있다. 거실, 침실과 일상적인 기능을 가진 층이 보이드 공간을 축으로 덧붙여지는데, 이 보이드 공간이야말로 이 거처의 비일상적 요소가 된다. 왜냐하면 보이드 공간의 상부에는 하늘을 향해 뚫린 천창이 있어서, 현대의 도시 생활자가 접하기 힘든 하늘이라는 자연의 한 요소가 닫힌 공간 안으로 들어오기 때문이다. 그리고 닫혀 있기 때문에 일상의 생활과 거주자의 정념이 보이드 공간에서 혼재되어 정념의 공간이 된다.

「소세이칸」은 건물이 놓인 상황이 「도미시마의 집」과는 대조적으로, 약간 높은 언덕의 주택지에 자리 잡고 있다. 그래도 개인이 정착한다는 의미를 끝까지 추구하는 나로서는 닫힌 공간으로 〈정념의 기본 공간〉을 창출하고 싶었다. 그 때문에 공간 구성은 「도미시마의 집」과 마찬가지로 보이드 공간을 매개로 하여 3층의 스킵플로어로 구성했는데, 공간은 분리하지 않고 일체화했다. 그것은 거주의 이미지와 태내 공간으로의 회귀 욕망을 중첩시키고 또한 3층의 단계 구성을 다락방, 지하실로 인간의 이미지 단계에 대응시킨다는 목적 때문이다. 이렇게 만든 것이 동일한 형태로 두 개 있는데, 쌍둥이가 배꼽의 탯줄로 묶인 것처럼 덱이 건물을 묶고 있다. 이 덱과 대칭을 이룬 쌍둥이 건물의 어긋남, 쌍둥이라서 발생하는 자기와 타자의 반전, 허와 실의 반전 등 약간 높은 언덕 위에 하나의 세계를 만든다. 밤이 되어 건물의 보이드 공간 상부에 달린 볼트

****〈도마(土間)〉. 지면과 거의 같은 높이로 생활공간인 복도, 마루, 침실 등의 다른 방보다 한 단 낮은, 사람이 출입하기 위해 옥외와 연결된 공간이다. 현재는 축소되어 불리지만, 원래는 지면과 같이 취급되는 실내 공간이라는 성격을 가졌다. 현대의 민가 건축에서 도마는 옥외와 옥내의 경계에 있는 현관의 협소한 공간으로 축소되어, 단순히 신발을 벗는 장소가 되었다. 전통적으로 도마의 중요 기능이었던 생업을 위한 작업 공간이라는 요소는 이제 생활 가옥 내에서 배제되는 경우가 많다. 종래의 도마는 작업장으로서 충분히 넓은 장소였지만, 오늘날에는 좁아서 현관의 부속 정도로 취급된다.

vault*형 천장으로 하늘이 가득 비치고 별자리가 드러나 내부에 소우주가 창출되는 것을 보면 더욱 그렇게 느껴진다.

이 두 작품과 뉘앙스가 살짝 다른 것이 「다쓰미의 집」(7)과 「히라바야시의 집」(14)이다. 앞의 두 작품이 〈정념의 기본 공간〉을 추구했다면, 출발은 같아도 이 두 작품은 일상 공간과 비일상 공간이 대치하는 간극에 생기는 공간을 기대하고 만들어졌다. 「다쓰미의 집」은 도심에 위치하고 1층에 카페, 2층에 부티크, 3층에 주거와 각 기능이 혼재한 도시형 주거이다. 각 층마다 정해진 기능에 따라 형태를 만들고 최종으로 세 가지 기능을 일체화할 필요가 있었다. 그래서 벽구조로 만든 일상 공간 외부에 또 하나의 벽을 세워 해결하려고 했다. 벽과 벽 사이의 틈새 중 하나는 계단실이 되어 외부 공간으로 취급된다. 이는 비일상 공간으로 만드는 동시에 세 개의 공간을 연결시키는 기능을 부여하는, 구조적인 면에서 해결한 방안이다. 또 하나의 틈새는 세 층에 걸친 보이드 공간으로 만들어, 이미지로서 세 개의 공간이 일체화되는 방법을 썼다.

「히라바야시의 집」에서도 같은 발상을 이용했다. 먼저 벽으로 〈정념의 기본 공간〉을 만들었다. 구조라든가 기능 같은 기술적 면에서 접근한 것이 아니라 나의 삶과 정념을 근거로 하여 공간을 자른 작업이었다. 이렇게 하여 완성된 것에 일상적인 생활을 통해 의미가 부여되는데, 이 공간에 손을 대는 것이 아니라 다른 것을 삽입하는 다음 단계에 이를 때까지 일단 실험적인 시도가 이루어졌다. 즉 주택의 각 기능을 내포하면서 구조체이기도 한 라멘구조를 이 벽구조에 관입하여 일상과 비일상의 호응 관계를 찾고 싶었다. 그 때문에 라멘구조는 될수록 정서적인 의미를 갖지 않도록 균질 구조로 하고, 그에 비해 벽구조에서는 모든 기술적 의미를 사상했다. 그 결과 라멘구조와 팽창된 벽 사이의 틈새는 천장 높이가 6미터가 되는 원형 홀이 되어 주거에 비일상적 공간을 제공했다. 그러나 내가 여기서 만들 수 있었던 것은, 합리적으로는 도저히 이해할 수 없는 양자의 틈새뿐이었는지도 모른다.

이러한 네 개의 작품은 〈정념의 기본 공간〉을 만드는 작업이자, 비일상의 공간과 일상의 공간을 겹치게 하는 등 다음 단계의 초석이 되었다. 「데즈카야마 타워플라자」(16)와 이번에 소개하는 「반쇼의 집」(15) 그리고 「스미요시 나가야」에서는 일상생활에 의미를 부여하는 조작을 시작했다. 「데즈카야마 타워플라자」에서는 개인 주거를 포함한 네 동의 타워가 모여서 하나의 〈정체 공간=플라자〉를 만들고 있다. 플라자 상부에는 덱이 뻗어 있어 네 동의 타워와 함께 공간의 변화를 주고 있다. 거기에 상점을 면하게 하여 상업 공간의 기능이 부가되고, 동시에 도시 규모에서 봐도 거리의 알코브alcôve처럼 되어 사람들이 머무르는 공간이 된다. 여기서 공유 공간이라고 할 수 있는 머무르는 공간이 만들어졌는데, 우선 네 세대의 개인 프라이버시를 확립한 후에야 비로소 가능하다는 점에서는 마찬가지이다. 「반쇼의 집」에서는 넓은 거실이 핵이 되어 각 기능이 부가된다. 그리고 거실 상부의 한 점으로 채광을 하고, 사람들이 모이는 거실의 기능에 맞추어 빛을 상징적으로 취급했다. 그리고 이 어슴푸레함은 내가 원풍경으로 갖고 있는 일본의 옛 가옥에서 보던 어둠을 오버랩한 것이고 동시에 어둠으로 빛을 느끼게 한 것이다.

* 아치arch에서 발달한 반원형 천장 또는 둥근 지붕.

「스미요시 나가야」에서는 그런 나의 의도가 더욱 분명히 드러난다. 이전의 나가야를 헐고 새롭게 개축한 것인데, 나가야의 앞뜰과 뒤뜰을 합쳐 채광용 중정(光庭)으로 만들어 내부로 가져왔다. 채광용 중정은 비일상의 공간이 되어 거주자의 마음에 강렬한 인상을 주는 곳이다. 그리고 외부 공간을 도입함으로써 채광과 환기가 이 채광용 중정을 통해 이루어진다. 또한 평면 계획에서 채광용 중정을 중심에 둠으로써 주거 안의 생활이 밖으로 밀려 나가고, 채광용 중정은 생활에 의해 인간성을 띤다. 종래의 나가야에 비해 파사드가 이질적으로 보이고 벽 때문에 주위의 집들과 격절된 듯 보이는 것은, 개인의 내적 풍경에 호소하는 공간을 만들어 내부를 충실히 하고 외부로 열린 개인의 가능성을 고양시키려 했기 때문이다.

건축이란 인간이 정신적으로 육체적으로 자기를 발전시켜 나갈 생활공간을 추구하는 것이라면 나는 사람 냄새, 사람의 그림자가 느껴지는 건축물을 짓고 있다. 그러기 위해서는 자신의 삶을 근거로 존재감 있는 것을 만들어 내지 않으면 안 된다. 오늘날처럼 우리를 둘러싼 현상이 어떤 무게감을 가지고 호소해 오지 않는 상황에서, 그것은 대단히 중요한 작업이다. 건축가의 독단과 편견으로 보일지 모르지만, 지금이야말로 〈상황에 쐐기를 박는〉 창작 태도가 중요하다. 쐐기를 박을 때 생기는 모든 마찰이 건축가로서 상황을 인식하는 데 도움이 되기도 하고, 다음 단계의 삶을 모색하는 실마리가 되기도 한다.

도시 주거를 획득하는 길
1977

　근대 기술과 자본주의의 발전으로 20세기에는 이상할 정도로 도시가 성장했다. 만족할 줄 모르고 경제적 효율성을 추구하는 도시의 공간 이용과 그것을 가능하게 하는 기술의 진전은 인간을 둘러싼 모든 현상을 망각의 귀퉁이로 몰아냈고, 수량화할 수 있는 단순 요소로서의 인간만 허용하는 도시를 만들었다. 우리는 이러한 도시에 인간성 회복의 거점으로서 〈개(個)〉의 논리를 중심에 둔 주거를 만들어 왔다. 개인이 도시에 정착하면서 잃어버린 인간성을 회복시키는 동시에 빈사 상태에서 허덕이는 도시의 활성제로 작용하게 하기 위해서였다. 『주택특집 4집』에 발표한 「도시 게릴라 주거」는, 체제에 구속된 도시 만들기에 대항하기 위해, 의지를 가진 한 개인이 어려움을 무릅쓰고 정착함으로써 인간의 입장에 선 도시 만들기의 거점이 되는 동시에 〈개인〉이 자신의 주체성을 확립하려는 거점이 된다.

　『주택특집 4집』에 발표한 「도미시마의 집」(1)은 외부의 압력에 굴복하지 않는 강고한 콘크리트 대피소로, 혹독한 환경으로부터 내부 공간을 보호한다. 내부 공간은 개인의 적나라한 욕구를 내포할 수 있는 공간이다. 외부와의 접촉은 하늘을 향해 뚫린 천창뿐이고 내부로의 침입이 허용되는 것은 빛뿐이다. 이 빛은 또한 개인이 극적인 삶을 획득할 수 있는 공간을 연출하는 요소가 되기도 한다. 우리는 도시 내부에 개인의 거점인 도시 주거를 쐐기처럼 박음으로써 도시 전체의 변용을 꾀했다. 이러한 작업은 단순히 기폭제에 그치지 않고 상가(商家)와 나가야로 이어져 온 도시 주거의 특성에 입각하여 게릴라 주거의 발전형인 도시 주거를 모색하는 작업으로 이행되고 있다.

　그 계기가 된 것은, 원래 인간이 도시에 정착함으로써 직업과 주거의 공간이 혼재되고 도시가 인간적인 여러 현상을 내포할 수 있는 공간을 보유하고 있었던 것에 비해 오늘날에는 도시 기능이 오피스가, 상점가, 베드타운으로 획일화하여 인간의 전체적인 의미에서 생활공간이 없어지고 있다는 것, 또 종래의 타운하우스인 나가야와 상가의 노후화가 심해져 시급히 이를 대체할 타운하우스를 생각해 내지 않으면 안 된다는 위기감이었다. 실제로 각지에서 상가, 나가야가 사라지고 있다. 그리고 계속해서 급증하는 도시 노동자를 위한 주거로서 목조 임대 아파트나 문화 주택, 맨션으로 그 모습을 바꾸고 있다. 이것들은 건물이 열악하다는 이유만으로 타운하우스가 갖던 본래의 의미, 마을에 생겨난 커뮤니티 의식이나 직장과 주거가 근접한다는 장점, 논리적으로 설명할 수 없는 인간을 내포할 수 있는 공간성까지 사상해 버렸다. 그것들은 단지 살기 위한 기능만 간결하게 집어넣었을 뿐, 교외 베드타운의 닭장 같은 주택과 하등 다를 바가 없다. 그래서 상가 → 나가야로 계속되어 온 타운하우스의 현대적 형태를 찾지 않으면 안 된다고 생각하여, 이번에 소개하는 「스미요시 나가야」(13), 「네 세대 나가야」(17), 「데즈카야마 타워플라자」의 설계에 임했다. 「도미시마 의 집」이 나가야의 한 귀퉁이를 헐고 세웠다면 「스미요시 나가야」는 세 세대 나가야의 한가운데를 잘라 내고 콘크리트 박스를 삽입했다. 두꺼운 콘크리트 벽으로 외부를 차단하고 내부 공간을 풍부하게 하는 데 중점을 두었고, 채광과 통풍을 위해 중정을 만들었다. 노천의 외부 공간인 중정은 종래 나가야의 앞뜰과 뒤뜰을 합친 정도의 넓이로, 도시 주거가 외부와 접촉하는 방법의 한 예로서 이 주거의 상징이 되었다. 「도미시마의 집」도 「스미요시 나가야」도 하나의 독립된 주거였는데, 그 발전형으로서 두 세대 나가야를 절단하여 네 세대 타운하우스로 다시 태어나게 하려는 계획이다. 이 「네 세대 나가야」는 기존의 커뮤니티를 붕괴하지 않고 새로운 입주자까지 받아들인다. 3층 건물로 지어 상부에 새로운 입주자를 살게 하고 아래층에는 종래 나가야에 살던 거주자가 생활한다. 그리고 사람들과 교류하는 장으로 중정을 만들어 각 주거에 공간의 변화를 주었다. 이 프로젝트의 발전형인 「데즈카야마 타워플라자」는 주거 공간과 상업 공간이 혼재된 전형적인 도시의 집합 주택이다. 계획을 할 때는 기본적으로 네 세대 주거의 독립성을 확보함으로써 네 개의 분리된 타워를 세우고, 개인이 모여 살게 함으로써 생긴 틈새를 플라자로 구성해 1층의 상업 공간에 제공하고 있다. 2, 3층은 메조네트형*의 주거로 만들었는데, 보이드 공간을 만들어 거주자에게 공간의 변화를 주고 싶었기 때문이다.

    이상의 세 작품은 도시 주거를 모색하기 위한 하나의 과정이고, 앞으로의 발전을 기대한 원형 같은 것이다. 그러나 어떻게 전개되어 가든 우리는 어떤 힘에도 굴하지 않고, 우선은 개인이 정착하여 살아가기 위한 공간을 만든다는 생각을 기본에 두고 싶다.

* 한 가구가 2층 구조로 된 것.

영벽(領壁)
1977

한 줄의 새끼가 성역과 속계를 나눈다. 하나의 기둥이 풍경 속으로 들어가면 기둥은 이미 풍경을 분절하기 시작한다. 자연 속에 자립하는 하나의 벽 또한 마찬가지로 풍경과 대립하고 풍경을 분단시키고 분리하고 폭력적으로 변용시키면서 한편으로는 풍경과 조화를 이룬다. 벽에 드리워진 나무 그림자는 이미 건축화에 대한 징조를 보인다. 더욱이 기둥·벽 그리고 건축의 각 요소가 고립되지 않고 상호관계를 가질 때 풍경은 점차 더 높은 차원의 건축이 되는 길을 걷기 시작한다.

    각 요소는 다른 요소와의 상호관계성 안에서 서로를 꾸미며 존재한다. 그러나 우리를 둘러싼 도시 환경은 물질로서의 〈사물〉이 범람하는데도 서로를 꾸미는 관계를 찾기가 어렵다. 애매한 무관계는 사람을 지치게 하는 지루한 공간을 만들어낼 수밖에 없다. 그 끝없는 지루함을 다시 한 번 활성화하는 것, 그것을 위해 기둥·벽의 원초적 의미를 다시 묻는 데서 작업이 시작된다.

    기둥은 그 수직의 지향성 때문에 상징적 존재이다. 특히 일본에서는 기둥의 전통이 뿌리 깊다. 이자나기노미코토(伊邪那岐命)*, 이자나미노미코토(伊邪那美命)**의 〈아메노미하시라(天之御柱)〉***를 둘러싼 건국 신화에서 시작되어 이세(伊勢) 신궁이나 이즈모(出雲) 신궁의 〈신노미하시라(心之御柱)〉****는 구조재(構造材)에 그치지 않고 소박한 신앙마저 느끼게 한다. 마찬가지로 민가에서도 다이코쿠바시라(大黒柱)*****는 내부 공간을 압도하며 가장의 권위를 상징하는 것으로서, 지붕을 떠받치는 아틀라스Atlas******로서 또는 그 노동의 땀을 상징하는 것으로서 강인함을 표현하기도 했다. 이처럼 기둥은 상징으로서의 공간을 규정하는 작용을 한다. 또한 기둥은 열주(列柱)로서 공간에 리듬을 주는 기능을 한다. 특정한 기둥에 중요한 의미를 부여하는 것이 아니라 각각의 기둥이 같은 열에 놓여 기둥이 엮어 내는 리듬감이 강조된다. 파르테논에서, 테베의 신전에서, 고딕 대성당에서도 그렇다. 열주에서는 다이코쿠바시라 같은 하나의 기둥이 가지는 신화적 작용 대신 건축의 수사 작용을 확인할 수 있다. 열주는 투명한 격벽(隔壁=간벽(間壁))의 암시이기도 하고, 그 리듬감은 상승 지향보다는 수평 지향을 강조한다. 근대에 발명된 라멘구조는 건축 공간을 해방하여 자유를 주는 공적을 가져왔지만, 기능성의 선행에 따라 기둥의 의미 작용은 오히려 경시되었다고 할 수 있다.

    근대 합리주의에 기초하는 경제적인 균등 라멘은 기둥의 의미나 그 신화적 성격을 빼앗고 열주의 리듬감도 빼앗았다.

* 일본 신화에서 천신(天神)의 명을 받고 일본을 다스렸다는 최초의 남자 신. 아마테라스오미카미(天照大神)의 아버지.
** 이자나기노미코토의 아내.
*** 이자나기노미코토와 이자나미노미코토가 땅으로 내려와 신의 상징으로 세웠다는 기둥.
**** 이세신궁(伊勢神宮) 정전(正殿)의 마루 밑에 세운 기둥으로, 건물 자체에는 접하지 않고 구조부재로서의 기능은 하지 않는다. 신령이 깃드는 기둥으로서 고래부터 신성시되고 있다.
***** 집 중앙에 있는 특별히 굵은 기둥.
****** 지구를 양 어깨에 메고 있다는 그리스신화의 신.

이러한 상황에서 기둥을 대신하여 벽이라는 주제가 등장한다. 물론 기둥과 벽의 의미 작용을 비교할 때 벽의 평가를 상대적으로 끌어올리자는 것은 아니다. 벽과 기둥이 서로 꾸미고 공명해 가는 관계를 염두에 둔다는 것이다. 어쨌든 라멘에 의한 공간 해방이 안과 밖의 교감을 가능하게 했다고 하더라도 현실의 단순하고 안이한 스프롤화*에 직면한 오늘날 일본의 도시 상황에서는 하나의 환상이 되어 버렸다. 오히려 벽으로 외부를 차단하고 내부 공간을 만드는 것이 주요한 과제가 아닐까? 여기에 겉과 속의 양면성, 안과 밖의 양의성을 지닌 벽의 현재적 의미가 있다. 물리적으로도 정신적으로도 외부를 차단하고 완결성 높은 공간을 도시에서 잘라 내는 시도로서의 영벽(領壁).

「지상에서 모든 것을 손에 넣어 버렸다면 자기 자신을 손에 넣을 일이다. 벽이 그대로 드러난, 단 하나의 커다랗고 차디찬 회색 방에 틀어박히는 것이다.」 (르 클레지오)

이 건축물(「영벽의 집(마쓰모토의 집)」(20))이 가진 벽은 자연 안에서 자립하며 인간을 위한 영역을 만들어 낸다. 이 벽은 내부로는 옹벽이고, 외부로는 망막한 자연을, 흔들려 가는 풍경을 그 자리에 머물게 하여 새로운 생활의 기반으로서 자연을 곁으로 끌어들이는 장치이다. 이 건물의 두 벽은 외부에 대해서는 어디까지나 무표정하다. 애매한 미소, 의미 없는 붙임성을 단절하고 벽은 벽 자체로서 자립한다. 건축이 가지는 솔직함 안에서 벽의 한정된 작용을 대담하게 드러내는 것. 이것이 오늘날의 꽉 막힌 도시적 상황, 한없는 무관계 속에 아무렇게나 둘러쳐진, 보이지 않는 벽을 깨부수는 방법이 아닐까? 말하자면 그것은 벽으로 벽을 제압하는 일이다.

벽은 그 평면성 때문인지 사람으로 하여금 묘사하도록 유혹한다. 그러나 그 유혹에 굴해서는 안 된다. 그려진 벽, 즉 간판은 벽에서 사물로서의 의미를 빼앗고 하나의 기호로 전환함으로써 벽의 존재감을 희박하게 한다. 이 건축물에서 벽은 어디까지나 영벽으로서의 의미 작용에 한정되며, 다른 기호나 장식으로 망막의 즐거움을 부가함으로써 생기는 의미의 모호성을 배제했다. 이 벽은 외부에 대해서는 하나의 금욕의 상징이었다. 그러나 그 안에 사물 이상의 의미를 포함하며 두 개의 외벽 사이에 끼인 내부 공간은 열주를 내포하는 구성에 의해 벽이라는 골격을 기둥으로 꾸미는 관계를 만들고, 벌거벗은 벽의 위압을 부드럽게 하여 내부 공간에 생활 또는 이미지의 휴식처를, 거주자의 기억을 키우는 하나의 그늘을, 정신의 알코브를 만들어 나간다.

개인의 영역을 만들기 위한 〈영벽〉. 나는 그 내부에 하나의 원풍경을 투영하려고 했다. 원풍경, 그것은 어둠에 잠긴 수중으로 향하는 하강 의식이고 한층 깊이를 더해 감에 따라 감소하는 빛의 그러데이션이고, 피부를 찌르는 냉기의 촉감이고, 어슴푸레한 공간 속에 늘어선 공포로 가득 찬 열주(列柱)의 무리이고, 그 틈새에 휘감기는 희미한 빛의 흔들림에 따라 수면

---

* 대도시가 무계획적으로 무질서하게 교외로 뻗어 가는 현상.

에 비치는 열주의 웃음소리이다. 작년, 인도의 사막에 있는 한 마을의 우물에서 체험한 백일몽은 지금, 그 기둥도 들보도 벽조차도 즉 모든 건축 요소를 다 용해해 버린 투명한 공간으로 승화시켜 버렸다. 이것을 다시 영벽의 내부에 결정화하려는 시도가 이 건축물이다. 사람과 생활과 벌거벗은 사물의 의미를 이러한 관계 안에서 다시 물음으로써 영벽으로 설정된 사적 영역의 장을 공간적으로 풍요롭게 할 수 있다.

    다시 말해 이 공간에서 거주자는 원풍경을 향수하고 동시에 그것과 싸우며 나날이 적나라한 삶을 영위해 갈 것이다. 공간을 만드는 사람과 향수하는 사람이 서로 그 원풍경을 융합하거나 배반하게 하면서 겹겹이 쌓아 나가는 것이야말로 공간을 숨 쉬게 하고 활성화된 고차의 공간이 나날이 살아가는 것이 아닐까?

「스미요시 나가야」에서 「구조 상가」로
1983

「구조(九條) 상가(商家)」(37)는 오사카의 전형적인 거리, 즉 주택과 작은 공장과 상점들이 혼재한 그 잡다한 거리의 공간을 잘라 내 세워졌다.

 오사카의 중심부 여기저기에는 전쟁의 피해를 벗어난 노후한 목조 주택이 남아 있다. 거기에는 가옥과 토지의 소유 형태가 복잡하다는 특징이 있다. 가옥은 소유했지만 땅은 임대한 경우 또는 반대인 경우가 많다. 그중에서도 비교적 큰 구획은 경제적 효율을 우선하여 맨션이나 사무 빌딩으로 개축되었다. 그러나 작은 구획은 개발의 이점이 적어서 방치되어 있다. 그 결과 콘크리트조 건물과 전후에 임시변통으로 지은 건물 그리고 전전(戰前)에 세운 노후 목조 가옥이 나란히 있는 잡다한 광경을 보인다.

 오사카에 사무소를 낸 지 벌써 10년이 되었다. 어쩌다 보니 이러한 목조 가옥의 개축을 의뢰받은 경우가 많다. 건축가의 캔버스 — 장(場)을 포함한 상황 — 는 항상 화가의 캔버스처럼 하얗지가 않다. 그런 상황을 그대로 받아들여 지을 것인가, 아니면 역으로 상황을 잘라 내 만들 것인가가 일반적인 방식처럼 생각되는데, 나는 그 상황, 장소가 가진 성격, 다양한 요구 조건이 몇 겹으로 칠해진 캔버스 위에 내가 추구하는 생활감을 구현하고 싶다.

 전후 40년이 지나면서 편리한 물건이 흘러넘칠 정도로 풍족해졌고 대부분의 생활상은 풍요롭게만 보인다. 점점 더 쾌적해지기는 했지만 생활의 근본을 응시한, 예전의 간소한 생활 안에 있던 인간의 본질적인 안락함은 잃어버린 것이 아닐까? 나는 표층적인 쾌적함만을 추구하지 않고 경제가 급성장함에 따라 사라진 것 — 자연과의 본질적인 관계, 간소한 생활 안에서 얻는 고안의 즐거움과 미의식의 고양 등 — 을 하나하나 주워 올리고 다시 물으며 인간의 주거에서 더 이상 없앨 수 없는 것만을 추구하고 싶다.

 이 건물을 설명하기 위해서는 「스미요시 나가야」(13)를 말하지 않으면 안 된다. 「스미요시 나가야」는 정면의 폭이 2칸(間)*, 안길이가 8칸이라는 협소한 곳이었고 게다가 세 세대가 사는 나가야의 한가운데를 잘라 내 개축해야 하는 악조건이었다. 나는 거기에 콘크리트 상자를 삽입했는데, 파사드는 완전히 폐쇄하고 내부를 균등하게 3등분하여 중앙에 채광을 위한 중정을 두었다. 이 좁은 공간을 만드는 과정에서, 극한에 가까운 여러 조건이 나에게 아주 많은 것들을 가르쳐 주었다. 좁고

---

* 메이지(明治) 24년(1891)의 일본 도량형법에서는 1칸(間)은 6척(尺)이고, 1척은 10/33미터이기 때문에 1칸은 약 1.8182미터이다. 참고로 한옥에서의 한 칸은 대체로 기둥과 기둥 사이를 뜻한다.

예산이 적은 상황에서는 기본적인 것만을 간파하는 것이 중요해진다. 생활 방식에서도 물건의 규모에서도 사는 사람의 정신력과 체력에서도 그 한계를 통감할 수 있었다. 없앨 수 있는 것은 모두 없애고 정말 필요한 것만으로 만든 간소한 생활공간에서 얻는 풍요로움은, 어떤 의미에서는 물건으로 흘러넘치는 현대 문명을 향한 하나의 문제 제기가 될 것이다.

최신 설비는 없다. 또한 좁기 때문에 장식적 요소를 부가할 여유도 없고 그것들로 생활을 풍요롭게 할 수 있다고도 생각하지 않았다. 표면적인 장식을 배제하고 소재 하나하나와의 갈등에 체온을 담았고 물건의 치수와 비율과의 갈등에 온갖 지식을 쏟아 부었다. 골격을 대칭적이고 단순하게 하고 소재를 한정하여 이 협소한 공간이 복잡한 소우주를 품도록 했다. 거기에서 항상 문제가 되는 것이 채광을 위한 중정이다. 이렇게 협소한데 왜 3분의 1이나 되는 외부 공간을 중앙에 배치해야만 하는가? 이것이 문제였다. 그러나 좁기 때문에 오히려 자연과의 접촉을 선택했다. 정교하게 배치한 나무 화분이나 베란다에 만든 작은 텃밭 같은 것이 아니라 가까이에 있는 자연 요소를 생활과 연결시키려고 만든 것이 중정이다. 이 중정이 없으면 건물은 꽉 막히고 만다. 얼마 안 되는 자연이 실마리가 되어 건물은 살아 있는 생물처럼 호흡한다.

매일 자연이 다른 모습을 보이는 중정은 주거에서 펼쳐지는 생활의 핵이며 도시에서 잃어버린 빛, 바람, 비 같은 자연의 감각을 주거로 끌어 들이는 장치이다. 빛이 비쳐 들어 덱 아래로 깊은 그림자를 드리우고, 유리면에서 반사된 빛이 콘크리트 벽면에 닿는다. 바람이 빠져나가며 소재의 표면을 어루만진다. 자연 재료는 빛과 바람을 받아 호흡한다. 빛은 아름다움을 연출하고 바람과 비는 육체를 통해 생활을 물들인다. 이리하여 건축은 사람이 거기에서 자연을 느끼게 하는 매체가 된다.

생활공간이 아무리 발전한다 해도 사람에게는 주거 안에 자연이 있어야 어울린다. 그러나 주거 안의 자연은 생활을 혹독하게 만든다. 거실과의 연결이 외부 공간에 의해 단절되는 일이 많기 때문에 이 주거는 합리적이지 않고 불편한 점이 많다. 그러나 생활의 편리함보다 더 소중한 것과 접촉하면서 중정은 일상과 분리할 수 없는 장이 되었다. 물론 이런 혹독한 생활은 일반적인 답이 될 수 없다. 하지만 주거를 생각하는 하나의 방도는 될 것이다. 그러므로 주거에는 거주자의 생활감이 중요하다. 그가 정착하여 살 수 있는지 어떤지, 그에 의해 건물이 살아날지 어떨지는 결코 등한시할 수 없는 문제이다.

나는 신체가 닿는 곳에는 자연 소재를 이용해 왔다. 마루, 문, 가구에는 나무를 이용한다. 또한 이「스미요시 나가야」에서는 중정에 겐쇼세키(玄昌石)˙를 썼다. 자연 소재는 시간이 경과하면서 낡아 가고 거기에 기억이 새겨진다. 항상 사람과 자연을, 소재와 치수를 일체화하여 생각하려는 것이다.「스미요시 나가야」와 마찬가지로「구조 상가」는 번잡한 주택가에 콘크리트 상자로 하나의 영역을 확보했다. 그리고 그것을 생활의 기능을 담당하는 거실 공간과 끌어 넣은 골목(路地)인 외부 공간으로 양분하고, 양자가 교차하는 부분에 생활의 중심이 되는 계단을 두어 외부에서 각 공간으로 출입하게 했다. 이것은 부모와 아들 부부, 두 세대를 위한 주거이다. 전면의 도로에서 반 층 정도 완만하게 내려가면 아들 부부를 위한 식당과 침실, 공용 욕실, 화장실, 공작실이 있고, 외부 계단을 올라가면 2층에 커다란 개구부를 가진 식당, 계단 밑의 서재, 높은 창에서 쏟

---

* 미야기(宮城) 현 이시노마키(石卷) 시 오가츠(雄勝) 지구에서 출토되는 흑색점판암이다. 오카치이시(雄勝石)라고도 한다. 비석이나 기와, 벼루 등에 쓴다.

아져 들어오는 빛만으로 억제된 다다미방이 있으며, 3층에는 침실이 있다. 길에서 분절되면서 연결되고 골목(路地)에서 중정으로, 또 보이드 공간 속을 계단에서 덱으로 연결하며 통로가 돌고 있다. 중정은 「스미요시 나가야」처럼 계단과 덱이 배치된 구심적 구성에서 골목을 둘러싸는 식으로 더욱 유동적으로 구성했다. 사람은 3층 높이로 뚫린 외부 공간을 오르내리면서 직접 자연을 접할 수 있다. 물리적 협소함을 극복하고 복잡한 공간 구성으로 생겨 난 건축과 생활의 깊은 관련성, 자연과의 관련, 소재와의 접촉을 통해 삶의 본질을 묻고 살아 있다는 감각을 몸으로 직접 느끼는 건물이기를 바랐다.

건축화된 여백
1983

이 작업(「롯코 집합 주택 1기」(30))은 5년쯤 전에, 경사면을 택지로 조성하여 분양하고 싶다는 제의로 시작되었다. 대지는 완만한 경사면과 60도로 경사진 급사면으로 구성되어 있었는데, 급사면이 앞의 토지를 위압하고 있었다. 나에게는 택지 분양을 하고 싶다는 경사면보다 그 배후의 급사면이 더 강렬한 상상력을 불러일으켰다.

야생의 수목으로 뒤덮인 급사면은 건물이 지어지기를 거부하는 듯한 준엄한 인상을 풍겼다. 그러나 그곳에 건축물을 짓는 어려움만 극복할 수 있다면 집합 주택으로서는 더할 나위 없이 좋은 자연과 조망을 갖추었다고 생각했다. 앞으로 이곳에서 펼쳐질 생활의 이미지가 확실하게 그 윤곽을 드러내기 시작했다. 이전에도 급사면을 이용한 집합 주택을 계획한 적이 있었다. 자연과 일체화하여 거주자의 귀속 의식을 환기하는 집합 주택을 목표로 했지만, 법적 규제와 경제적·기술적 문제들을 해결하고 보니 도시 주변에서 흔히 볼 수 있는 평범한 맨션의 형태를 취할 수밖에 없어 단념했다. 일본에서는, 도시 주변의 계단형 조성지에서 볼 수 있는 자연을 무참하게 깎아 내 계단 모양으로 만드는 방법을 취하지 않고서는 사람이 모여 살 택지를 만들기란 불가능해 보였다. 그러나 이를 계기로 건물과 자연의 관계를 다시 한 번 물으려고 해왔다. 이전의 일이 떠올랐고 다시 찾아온 어려움에 맞서고 싶었다. 내가 생각한 처음의 이미지를 실현하기 위해 문제를 해결해 나가자고 생각하면서 경사면을 올랐다.

경사면은 오사카 만에서 고베 항까지 한눈에 내려다보이는 높은 장소에 있었다. 그곳에 서 있으니 바람이 불어 가는 것을 느낄 수 있었다. 이 녹음을 파괴하고 싶지 않았다. 자연 속에 묻힌 듯이 고요히 숨 쉬는 건물을 머릿속에 그리기 시작했다.

이미지를 밀고 나가 구체적 형태로 만들기 위해서는 다양한 제약을 극복해야 한다. 당연한 일이지만 법, 경제적 제약, 기능적 요구를 받아들이고 디자인에 적합한 기술을 생각하고 사회의 복잡한 시스템을 극복해야 한다. 그것들을 상세한 데까지 파악하면서 자신의 상상력을 최대한 살려 조직하고 구상하지 않으면, 애써 얻은 이미지를 실현도 못해 보고 끝나든가, 실현한다고 해도 여러 곳에서 타협의 흔적이 보이는 왜곡된 것이 되고 만다. 우리 건축가에게는 자신이 가진 생활상을 포함한 종합적인 구상력이야말로 불가결한 것인 동시에 오늘날 가장 부족하기 쉬운 것이기도 하다. 여러 가지 어려운 문제가 있다면 기필코 해내고자 하는 열의와 구상력이 있어야만 타개할 수 있다.

건물을 녹음이 짙은 주변 환경에 융화시키기 위해 높이를 억제하고, 경사에 맞춘 형태로 토지에 묻으려고 생각했다. 10층 높이로 적층되어 있지만 규제는 10미터 이하로 제한되어 있었다.

경사면에 완전히 맞추고 안전성을 확보하기 위해 대지를 포함해 주변까지 광범위한 지질조사를 면밀히 시행했다. 또한 집합 주택의 새로운 존재 방식으로서, 길에서 각 세대로 직접 들어갈 수 있도록 계획했다. 보통 일본의 집합 주택은 대지 안에 발을 들여놓는 순간 길을 상실한다. 공과 사의 서열이 없는 통로에서 각 세대의 현관으로 들어가는 것이다. 통로는 열쇠로 잠그면 인간관계를 완전히 차단해 버린다. 이 계획에서는 건물 외부의 길을 내부로 침투시키고, 그것을 축으로 하여 각 세대를 구성했다. 공용 공간과 각 세대의 현관을 연결하여 독립주택이 연속되는 집합 주택을 만들려고 했다.

일찍이 노상은 이웃들 사이의 공동 공간이었다. 서구의 광장처럼 시민이 모이는 중심 장소가 아니라 건물과 건물 사이를 깁듯이 생긴, 생활과 긴밀히 뒤얽힌 곳이었다. 길 즉 골목은 건물의 외벽으로 둘러싸여 연속된 옥외의 방이기도 했다. 공공 공간이기는 해도 사적 공간과 결부되어 있었다. 길과 주택의 친밀성을 되찾기 위해서는 통로가 폐쇄된 복도의 모습을 보여서는 안 된다. 건물 안을 돌면서 각 세대의 생활을 느낄 수 있도록, 즉 공과 사의 상호 침투로 통로가 활성화되어야 한다. 길을 매개로 하여 모여 사는 모습을 새로운 형태로 복원하고 싶었다. 그것과 함께 건물의 여백에 적극적인 의미를 주고 싶었다.

「스미요시 나가야」(13)나 「구조 상가」(37)에서 그 원형이 보이는 주택의 중정은 건물 안의 여백이라고 할 수 있는데, 집합 주택의 경우에는 안과 밖의 여백 모두 문제가 된다. 대지 안에서는 건물이 여백을 지배하려고 하지만 동시에 건물은 여백으로부터 지배를 받기도 한다. 건물이 자립하여 개성을 갖기 위해서는 건물만이 아니라 그 여백 자체가 자신의 논리를 가져야 한다. 명확한 의도 아래 생겨난 빈틈이나 구조화된 틈새가 부분의 집합에 축을 부여하여 건축화된 여백을 살릴 수 있게 한다. 그때야 비로소 건물과 여백이 서로 촉발하면서 대지 전체가 하나의 커다란 자력을 가진 장이 된다.

여기서는 5.8미터×4.8미터 유닛unit의 집합으로 건물을 만들고, 단면으로는 경사면에 맞추고 평면으로는 대칭을 기본으로 하면서 빈틈을 둠으로써 의도적으로 여백을 만들었다. 그것들은 테라스 공간이나 광장, 계단이 되어 서로 호응하면서 건물 전체를 연결하는 역할을 한다. 유닛을 경사면에 따라 어긋나게 쌓아 올려 각 세대에 테라스를 만든다. 각 세대는 테라스를 중심으로 자연과 융합된 생활을 해나간다. 폐쇄된 개인 생활의 장으로서만이 아니라 옥외 생활의 장으로서, 다른 테라스에서 휴식하는 사람들과도 시선을 나누게 된다. 중심에 배치한 계단탑은 계단참이 한 층마다 세트백setback[*]하여 시계에 변화를 주고, 동시에 테라스에 있는 사람들과 만날 가능성을 제공한다.

자연과의 관련도 커다란 테마가 되었는데, 주위의 녹음이 건물 내부로 스며든다. 콘크리트의 기하학적 형태가 인위성을 주장한다. 그 주변에서 자연은 한층 빛나면서 실재감을 높인다. 건물 주위에서 밀려드는 이 녹음에 대해 양쪽의 드라이에어리어dry area[**]를 다용도실utility room로 만들어 완충 지대를 형성했다.

[*] 건물이 아래층에서 위층으로 올라감에 따라 순차적으로 후퇴하여 그 외관이 계단 모양이 되는 것.
[**]일본식 영어로 지하실이 있는 건축물의 외벽에 접한 마른 도랑. 지하실의 방습이나 통풍, 채광을 위해 만든 공간이다.

60도의 급사면을 상대하면서 다양한 의도와 제약을 안고 가기란 어려운 일이었다. 이제 이 건축물이 복잡하게 뒤얽힌 요인 사이에서 균형을 잡고 고요하게 자기주장을 하면서 계속해서 자립된 모습을 보여 주기를 원한다. 공사를 위해 제거한 암반에도 곧 녹음이 회복될 것이고, 원래 산 표면을 덮었던 자연이 건물을 푹 감쌀 것이다.

저항의 요새 Bulwark of Resistance
신건축주택설계 공모전 과제 **1985**

1. 당신이 저항하고 맞서야 할 상황이란 무엇인가? 그 상황의 한복판에서 저항의 거점이 되는 주택을 설계하라.
2. 장소의 선택은 자유이다. 다만 사진 등의 시각적 수단으로 설명할 필요가 있다. 이는 당신이 저항하고 극복해야 할 상황을 표현한 것으로 간주한다.
3. 특별히 규모에 제한은 두지 않지만 너무 극단적인 설정은 피해야 할 것이다. 그곳에서의 생활은 당신 자신이 상상할 수 있는 것이어야 바람직하다.
4. 구조, 재료 등은 평가의 대상이 아니지만 건설 가능성은 고려해야 한다.

누구나 우리를 둘러싼 상황과 우리 자신 사이의 깊은 균열을 느낀다.
우리에게 주어진 것은 어쩐 일인지 모두 기성복처럼 서먹서먹하다.
신체와 상황의 차이에서 생기는 이러한 초조함은 현대의 특징일 것이다.

저항은 이 초조함에서 출발한다. 모든 것의 출발점을 자기 자신 안에 두고, 강요에 자신의 시점으로 맞선다. 현대에서 저항이란 자신의 존재를 확인하는 가장 중요한 생활 방식이 되지 않을까?

근대 이후 보편화라는 현상이 전 세계에 만연하고 있다. 근대의 합리주의는 세계의 균질화·객관화를 꾀한다. 모든 대상은 기호화되어 조작 가능한 단위로 추상화되어 간다. 세계는 그때까지의 질을 잃고 측정되어 등질의 것이 되어 간다. 그것은 과학 기술의 진보를 촉구하고 고도로 유기적인 사회를 실현시켰다. 그 결과 지역성을 침식하고 확대하는 보편화 현상이 야기된다. 이 현상은 전 세계의 모든 지역을 비추고 그칠 줄 모른다. 보편화는 일종의 근원적 파괴를 유발한다. 그것은 근대화가 가진 기본적 시스템에서 야기된 숙명으로 보인다. 지역의 전통, 풍토 안에서 배양된 것은 배척되고 파괴된다. 각 지역의 고유성은 상실되고 전 세계가 동일한 상황으로 이끌리려고 한다.

보편화·균질화는 인간을 좀먹는다. 각자 다른 개성을 가져야 할 사람조차 계량 가능한 단위로 취급되고 추상화되며 개인으로서의 주체성을 포기하도록 강요당한다. 사람들은 복잡한 사회적·경제적 체제의 속박 속에서 점차 관리에 익숙해지고 의지를 상실해 간다. 그리고 결국에는 몰개성적이며 동일한, 무표정한 가면을 쓴 인간 무리가 출현한다. 그들에게는 상황에 대한 비판 정신이 없고, 당연히 뭔가에 맞서려는 기백 같은 것도 생겨날 리 없다. 많은 사람들이 엄청난 정보의 흐름에 몸을 맡기고 자신의 현실을 망각하려고 한다. 정보라는 허구 안에서 살며 현실에서는 자신이 찾으려는 주체성을 잃고 만다. 이러한 의지의 결여는 주거 공간에서 거주자 자신이 구축해야 할 서사성도 박탈하고, 그 결과 모든 것을 획일적이고 빈약한 것으로 만들고 있다.

 이러한 현상이 만연한 현대에서 각 개인의 살아가는 태도가 바로 문제가 될 것이다. 예컨대 일본에서는 서양과 동양이 기묘하게 뒤섞인 시기가 있었다. 사회적·경제적으로 대외적인 폐쇄가 풀려 건축에서도 대부분의 형태가 조적식(組積式) 구조의 전통에 기초한 서양의 것이고, 부분을 처리하는 방식에서는 목조 전통에 기초한 동양적인 건물이 많다. 기묘하기는 하지만 거기에 신비한 힘이 있는 것은, 일본의 직공들이 신체적인 것을 기반으로 하여 저항을 시도했기 때문으로 보인다. 또한 내가 지금까지 착수한 주택에서도 거주자 자신의 확고한 의지가 있을수록 밀도 높은 작품이 완성되었던 것 같다. 「스미요시 나가야」(13)는 정면의 폭 2칸, 안길이 8칸이라는 협소한 대지에 자연과의 접촉과 프라이버시의 확보를 꾀하기 위해 건물의 3분의 1을 중정에 할당했다. 건축가와 거주자에게 강요되는 생활의 혹독함보다는 주거 공간의 본질적 풍요로움을 기대하는 데 동의했기 때문에 그러한 건물이 성립될 수 있었다. 루시앙 크롤Lucien Kroll이 브뤼셀에 지은 주택단지는 대학 측에서 제시한 마스터플랜을 거주자인 학생들이 주도하여 구체화한 것이다. 근대건축에는 걸맞지 않은 외관을 가졌지만 거기에서는 생생한 힘이 느껴진다. 이는 그 안에 사는 거주자의 의지가 강력하게 반영되었기 때문일 것이다.

 나는 결국 고집스럽게 사는 것이야말로 창조성의 원점이 된다고 생각한다. 인간성을 회복하고 주거 공간을 풍요롭게 만들려면 자신의 현실에 눈을 돌려 상황에 입각하여 저항하며 살아가야 한다. 주체자로서의 의식을 자각하고 비판 정신으로 상황을 타개하려는 강한 의지가 필요한 것이다.

 다양한 현실이 존재하고 다양한 저항이 있을 수 있다. 농민은 농지를 떠나 살아갈 수 없다. 설령 그곳이 불모의 땅일지라도 토지에 집착하며 살아가려고 한다. 추위와 빈곤을 견뎌 온 사람은 바로 거기에서 자신의 생명력을 자각할지도 모른다. 거기에는 생활 기반에 대한 신체적 집착이 있고, 그곳에서 벗어날 수 없다는 포기를 결의로 전환시킨 강고한 의지가 있다. 또한 관리 사회에서 개인으로서의 존재를 추구하기 위해 저항하는 사람도 있을 것이고, 현대의 강대한 경제 논리에 저항하는 사람도 있을 것이다. 그리고 우리를 집어 삼킬 듯한 커다란 문화의 흐름에 저항하는 사람도 있을 것이다.

 그것들을 어떻게 건축화할지는 당신의 자유이다. 예컨대 사하라 사막과 아틀라스 산맥이 접하는 지역에 존재하는, 몇 개 안 되는 오아시스에 떼를 지어 모이듯이 생긴 카스바*에서는 가혹한 풍토이지만 그곳에서 살아가려는 사람들의 의지를 읽을 수 있다. 파올로 솔레리Paolo Soleri의 「아르코산티Arcosanti」**에서는 도시나 공동체에 대한 이념을 엿볼 수 있고, 거

---

* 아프리카 북부의 여러 아랍 국가에서 볼 수 있는, 술탄이 있는 성이나 건물, 나아가 그 주변 주거 지역까지도 이른다. 아랍어로는 본래 〈성새(城塞)〉를 뜻하며 알제리의 수도 알제에 있는 것이 특히 유명하다.
** 미국 애리조나 사막 위에 근 40년째 짓고 있는 환경 도시. 건축가 파올로 솔레리가 현대 도시의 초고층 건물의 낭비되는 공간 활용을 비판하며, 순환과 재생이 가능하도록 자연과 가깝게 하여 설계했다.

기에는 비판 정신이 담겨 있다. 그것은 도시가 형성되는 과정에 인간이라는 주체자를 직접적으로 관련시키는 일일 것이다. 미스 반 데어로에의 「판즈워스 하우스」에서는, 철과 유리가 가진 가능성으로 모든 것의 형태를 순수하게 만들고 싶다는, 추상 미학의 희구를 담은 주체자로서의 의지를 느낄 수 있다. 나아가 피터 아이젠만Peter D. Eisenman의 주택 작품에서는 생활의 기능이나 문화적 요소가 달라붙는 것을 거부하고 형태만을 추출하여 단순한 어휘와 문법에 의해 구성된 관념의 세계를 펼치려는, 일면에서는 부조리하다고도 할 수 있는 저항의 자세를 볼 수 있을지도 모른다. 1965년에 찰스 무어Charles Moores가 만든 「시랜치 리조트 콘도미니엄Sea Ranch Condominium, California」에서는 토속적 건축에 대한 집착을 기반으로 하면서도, 그것을 넘어 세련된 것으로 밀고 나아가려는 개척자로서의 의지를 읽을 수 있다.

이처럼 몇몇 예는 어디까지나 이미지를 환기하기 위한 것이지 이미지의 범위를 한정하는 것이 아니다.

어떤 사람은 뉴욕의 마천루 위에 저항의 요새를 구축할지도 모른다. 또 어떤 사람은 중세의 성벽 안에 틀어박히려고 할지도 모른다. 상황 속에서 무엇을 이룰 수 있는지, 그 상상력의 깊이를 묻고 싶다. 두 장의 도면에 어떻게 꿈을 그릴 수 있을까, 그것은 당신 자신이 살아가는 자세와 건축을 향한 열정에 달렸다. 기이함에 빠지지 말고 21세기에 대한 제안을 담았으면 한다.

자궁 없는 수태 — 또는 범용과 양식의 시대
신건축주택설계 공모전 심사 강평 **1986**

    현대는 〈창조〉라는 극히 개인적인 행위가 아이러니하게도 개인과 가깝지 않은 시대인 듯하다. 개인으로서 존재하고 감정과 의지를 가지고 생활하는 사람을 대중이라는 이름으로 한데 묶음으로써 개별성은 상실되어 간다. 이제 인간은 분석과 조작의 대상이 되어 계량 가능한 단위로 타락해 버렸다. 〈제작〉이라는 행위도 개인으로서의 특이성에서 조직으로서의 일반성으로 이행해 간다. 건축물의 창출에서 중요한 위치를 차지한다고 여겨지는 〈몽상〉과 〈광기〉는 배제되고, 그 지위는 〈양식(良識)〉과 〈범용〉으로 대체된다. 기점으로서의 〈개인〉이 부재한 것이야말로 현대의 특질일 것이다.
    이러한 시대에 창조란 무엇일까? 그것은 이미 〈자궁 없는 수태〉라고도 해야 할 불모의 기획에 지나지 않는 것일까? 현대란 비범한 고유성이 지루한 범용의 집적으로 이행하는 계절일까?
    나는 이 공모전에서 이중의 기획을 시도했다. 하나는 개인이 어떤 상황을 선택한다는 사실을 명확히 함으로써 현대라는 지평을 파헤치는 것, 또 하나는 그 상황에 대해 개인이 어떤 차원에서 저항하는가를 파악하는 것이었다. 건축 자체에 대한 물음은 그 안에서 떠오른다.
    구축과 상황의 틈에서 퇴색해 가는 개인이 진실로 주체성을 가지고 어떻게 상황에서 일어서는지, 그것이 내가 가장 묻고 싶었던 문제다. 지금까지 이 공모전은 항상 글로벌하게 상황을 부각시키고, 그것으로 시대의 방향을 설정해 주려고 노력해 왔다. 설정된 과제와 해답에 대한 평가에서 공통의 상황 인식을 만들어 내는 데 공헌해 온 셈이다.
    그러나 오늘날의 상황은 뒤섞이고 위계를 잃어 혼잡하며 인식을 하나로 수렴하기가 굉장히 어려워졌다. 표층으로 솟아오르는 다양한 움직임은 서로 싸우기만 할 뿐 지배할 만한 힘에 다다르지는 못했다. 그러나 〈건축이란 무엇인가〉라는 근원적인 물음이 무효가 되지는 않았다. 우리는 오히려 각자의 고유한 콘텍스트를 창출하도록 요구받고 있다. 이번 공모전을 〈저항의 요새〉로 정하고 모든 상황에 가능성을 열어 둔 것도, 그러한 인식으로 인해 콘텍스트 자체를 한정할 수 없다고 생각했기 때문이다. 나아가서는 각자가 고유한 콘텍스트를 창출하기를 기대했기 때문이다. 나는 상황을 설정하고 거기에 비평을 한다면 우선 비평을 하는 그 자신을 명확히 인식하리라고 생각했다. 비평이 창조적이고 창조가 비평적일 때, 창조자 또는 비평자라는 존재 자체가 그 상황에 바싹 다가와 관여할 것이기 때문이다. 따라서 만약 개인의 강력한 관여가 없는 경우에는 역으로 작품 자체의 빈약함이 드러날 수밖에 없다고 생각했다. 그러한 틀을 설정한 상태에서 나는 개별 작품이 제시하는 콘텍스트를 묻고 그 깊이를 살폈다. 결과는 보는 대로이다(『주택특집』, 1986년 겨울호 참조).

우선 물어야 할 것은 문제를 설정하는 방식이다. 바꿔 말하면 어떤 콘텍스트로 저항을 시도하는가라는 물음에서, 콘텍스트를 어떻게 보고 있는지가 심사의 포인트였다. 말할 것도 없이 문제를 설정하는 방식 안에 이미 해답의 싹이 있기 때문이다. 외부의 구속은 문제가 안 된다. 바로 문제 설정 자체를 물었던 것이다.

그러한 상황에서 일본에서 응모한 안은 해외에서 응모한 안에 비해 현저하게 취약해 보였다. 그것은 건축이 가져야 할 자율성을 지탱하는 콘셉트의 문제로 집약된다. 해외에서 응모한 대부분 안이 자신이 표현하려는 관념(또는 건축 자체)은 무엇인가, 그리고 그것을 어떻게 타자에게 전달할 것인가, 또는 가령 그것이 불가능하다고 해도 다른 표현 방식이 있는가라는 문제를 끝까지 파고들며 참가한 것으로 보였다. 프레젠테이션은 콘셉트를 밝혀 가는 과정에서 정리가 되는 법이다. 그렇지 않다면 기교의 문제에 그친다. 프레젠테이션과 거기에 붙은 코멘트를 보아도 해외에서 응모한 안은 그 목적을 재확인시켜 주는 것에 지나지 않지만, 자신의 작품에 대한 적확한 인식을 읽어 낼 수 있었다. 그러나 일본에서 응모한 대부분의 안에서는 그런 점을 찾을 수 없었다. 만약 찾을 수 있었다고 해도 매우 상식적인 관념에 그치고 말았다. 차이가 역력했다.

역시 건축은 구체적인 건축물을 만드는 단계에서는 다양한 사회적·경제적·법규적 또는 정치적 구속을 받는다. 특히 현대의 일본에서는 (외국의 여러 나라와 그다지 차이는 없겠지만) 경제 행위로서의 건설이라는 것을 빼놓고는 건축에 대한 이야기를 할 수 없을 것이다. 그러나 건축은 결코 외적 조건의 처리만으로 이야기할 수 없다는 것도 사실이다. 건축에 담은 자율적인 사상인 콘셉트는 오히려 그것들과는 무관하다고 해도 좋다. 건축가라는 것, 건축이라는 것을 파악하는 방법을 원리적으로 캐묻지 않으면 안 된다. 외적 구속만이 아니라 자기 자신에게도 파고들어 자신의 내적 구속을 골라낼 필요가 있다고 생각한다. 건축에서의 주체성 문제는 이 같은 사항들을 배경에 두고 이야기되어야 한다. 그러한 주체성이야말로 일본의 작품 대부분에서 현저하게 결여된 것이다. 이것은 일본에서 젊은 사람들이 자율적인 사상으로서의 건축을 생각하는 훈련을 해오지 않았다는 것, 그리고 현실에서 건축이 그저 일상의 격무에 쫓겨 단순한 경제 행위나 조건을 처리하는 일이 되었다는 데서 기인하지 않나 싶다. 주체적인 사상으로서의 건축 따위를 생각할 여유도 없이, 바꿔 말하면 자각적인 문제 설정도 하지 않은 채 문제 해결에만 쫓기고 있기 때문이 아닐까? 발견이 있는 건축이 아니라 실수가 없는 건축물을 짓는 것밖에 모르는 사회 조직에 휩쓸렸기 때문이 아닐까? 예컨대 그것은 학창시절에 그러한 주체적인 장을 갖지 못했기 때문인지도 모른다. 또한 배우는 쪽의 주체성 결여도 크게 작용했으리라 생각한다. 일본인이 응모한 안의 참상을 앞에 두고 나는 그런 기분이 들어 견딜 수가 없었다. 상상력의 자유로운 비상에 스스로 금지령을 내렸다고밖에 생각되지 않는다. 건축은 스스로를 깊이 관여시켜 철저히 파고들 때 그 자체가 의도를 넘는 결과를 가져온다. 자신이 먼저 설정했던 틀은 붕괴되고 뭔가에 의해 그때까지의 자신은 배반당하고 만다. 그리고 그것은 타자에 대해서도 동일하게 작용한다. 끝까지 파고든 건축은 도식으로 환원시켜 유형 속으로 넣으려고 해도 끊임없이 자신을 배반해 나간다. 작품이 가진 심오한 깊이란 그런 것이다. 일본인이 응모한 안의 대부분에서는 그런 것을 찾아볼 수 없었다.

극히 일부의 것을 제외하고 일본인 응모자 대부분과 해외 응모자의 안이 보여 주는 큰 차이는 구체적으로 상황을 파악하는 수준과 이미지를 비약시키는 방식 양쪽에서 드러났다. 그것은 단지 도면의 밀도나 테크닉의 문제가 아니라 사물을 보는 눈의 차이이다. 일본의 응모자가 파악하는 상황은 대체로 추상적이었고, 자기 자신과의 거리를 명확히 두면서 방향성이 분명한 것은 적었다. 문제를 날카롭게 포착하여 하나의 이미지로 결부시킬 수 없다면 그것은 상상력이 부족하다고밖에 말할 수가 없다. 지식을 채워 넣는 것도 좋지만, 그 지식을 자기 것으로 체화하고 독자적으로 끝까지 파고들어 해답을 끌어 내려는 자세가 필요하다. 주어진 문제의 해답을 유형으로 기억하는 것이 아니라 자신의 축적된 체험으로 문제를 발견하고 마음껏 상상력을 발휘하여 해결해 가는 훈련을 일상적으로 할 필요가 있다. 일본의 건축계를 지탱하는 교육의 한계도 생각하지 않을 수 없었다.

이소자키 아라타(磯崎新)가 심사했던 공모전 「우리 슈퍼스타들의 집」으로부터 딱 10년이 흘렀다. 당시 이소자키가 한탄한 일본의 건축 상황은 꽤 많이 변한 것으로 보이지만, 사실 그다지 변하지 않았는지도 모른다.

상황 인식과 이미지의 탁월함과 섬세한 표현 때문에 미국의 제임스 윌리엄슨의 안, 그리고 슈퍼스케일의 그리드로 사물을 관념적으로 조작하고 질서를 부여한 아름다움 때문에 소련의 모제 사일러의 공동 안이 최우수작으로 함께 뽑혔다. 다음으로 형태에 대한 압도적인 역량을 보여 준 이탈리아의 스테파노 조반노니+기드 벤추리니의 안, 그리고 현대 사회에 대한 방관자의 눈을 상징적으로 보여 준 소련의 브로드스키 알렉산더+위트킨 일리아의 안, 또한 도시의 갈라진 틈으로 들어가 평균화하는 도시의 힘에 저항하는 정공법으로 접근한 미국의 웨슬리 존스+피터 파우의 안이 우수작으로 선정되었다. 이 모든 안은 그 기저에서 독자적 상황 인식을 기반으로 하면서 아득한 이미지의 비상으로 강력한 설득력을 가진 작품으로 결정(結晶)되어 있다.

최우수작인 두 안은 처음에 응모작 전체를 훑어보는 단계에서 이미 강한 인상을 주었던 작품이다. 제임스 윌리엄슨의 안은 인용된 엘리엇의 시구가 말하는 현대의 사막, 지금은 도처에 편재하는 현대 과학문명의 사막 한가운데에 사는 성자(聖者)를 위한 주거이다. 연금술의 4원소인 바람과 빛과 대지와 물 각각을 위해 파빌리온*pavilion*[*]을 구상하고 그것들을 조합하여 주거로 만들고자 한다. 성자는 혹독한 자연과 대치하며 산다. 그러나 그 안에서 자연의 혜택을 느끼고 인간 본래의 생명력을 회복해 간다. 이는 현대인의 〈몽상과 휴식〉을 위한 집이다. 자연에 저항하고 또는 호응하는 주거가 현대 과학문명을 사막으로 바꿔 읽고 그것에 저항하는 철학의 기지라는 것을 보이며 강력하게 호소하고 있다.

---

* 여기서는 별관을 뜻한다.

모제 사일러의 공동안의 콘셉트는 건축에 대자연을 끌어 들인 명쾌하고 심플한 것이다. 현대 기계문명에 싫증나고 지친 사람들에게 〈순수한 물, 순수한 대지, 순수한 녹음, 순수한 아이디어를 주자〉고 작자는 말하고 있다. 앞의 안과 마찬가지로 자연을 제재로 선택하고 있으나 그것을 다루는 방식은 전혀 다르다. 전자가 자연의 위기 속에서 흔들리며 자연을 체득하려는 것에 비해 여기서는 자연을 슈퍼스케일의 그리드로 배치함으로써 현대의 혼돈에서 벗어나려는, 철저하게 지적인 접근 방식을 보여 주고 있다. 그리고 거기에는 독자적인 시정(詩情)이 감돌고 있다.

우수작인 스테파노 조반노니+기드 벤추리니의 안은 확정된 세계, 충족된 필연성의 세계에 대한 저항을 지향하고 있다. 전체에서 부분까지 관철된 날카롭고 세련된 형태와 예리한 공간이 발군이다.

마찬가지로 우수작인 브로드스키 알렉산더+위트킨 일리아의 안은 그 특유의 농밀한 드로잉과 함께 블랙유머의 재치로 가득 찬 것이었다. 여기서 거주자인 현대의 은둔자는 시끌벅적한 도시에 대해 이중적인 태도를 취하고 있다. 도시에 저항하는 주체를 이중성 안에서 파악함으로써 다른 안에서 볼 수 없는 면을 보여 주고 있다.

또한 웨슬리 존스+피터 파우의 안은 도시가 본래 가진 갈라진 틈을 도시 생산물의 구슬픈 말로인 폐품으로 충전하여 수많은 도시 유민에게 제공하자는 제안이다. 〈생산에서 폐기로, 다시 생산으로〉라는 아이러니한 이미지를 현대 도시의 평균화 속에 숨은 갈라진 틈의 거점으로 설정한 생생하고 상상력이 풍부한 작품이다.

이상의 다섯 개 안 말고는 어딘가 부족하여, 나에게 강하게 호소하는 힘을 가진 것이 없었다. 각각 도시나 사막 또는 바다에 거주의 장을 설정하고 다양한 제안을 하고는 있지만, 저항의 대상과 해결의 방법이 틀에 박힌 듯하고 그 틀을 뚫고 나가는 느낌을 주지 못했다. 착상이 재미있는 것이나 드로잉이 아름다운 것도 있었으나 〈개인〉으로서 자립하는 데까지는 이르지 못했다고 판단했다. 또한 〈요새〉라는 말의 직접적인 이미지에서 출발하여 조형한 것도 많지만 재고를 촉구하고 싶다.

현대 다실고(現代茶室考)
1986

묘키안(妙喜庵)의 다실 「다이안(待庵)」의 여러 가지 의장(意匠)에는 리큐(利休)가 살을 깎는 고통을 거듭하며 창출한, 사물의 궁극적인 모습이 담겨 있다. 최소한의 치수와 예민하게 엄선된 소재로 만든 다다미 두 장 크기의 공간은 강한 긴장감을 유지하면서 커다란 확장감을 보여 준다. 그리고 그 너머로는 옛 사람이 포착한 자연의 전체상이 떠오른다.

〈스키(數寄)〉의 정신에서 자연은 서양에서처럼 지배해야 할 대상이 아니라 친화 관계 안에 있어야 하는 것이었다. 그 안에서 사람은 사물 자체의 목소리를 듣는다. 사물이 이렇게 있고 싶다는 숨소리를 읽어 내는 것이다. 그 모습은 유일하고 절대적이며, 사람은 자신의 모든 것을 기울여 그곳에 도달하려고 한다. 사물 안에 비치는 자연이 언제나 최대의 테마였다.

낮은 처마 끝, 튀어나온 툇마루, 이것들을 미묘하게 그러모으고 이완된 풍경을 잘라 내 긴장된 구도로 다시 만든다. 햇빛을 듬뿍 받고 있는 장지문, 뜰을 가르는 담장이 안과 밖을 나누면서 잇는다.

이러한 기법들은 유기적으로 변화하는 자연을 독자적으로 추상화하여 표현한 것이었다. 그것과 마찬가지로 스키야(數寄屋)*의 로지(露地)**는 독립된 하나의 세계를 구성하기 위한 장치로서 기능한다. 그것은 외부 세계에서 다실이라는 별세계에 이르는 진입로인 동시에 안과 밖의 공간을 가르는 결계(結界)***이기도 하다. 로지는 이어지면서 분리된다. 그리고 다실은 더욱 적극적으로 그곳을 다른 것에서 격리하는 장치이다. 다실의 극한적 협소함, 될수록 빛을 억제한 어슴푸레함, 일본의 가옥에서는 드문 폐쇄성, 니지리구치(躙口)****라는 특이한 입구 등 모든 것이 일상 공간과의 격리를 의식하게 한다. 또한 사용된 모든 재료가 그 양감(量感)을 없애고 추상화한 끝에, 극한의 격리로 사물의 본질인 자연 전체가 번뜩인다. 그러나 폐쇄된 공간에서 무한을 볼 수 있게 하는 것은 미적 감성이다. 나는 차의 공간이 가지는 이러한 특성을 미적 감성에 의지하고 그 정신을 계승해 현대에 되살리고 싶다.

이 두 개의 다실은 몇 년을 사이에 두고 지었다. 한쪽은 「소세이칸(双生觀)」이라고 명명한 주택의 증축(9x)인데, 기존 부분에서 콘크리트의 볼륨감이 강조되고 자기주장이 강한 형태를 띤 데 비해 다실은 평평하고 매끈하게 마무리한 콘크리트 벽으로 구성된 단순한 외관이다. 내부 역시 바닥, 벽, 천장과 함께 노출 콘크리트가 기본이다. 또한 한쪽은 목조 나가야에 증축한 다실(54)이다. 외부에서는 그 존재를 짐작할 수도 없다.

* 정원 안에 독립적으로 지은 다실. 다실 건축의 기법이나 의장을 도입한 일본식 건축으로 자연 소재 그대로의 느낌을 살린 재료의 조화, 섬세한 의장 등이 특징이다.
** 다실에 딸린 정원. 자테이(茶庭)라고도 한다.
*** 성스러운 영역과 속된 영역을 나누고 질서를 유지하기 위해 구역을 제한하는 일.
**** 다실의 작은 출입구.

이 다실은 바닥, 벽, 천장 모두 주요한 소재로 참피나무 베니어를 사용하고 있다. 둘 다 기존 부분을 통과하여 다실로 다가가 내부로 이어진다. 이 기존 부분이 별세계인 다실로 가는 통로이며 결계인 로지 역할을 한다. 그 통과 과정에서 태도가 차례로 변하면서 표현상의 배반을 경험하게 된다. 다실로의 진입 부분과 다실 본체의 공간을 둘러싼 바닥, 벽, 천장의 여섯 면에 설치된 몇 개의 장치는 단순한 기능을 의미 깊은 것으로 만든다. 그 의도는 극소 공간에 무한한 깊이를 준다.

콘크리트 다실은 에워싸인 다실 부분과 다시 그것을 둘러싸는 벽으로 구성된다. 그 벽들은 통로를 형성하고 또 다실 안으로 쏟아져 들어오는 빛을 억제하는 역할을 한다. 내부로는 커다란 철문을 열고 들어간다. 콘크리트 바닥에는 다다미가 깔려 있다. 정면 중앙에는 콘크리트 벽을 세우고, 그 배후로 불투명 유리를 설치했다. 높이가 다른 창에서 들어오는 엷은 빛은 바닥을 희미하게 비추고 천장에 깊은 어둠을 집중시킨다. 또한 콘크리트 선반이 중력에 저항함으로써 공간에 긴장감을 한층 더해 준다.

참피나무 베니어 다실은 더욱 작은 것으로, 규모는 묘키안의 다실「다이안」과 비교하여 결정했다. 이 다실로는 경사가 급한 실내 계단을 통해 들어간다. 전체는 지름 2,390밀리미터의 구(球)가 내접하는 크기이고, 그 아래로 육분원의 둥근 천장을 내려뜨리고 있다. 기둥과 보가 공간을 규정하고 있는데, 보의 높이는「다이안」보다 100밀리미터 낮게 했다.「다이안」이 니지리구치에서 바닥 높이로 들어가는 데 비해 여기서는 바닥 높이보다 아래에서 들어가도록 고려했기 때문이다. 하나의 벽면에는 발이 내려뜨려져 있어 바깥 빛이 복잡한 그림자를 비춘다. 참피나무 베니어의 따뜻한 질감이 콘크리트 다실과는 다른 공간 효과를 낸다.

두 개의 다실은 모두 단일한 소재를 중심으로 간결하게 표현되어 있다. 전통 형식을 따르지는 않지만, 공간의 입체 구성과 세부 곳곳에 흩어져 있는 제작 의도와 빛을 제어하여 명암의 분포에 변화를 줌으로써 다실의 본질을 현대에 되살리려고 했다. 간소하기는 하지만 단순하지 않고 인공보다는 자연을 존중하는 것이 자연의 소박함에만 머무르지 않은 하나의 세계, 물리적인 크기를 뛰어넘은 정신적 세계에 도달하는 것이 바람이었다.

추상과 구상의 중첩
1987

건축이 추상적인가 구상적인가라는 물음에 답하기란 어렵다. 왜냐하면 나에게 건축이란 구상성과 추상성을 동시에 포함한 〈사물의 존재 방식〉이기 때문이다.

〈추상〉이라는 말에서 뇌리에 떠오르는 것은 화가 요제프 알베르스Josef Albers의 「정사각형에 바친다」 연작이다. 거기에서 알베르스는 철저하게 정사각형의 〈묘사 방법〉에 도전했다. 그러나 그것은 단순히 구성의 변주를 체계적으로 추구한 것이 아니었다. 절대주의suprematism가 인간 감각의 절대 순화를 목적으로 삼는다면, 알베르스의 방법은 감각의 모호성을 허용하는 것이었다.

화가는 정사각형이라는 규칙에 자신을 한정하고 특유의 투명한 색채를 칠한다. 그때 관찰자의 감각은 작품의 완만한 진동과 확장을 느끼고 더 다양한 자유로 향하려고 한다. 나는 알베르스가 작품을 통해 이런 것을 의도했을 것으로 생각한다.

한편 나에게 건축에서의 구체성이란 건축의 육체성 또는 육체의 미로성이라고도 부를 만한 것이다. 이 말에서 떠오르는 것은 조반니 피라네시Giovanni Battista Piranesi의 판화집 『상상의 감옥』이다. 그 압도적인 박력과 비일본적인 공간 감각은 오랫동안 기억의 밑바닥에 잠들어 있었는데, 마치 에셔Maurits Cornelis Escher의 착시 그림 같은 피라네시의 꿈과 허구의 감옥은 나에게 바로 육체의 미로 이미지로 다가왔다.

나는 단순한 원이나 정사각형을 건축의 형태로 선택한다. 그리고 알베르스가 그 특유의 색채로 정사각형을 조작한 것처럼 나 역시 건축 공간을 조작한다. 또는 현상하게 한다. 그 결과 건축은 엄격한 기하학으로 구축한 극도로 추상적인 존재에서 인간의 육체를 지닌 구상성을 띤 존재로 이행한다. 그때 실마리가 되는 것이 미로성이다. 기하학적인 단순 형태를 미로처럼 분절하는 것, 바꿔 말하면 알베르스적 골격 안에 피라네시적 환상의 미로를 숨겨 놓음으로써 건축의 추상성과 구상성을 동시에 표현할 수 있지 않을까 하는 물음이 나의 큰 과제이다.

지금까지 나의 작업에는, 의식했는지 안 했는지와는 상관없이 이 주제가 마치 통주저음basso continuo* 처럼 마음속을 흐른다. 가장 초기의 「스미요시 나가야」(13)에서 그것은 아직 명확하게 의식되지 않았다. 그러나 직육면체의 단순한 추상적 볼륨에 자연을 도입함으로써 건축을 육체화하려고 했다. 「데즈카야마 하우스(마나베의 집)」(18)에서는 입구로 가는 통로의

---

* 저음에서 계속 연주되는 음.

동선을 사선으로 처리하고 개인 공간으로 가는 동선을 우회시킴으로써 주제는 희미하게나마 의식화되기 시작했다. 「고시노의 집」(31)에서 그 의식은 명확한 기법이 되어, 나란히 놓인 두 직육면체의 단순한 볼륨을 어떻게 하여 〈미로〉로 할 수 있는가에 작업이 집중되었다고 해도 좋다. 물론 건축에 자연을 끌어들이는 방법도 또 하나의 수법이었지만, 그것은 미로로 만드는 수법과 상승 작용하여 〈건축의 육체화〉에 기여한다는 사실이 명확하게 의식되었다. 현재 진행하고 있는 「롯코 집합 주택 2기」(59)는 이 방법의 집대성이라고 할 수 있다. 전체적으로는 정육면체의 그리드에 의한 단순한 볼륨에 지나지 않지만 그 안에 다양한 유형의 세대가 들어 있다. 이를테면 단독주택이 모여 미로 같은 거리를 구성하는 집합 주택을 만들고 싶다. 여기서 발표하는 주택(「기도사키의 집」(42)) 역시 같은 주제를 가진 작업이다.

　　대지는 도쿄 도 세타가야 구의 고급 주택지로 아직도 조용하고 한적한 환경을 지키고 있는 곳이다. 의뢰인 부부와 각자의 부모로 이루어진 세 세대를 위한 주택이다. 각 가족이 완전한 프라이버시를 확보하고 생활하지만, 전원은 친밀한 관계를 유지하며 생활할 수 있는 일종의 콘도미니엄이다.

　　건물 전체는 한 변이 12미터인 정육면체 볼륨과 대지의 모양에 따라 영역을 둘러싸는 벽면으로 구성되어 있다. 정육면체는 대지의 북쪽 및 남쪽에 여백을 남기며 거의 중앙부에 놓인다. 북쪽 여백은 세대로 들어가는 통로, 남쪽 여백은 중정이 된다. 둘 다 각 가족의 프라이버시를 확보하기 위한 완충 지대이자 생활의 중심을 이루는 장이다.

　　대지 앞쪽 도로의 완만한 경사를 따라 세운 벽은 안쪽으로 원호를 그리며 들어가 있어, 건물로 가려고 언덕길을 오르는 사람들을 끌어 들인다. 통로의 동선은 약간 폭이 넓은 계단에 의해 도로면에서 내려가는 방향과 좁은 계단으로 올라가는 방향으로 양분된다. 내려가는 동선은 부모의 주거인 1층의 앞뜰로 이어진다. 동서로 분할된 두 주거의 입구가 이 앞뜰에 면해 있다. 동쪽 주거의 중심은 2층으로 뚫린 거실이다.

　　이 거실은 남쪽 중정에 면하여 큰 개구부를 가졌고, 보이드 공간을 사이에 두고 2층의 부부 주거와 공간적으로 이어져 있다. 한편 서쪽 주거는 남쪽 중정을 동쪽 주거와 공유하고 있지만 또 독자적으로 도로 쪽으로도 채광을 위한 중정을 갖고 있다.

　　좁은 계단으로 올라가는 동선을 따라가면 부부의 주거로 들어가는 입구로 이어진다. 이 2층에는 테라스를 갖춘 거실과 식당 그리고 3층에는 침실과 서재를 배치했다. 또한 3층에는 한 변이 12미터인 정사각형 평면의 2분의 1이 콘크리트 벽면으로 둘러싸인, 프라이버시가 높은 옥외 공간이 있다.

　　북쪽의 앞뜰과 남쪽의 중정에는 예전에 이곳에 우거져 있던 것과 거의 같은 나무들을 다시 심었다. 이 건물에서 생활하는 사람들의 기억과 역사를 단절시키고 싶지 않기 때문이다. 나무들은 각각의 중정이나 앞뜰에 심은 담쟁이덩굴, 관목과 함께 햇빛과 바람이라는 자연 속에서 숨 쉬며 풍부하게 변하는 풍경을 낳을 것이 틀림없다.

오요도 다실 — 천막·베니어·블록
1989

오요도 다실을 만들었을 때 각 소재가 갖는 부드러움에 다시 한 번 마음을 빼앗겼다. 그것은 각 소재의 특성이라고 해도 좋을 것이다. 목재가 가진 보들보들함, 블록이 가진 까칠까칠한 차가움, 어쩐 일인지 나는 그것들을 다 살리고 싶어서 낡은 목조 건물을 개조하고 그 더그매에 「베니어 다실」(54), 「블록 다실」(55), 「천막 다실」(56)이라는 세 개의 다실을 만들었다. 또 앞으로는 기초의 사이를 파서 땅속에 매몰된 흙 다실을 만들어 보려고 한다.

    그것들을 다실이라고 부를 수 없을지도 모른다. 특히 천막 다실은 바람이 불면 날아가 버릴 정도로 작은 빨래 건조대 같은 것이다. 단순히 내 마음이 담긴 〈하나의 공간〉이라 부를 수도 있을 것이다.

    스키(數奇)는 건축에서 자유로 바꿔 읽을 수 있다. 그것은 하나의 세계를 완성하기 위해 수렴되는 형식으로, 〈양식〉과는 대조된다.

    바꿔 말하면 하나의 세계로 수렴할 수 없는 다양한 방향으로 각자 전개해 나가는 것이다. 양식은 필연적으로 무게를 갖는다. 그러나 스키는 개인의 주장, 즉 〈제작 의도〉를 갖고 표명된 것이다. 그 표명이 만들어 내는, 흔해 빠진 것으로부터의 차이는 〈가벼움〉쪽에 위치한다고 나는 생각한다. 이 가벼움이야말로 앞에서 말한 자유의 건축적 표현이다. 그 결과 스키는 모든 것을 최소한으로 잘라 내, 이른바 소박한 세계 속에 풍부한 내적 소우주를 만들 수 있게 한다.

    이 천막 다실에서 자유란 재료의 선택에 달려 있다. 여기서는 일본 건축에 일반적으로 사용되는 재료는 처음부터 고려하지 않았다. 철골·유리·천막이라는, 일본식 건축에서 보면 신기한 재료를 사용했다. 다만 평면의 안쪽 치수와 천장의 높이에서 5척 8촌이라는 일본 전통 모듈을 사용했다. 그것만이 이 공간에서 전통성을 간신히 유지하는 방법이다. 표층의 마무리가 아무리 낯설다고 해도, 무의식의 심층 구조처럼 일본인의 신체에 스며든 치수 감각이 공간을 지배할 것이기 때문이다.

롯코 집합 주택 2기
1991

「롯코 집합 주택 2기」(59)는 1978년부터 5년의 세월을 거쳐 1983년에 완성한 「롯코 집합 주택 1기」(30)의 인접 지역에 계획되었다. 대지는 고베 롯코 산(六甲山)의 남쪽, 오사카 만, 고베 항을 내려다보는 녹음이 짙은 경사면이다. 면적은 1기의 약 4배이다. 1기와 마찬가지로 60도의 경사지라는 자연 조건뿐만 아니라 사선 제한 등 법 규제에 대해서도 대응해야 했다. 주위 자연환경에 대한 영향, 사면에 대한 구조역학적 대응으로 인해 부피의 대부분을 땅속에 묻었다. 롯코 지역을 달리는 단층에 대한 구조상의 해석, 실제 공사에서의 어려움을 거쳐 자연의 한복판에서 그것과 풍부하게 교류하면서 사람이 모여 사는 장을 창조하려는 두 번째 시도이다. 구상은 1985년 프로젝트의 제안으로 시작되었고 9년이라는 세월을 거쳐 드디어 실현되었다.

이 「롯코 집합 주택 2기」에는 자연과의 다양한 만남과 공동생활을 하는 사람들의 다양한 관계의 장을 위해, 서로 다른 성격을 가진 세 개의 정원이 배치되었다. 즉 사회와 거리와의 관계를 유지해 주는 앞뜰, 1기와의 사이에 설치된 완충지대로서 주민이 모이는 광장인 중정, 계절마다 다른 꽃이 흐드러지게 피는 산책로가 있는 뒤뜰이다.

중정에는 1기의 거주자와 2기의 거주자가 함께 쓰는 뛰어난 전망을 가진 실내 수영장이 인접해 설치된다. 세 개의 정원은 각각 공용, 준공용, 사적 공간이라는 다른 성격을 가지고 있다. 여기서 각종 커뮤니케이션이 이루어진다. 그것들은 이 집합 주택에서의 공공생활을 여러 층으로 풍부하게 해준다.

한편 이 정원과 자연환경 속에 접히듯이 배치된 건물은 5.2미터×5.2미터의 정사각형 그리드를 겹쳐 구성된다. 비탈면을 따라 증식하는 그리드는 모여서 블록을 만드는데, 어긋나게 배치된 그 블록들이 전체를 형성한다. 이 방법은 단순한 요소의 조합이 다양한 차원에서 질서를 보이는 동시에 의외성 있는 공간을 창출해 변화를 생성한다. 삽입된 기하학과 지형 사이에 생겨나는 새로운 관계성은, 건물 내부에 자연을 제공할 수 있도록 여기저기에 열린 그리드의 여백과 함께 평면도가 다른 50세대의 주거에 각기 다른 생활 풍경을 제공한다. 여기서는 기하학 운동이 공동생활에서 사람들의 다양한 관계, 사람과 자연의 개방적인 관계를 형성할 수 있게 해준다.

「롯코 집합 주택 2기」는 1기의 계획에서 단순히 규모만 확대한 것이 아니다. 1기를 포함한 주변 지역을 대상으로 더욱 풍부한 주거 환경이라는 종합적인 발전을 목표로 하였다. 그리고 이 프로젝트는 더욱 전면적이고 또 창조적인 자연과의 관계를 구상하는 3기 계획으로도 이어진다. 자연과 사람의 관계를 재구축하는 이 시도는 사고와 실천이 지속되는 가운데 지금도 진행되고 있다.

도시의 공공성
1995

1월 17일, 출장 중에 런던에서 한신 지역을 덮친 지진 소식을 들었다. 텔레비전 뉴스가 나오는 화면에는 심상치 않은 재해 모습이 비쳤다. 예정을 변경하여 그날 비행기로 서둘러 오사카로 돌아왔다. 다음 날 오사카 덴포잔(天保山) 항에서 소형 배를 타고 고베 만 나카돗테이(中突堤)*로 향했다. 부두에 깔린 돌들이 대규모로 무너졌고, 항구 근처에 있는 옛 거류지의 건물들이 무참하게 쓰러져 있었다. 기와 조각과 자갈 속을 걸으면서 거의 폐허가 된 산노미야(三宮)의 피해 상황을 목격하고 망연자실했다. 피해는 해외에서 예상했던 규모를 훨씬 뛰어넘었다.

35년이 넘도록 고베와 한신 지역에 수많은 건물을 지어 온 나는 이제는 폐허가 된 익숙한 길모퉁이에 서서 건축을 직업으로 삼아 온 사람으로서 자신의 무력감에 기운을 잃고 말았다. 나를 포함하여 〈건축가는 아무것도 할 수 없었다〉는 생각이 통절하게 덮쳐 왔다. 천재(天災)는 막을 수 없는 것인지도 모른다. 그러나 도시를 덮친 이번 지진이 초래한 엄청난 재해를 조금이라도 더 막을 수는 없었을까?

오사카의 시타마치에서 자란 나는 젊은 날에 그 빈약한 주거 환경에 의문과 분노를 품고 건축가가 되려고 결심했다. 인간의 생활공간을 조금이라도 개선하고 싶은 마음으로 일에 몰두해 왔다. 이제 다시 그동안 내 나름대로 작업을 통해 계속 물어 왔던 도시, 건축, 인간과 자연의 문제를 종합적인 시각에서 생각하고 싶다. 이번 지진의 진원지인 아와지시마(淡路島)부터 피해가 컸던 롯코, 아시야(芦屋), 니시노미야(西宮)에 걸쳐 나의 작업이 집중되었던 점도 있어서, 이번 피해 지역을 생각하는 마음이 남다르다. 이미 30년쯤 전에 대규모 화재가 일어나 비참한 모습을 보였던 니시고베(西神戸) 나가타(長田) 구의 재개발 계획에도 참여했었다. 진정으로 도시와 건축을 그곳에 사는 사람들에게 되돌려 주기 위해 무엇을 할 수 있는지 진지하게 생각하고자 한다.

이번 지진으로 인한 엄청난 피해는 일본 전체의 시련이라고 생각한다. 국토의 도처에 활단층이 달리는 현실을 생각하면, 지진은 효고 현만의 문제가 아니다. 한 사람 한 사람이 자기 자신의 문제로 받아들이지 않으면 안 된다. 거듭 말하지만 대자연의 변화나 운동을 인간이 제어하거나 예측하는 것은 불가능하다. 그러나 그로 인한 재해를 최소한으로 줄이기 위한 노

* 고베 항을 대표하는 방파제 중 하나.

력을 게을리해서는 안 된다.

원래 일본의 도시 만들기에서는, 서구 도시에서 뚜렷하게 나타나듯이 도시 계획에 기초한 공적 공간을 만든다는 의식이 희박했다. 사람들은 경제에 이끌려 도시로 도시로만 빨려들 듯 몰려들었다. 질서 없이 확산되는 도시. 특히 이번 지진으로 엄청난 피해를 입은 시가지 대부분은 경제 발전의 가능성이 높아 과도한 투자가 이루어진 재개발 지역이다.

이러한 곳에서는 모든 것이 상업주의와 경제적 효율로 결정되고 공공성에 대한 배려는 거의 없다고 할 수 있다. 사람도 물건도 한곳에 집중되어 도시의 허용 능력을 훨씬 뛰어넘어 버린다. 급속하게 비대해지는 도시 안에서 상하수도나 전기, 가스 등 기본적인 부분부터 표면적인 개발이 진행되고, 산은 무참하게 잘려 나가고 강과 바다는 매립되고, 과중한 도시 기능과 교통망은 종횡으로 겹친다.

원래 공사(公私)의 경계가 모호하고 공공이라는 의식이 희박한 일본에서는 최소한의 법규도 지키지 않는 증축이 거듭되었다. 세분화된 사유지 사이로 도로가 구불구불 이어지고 자동차가 흘러 넘친다. 도시계획으로 생긴 광장이나 공원이 매우 적은 일본의 도시에서 가까스로 사람들에게 여유를 느끼게 해주던 빈터라고 할 수 있는 강과 신사(神社), 절의 경내조차 도시에서는 점차 사라져 갔다.

그래도 1960년대 중반에는, 특히 도쿄의 다이토(台東) 구를 중심으로 도시에 방재(防災) 거점을 만들기 위한 활발한 논의가 이루어져서 각 지방 도시에서도 안전을 중시한 재개발 계획이 세워지려 하고 있었다. 그러나 1970년대를 경계로 경제가 급속하게 발전했고, 이제는 도시에서 사람의 안전을 돌아보는 것보다는 경제적 효율에 맞는 도시 개발로 그 주안점이 옮겨지고 말았다.

또한 전후 민주주의의 발전이 개인의 주장을 확장시킨 일면도 있었다고 나는 생각한다. 토지에 대한 개인의 권리는 점점 더 강해졌고, 그것이 경제 합리주의와 일체가 되어 도시에서 여유를 빼앗고 말았다.

소비가 미덕인 풍조는, 상업주의와 결부되어 도시와 건축마저 소비의 대상으로 파악한다. 그리고 오랜 평화에 시야가 흐려진 현대인은 초과밀 도시에 사는 데 따르는 위험을 의식조차 하지 않고, 위험할 때의 관리 체제를 정비하지도 않은 채 안전이라는 가장 중요한 개념을 잃어버리고 말았다.

도시의 대동맥이라고 하는 수도, 전기, 가스라는 이른바 라이프라인*life line** 은 각각 독자적으로 깔리고 관리되는 것이 현 상황이다. 그러므로 이번 같은 엄청난 재해를 입으면 대응하는 데 품이 들고 피해자는 비참한 나날을 보내지 않을 수 없다. 경제 주도로 맹렬한 속도로 나날이 그 모습을 바꾸는 도시에서는, 도시의 생명을 관장하는 인프라와 라이프라인을 충실하게 하는 것보다는 취약해도 표면적으로 아름다운 도시를 만드는 것이 목표가 된 듯하다.

* 일상생활 기반 시설.

지금이야말로 도시에서 폭넓은 도로와 광장, 하천 등 방재를 위해 꼭 필요한 빈터를 획득하고, 안전성과 내구성이 높은 (사람들의 기억에 남을 수 있는) 시가를 만들기 위해 도시의 인프라나 라이프라인을 확립해야 한다. 이것들은 경계 없이 관민이 하나가 되어, 여유 있는 공동구(共同溝)*에 설치하는 것이 바람직하다.

정부나 자치체는 개인의 토지를 매입하여 방재의 거점이 되는 광장이나 녹지를 갖춘 튼튼하고 안전성 높은 공공 집합 주택을 건설해야 한다. 익숙한 동네를 떠나기란 힘들겠지만, 이번에는 애매한 부흥 계획을 세워서는 안 된다. 도시의 혈관이라고 할 수 있는 생명선을 철저하게 정비하고, 고속도로의 위치도 다시 한 번 생각해야 하며, 방재의 거점이 되는 녹지, 학교, 공원과 하천의 정비 등 도시에 공적 공간을 되살리기 위해서는 다른 장소로 이주할 각오도 필요하다.

동시에 평상시부터 위기관리 시스템의 확립, 지자체에 결정 권한을 주는 체제 만들기, 자가발전 장치 등 대체 에너지원 확보 같은, 재해 확산을 근본적으로 예방하는 국가와 지자체의 광범위한 공동 대처가 필요하다.

이번 기회에 개인이 지나치게 사적 권리를 주장하는 풍조를 개선하고 사람들이 서로 돕고 연대하며 안심하고 살아갈 수 있는 도시를 만들어야 한다. 매뉴얼에 의존하지 않고 각 도시의 자연 조건과 지세를 살린 방재를 생각하는 것도 중요하다. 도시나 건축물을 소비의 대상으로 생각해서는 안 된다.

또한 순식간에 소중한 가족을, 집을 그리고 직장마저 잃어버리고 어찌할 바 모르는 사람들이 희망을 가질 수 있도록 정부와 자치체는 시급히 그들에게 명확한 길을 제시해 주어야 한다.

재원 확보가 어렵다고 한다. 종래같이 그저 적자 국채를 발행하는 발상으로는 제대로 조달할 수가 없다. 우연히 한신 지역을 덮친 대지진과 거기에 따른 지진 피해이기는 하지만, 일본의 전 국민이 자기 일처럼 진지하게 받아들여야 한다는 관점에서 제안하고자 한다. 각 지방 자치 단체에 배분되는 정부 보조금이나 교부금을 올해에 한에서만 그 일정 비율(10퍼센트 정도)을 추렴하여 효고 현에 모아 주자는 것이다. 복구 지체와 그에 따르는 심각한 불황은 일본 전체에 파급될 것이기 때문이다.

도시가, 건물이 소실된다는 것은 단지 물리적인 의미에만 그치는 일이 아니다. 거기에서 살며 관계를 가져 온 사람의 모든 기억을 잃어버리는 일이다. 겹겹이 쌓아온 인생의 기억으로 이어진 친절함이나 따뜻함, 그리움 등 헤아릴 수 없는 정신의 상실을 의미한다.

문명의 취약함을 지겹도록 체험한 우리는 다시 한 번 원점으로 돌아가 인간과 자연을 함께 돌아보고, 도시를 재건할 때는 강인하고 안전한 도시를 만들려고 노력해야 한다. 복구를 너무 서두른 나머지 도시를 안이하게 만들어서는 안 된다. 너무나도 큰 희생을 치렀으니.

---

* 상하수도, 가스, 전력, 통신 등의 관이나 케이블을 공동으로 수용하는 지하시설.

인터뷰 — 생활공간과 콘크리트

다카구치 야스유키(高口恭行)

여섯 면의 노출 콘크리트 공간

다카구치   작년 가을에 헝가리 부다페스트에서 개인전을 열고 강연을 한 것으로 아는데, 반응은 어땠습니까?

안도   처음에 생각했던 것보다는 대단했습니다. 일본 건축 기술에 관심이 꽤 높아서 예상보다 많은 사람들이 찾아왔거든요. 공산권의 건축은 대부분 공장 생산으로, 단순한 패턴의 반복입니다. 그 때문에 획일적인 방향을 보이기가 쉽습니다. 저의 건축도 단순한 구성이 기본입니다만, 단순성 속에 복잡한 공간을 창출하려는 고민이 담겨 있습니다. 그런 지향성을 알 수 있도록 저의 작업을 패널화한 것인데, 헝가리 사람들도 건축의 구성 방식이나 거리와의 관련성을 탐색함으로써 새로운 공간의 창출을 느낀 것 같습니다. 강연에서는 제가 사회와의 관계 속에서 건축을 어떻게 생각해 왔는지 또 앞으로 어떻게 생각해 나갈 것인지에 대해 이야기했습니다.

다카구치   예전에 저에게 「스미요시 나가야」(13)를 보여 준 적이 있습니다. 도면이나 사진만 봤을 때는 상당히 혹독한 공간이라고 생각했습니다. 또 당시에 많은 사람들이 말했던, 비가 들이치는 중정을 중심으로 한 계획에도 문제가 있다고 느꼈습니다. 도저히 사람이 살 수 있는 집이 아니라는 이야기도 있었습니다. 그런데 실제로 가끔 비가 들이친다는 사실보다 그곳에 있는 공간이 초래하는 생활 전체의 가치가 다른 어떤 것과도 바꾸기 어렵다고 분명히 말한 거주자의 말이 인상적이었고 또 굉장히 흥미로웠습니다.

「스미요시 나가야」를 포함하여 지금까지 일관된 형태로 생활공간을 만들어 온 것으로 아는데, 이번에 교토(「마쓰타니의 집」(27))와 오카야마(「우에다의 집」(28))에 지은 두 집도 그런 흐름 속에서 생각한 건가요?

안도 일본의 건축이 오랫동안 소유하고 즐겨 왔던 것에는, 표면의 마무리나 은근한 정취 같은 장식적인 것이 많습니다. 저는 평소에, 일단 그런 것을 모두 버리면 어떨까 하는 생각을 해왔습니다.
이번에 지은 두 집은 바닥, 벽, 천장이라는 여섯 면이 개구부를 제외하고는 모두 노출 콘크리트로 구성되어 있습니다. 둘러싸인 면에 모두 콘크리트라는 재료를 사용함으로써, 공간이 가진 의미를 더 이상 문제 삼을 수 없는 데까지 몰아붙이면 어떨까라는 생각을 해보았습니다. 그것은 아마 여러 가지 문제를 낳겠지요……
용적은 연건평에 대한 높이의 관계로 결정되는데, 용적에 대해서는 어떤 벽면에 개구부를 얼마나 둘지, 개구부의 수와 크기와 위치의 관계는 어떻게 할지, 그리고 그 안으로 흘러들어오는 빛이나 바람 등의 작용은 어떻게 고려할지, 건축이 충분하게 공간으로 성립하려면 이런 것들이 중요하다고 생각합니다. 그리고 예전부터 그러한 공간 효과 안에 건축가 특유의 분위기 같은 것을 표현할 수 있으면 좋겠다고 생각해 왔는데, 이번 기회에 두 주택에 동시에 그런 방법을 써보았습니다.

다카구치 공간 구성을 말하자면, 교토의 「마쓰타니의 집」은 채광을 위한 중정을 사이에 두고 건너편에 방 하나가 있고 앞쪽에 식당과 테라스, 그리고 2층의 방 두 개로 구성되어 있어 비교적 이해가 쉽습니다. 그런데 오카야마의 「우에다의 집」의 공간 구성은 종래에 만들어 온, 채광을 위한 중정을 중심으로 하는 유형이 아닙니다. 내부의 상단, 중2층*은 무엇에 사용하는 공간인지 생각을 했습니다. 침대를 놓기에는 크기가 좀 이상하고, 신발을 신고 걸으면 머리가 닿을 정도거든요. 그런 공간 구성에는 이해하기 힘든 부분이 있는데, 어떻게 된 건가요?

안도 두 주택을 거의 동시에 의뢰받아서 당초에는 같은 건물 두 개를 지으려고 했습니다. 그러나 대지의 모양이 달라서, 보신 바와 같은 형태가 되었지요. 두 건물 모두 「스미요시 나가야」 계열에 속하는데, 핵심이 되는 중정에서 모든 방으로 연결되는 구성을 취했습니다.
「우에다의 집」은 사실 증축할 예정이 있는데, 앞뜰 쪽에 두 개의 좁고 긴 방을 증축할 겁니다. 이미지 스케치는 이미 그려 놓았습니다. 이것도 중정에 면해 양자가 대치하는 형태인데, 이것으로 하나의 생활이 성립하리라 생각합니다.
주거는 무엇보다 마음이 편안해지는 장소, 정신적인 장소라는 느낌을 갖고 있습니다. 그런 기준점을 갖는지의 여부가 중요하지 않을까 싶습니다. 예전에 생활공간의 상징화라는 말을 한 적이 있는데, 그런 장소가 중심에 있어야 한다고 생각합니다. 이 두 개의 주택에서는 채광을 위한 중정이 그런 역할을 하리라 봅니다. 이 안에서 가꾸는 일상생활이 지나치게 흩어지지 않게 하기 위한 기반으로 삼고 싶었습니다.

---

* 보통의 2층보다 낮게 1층과 2층의 중간 높이에 만든 2층.

다카구치 「우에다의 집」의 보이드 공간이랄까, 중2층을 포함한 하나의 공간 볼륨, 이것은 종래 안도 씨의 주택에 없던 유형이라고 생각합니다. 그 볼륨에 무슨 특별한 의도라도 있습니까?

안도 「마쓰타니의 집」의 의뢰인은 화가이고, 「우에다의 집」의 의뢰인은 음악가입니다. 두 사람 다 대학교수인데, 「우에다의 집」에는 피아노를 놓았습니다. 그곳은 피아노를 연주하면서 뭔가를 창작하는 장소로서, 될수록 많은 용적을 확보하고 싶었습니다.

다카구치 「우에다의 집」을 봤을 때, 공간 배치를 전혀 알 수 없다는 느낌이 들었습니다. 어디서 자지? 그런 생각도 들었거든요. 부엌이나 화장실은 알 수 있습니다. 하지만 전체적으로는 잘 모르겠어요. 생활상을 결정하는 방식이라는 점에서 보면 상당히 혹독하다는 인상을 받았습니다.
제가 이해하기에 그 혹독함은, 안도 씨의 주택이 생활공간이라고는 하지만 보통의 판매형 주택과는 전혀 차원이 다른 공간 이미지를 표현하려는 데서 기인한 것 같습니다. 다만 굉장히 색다른 부분과 통상적인 부분을 잘 분리하여 계획을 짜는 것이 아니라 전체상으로서 그렇게 만들려고 한 게 아닐까 싶습니다. 다시 말해 거주자 자신의 생활 방식을 디자인한다는 느낌이었습니다. 그렇다면 가령 「우에다의 집」에 갑자기 들어간다면 과연 어떤 사용 방식, 대응 방식을 취해야 할까요? 특히 공간 배치라든가 어디를 무엇으로 사용하라는 발상을 했다면, 사용자가 그 방법을 처음부터 알기는 힘들다고 생각합니다. 어쩌면 거기에 전혀 다른 이미지라고 할까, 다른 생활 이미지가 있을 것 같기도 하고요. 안도 씨 안에서 그 생활상 같은 것의 이미지가 공간의 이미지보다 선행한 게 아닐까요?

안도 저는 기능과 공간을 동시에 고려했다고 생각합니다.

다카구치 그렇다면 이번의 두 주택에서 통상적인 개념에서 가장 많이 벗어난 것은 노출 콘크리트 바닥인 것 같습니다. 이번 주택에 노출 콘크리트 바닥이 등장한 것은 벽과 천장이 콘크리트라서 필연적이라는 생각도 들지만, 안도 씨의 경우에 벽은 이 고밀도 사회에서 자신의 영역을 잘라 낸 형태로서 큰 의미를 갖습니다. 그 때문에 우선 두 개의 벽을 세우자는 생각을 한 것 같습니다. 이 경우에 바닥도 동일한 의미를 갖나요?

안도 벽과 마찬가지로 바닥 역시 자신의 영역 설정이 목적이라고 할 수 있습니다. 또 하나는 콘크리트 바닥에 대한 나의 이미지는 생활이 절절하게 전해 오는 민가나 상가에 있는 봉당의 시멘트 바닥입니다. 그것은 제가 가진 생활공간의 원점 같은 것인데, 그것을 노출 콘크리트로 대용할 수 있다는 확신 같은 것이 있었습니다.
다만 그 바닥은 생활 기능에 적합하게 하기 위해 패널히팅 *panel heating**을 생각하고 있었습니다. 그러면 맨발로도 뛰어다닐 수 있습니다. 표면은 콘크리트라서 딱딱하고 차가운 인상을 주지만, 실제로 사람이 거기서 생활하면 굉장히 온화

---

* 마루, 벽, 천장 등에 파이프를 통하여 스팀을 보내거나 전열선을 통하게 하여 간접적으로 덥히는 난방의 한 방식.

합니다. 앞에서 이야기한 것처럼 이른바 용적에 대한 빛의 흐름 방식을 조작함으로써 따뜻해지고, 동시에 물리적인 면으로도 보충할 수 있다고 생각했습니다. 「마쓰타니의 집」을 보실 때 새시와 바닥 사이에 2센티미터쯤 차이가 있다고 했는데, 그것은 나중에 경제적으로 여유가 생겼을 때 패널히팅을 하고, 다시 한 번 콘크리트를 타설하기 위한 것입니다. 그 건물은 그 단계에서야 완결됩니다.

다카구치 딱 들어맞는 표현은 아니겠지만 하나의 해석으로서 말씀드리면, 예컨대 봉당 같은 콘크리트 바닥을 만들고 거기에 실험적으로 의뢰자를 살게 합니다. 그러면 봉당이 가진 굉장한 박력이 사람에게 작용하여 그 공간에 이미지화된 생활 같은 것이, 표주박에서 망아지가 나오듯 뜻하지 않게 생겨납니다. 건축가의 의지에 따라 생활이 규제된다는 식으로 해석할 수도 있겠는데요…….

안도 분명히 지금까지 저의 작업을 사진만 보고 판단하면 생활이 상당히 규제된다랄까, 생활하는 사람이 새로운 생활을 의욕적으로 만들어 가려 하지 않는 한 어려운 부분이 있다는 점은 충분히 알겠습니다. 저는 사람들이 생각하는 것만큼 강하게 규제한다고 생각하지 않습니다만 일면, 생활이라는 것은 그런 힘든 부분이 있고 평범한 면도 있다고 생각합니다. 요즘에는 일반적인 생활 속에 표면적인 모던함, 편리함 같은 것이 너무나 많아서 진정한 생활에 이르지 못하는 게 아닐까요? 저의 경우는, 우선 힘든 생활 속에서 어떤 새로운 생활을 끌어 낼 수 있는가를 보고 싶습니다.

또 한 가지, 주거에서는 질서감에서 나오는 생활의 격조가 중요합니다. 그런 질서가 사람을 상당히 규제하겠지만 그 사람에게는 일반적인 생활이 아닌 것이 길러지지 않을까 합니다. 이것은 건축가의 오만 같은 것이고 왜 사람의 주거에 그런 것을 넣을까라고 생각하겠지만, 어쨌든 저는 그런 생각을 갖고 있습니다.

기능을 추구하고, 기능에 다가가고, 그리고 다시 기능에서 멀어지고 싶다

다카구치 생활공간이라는 말은 굉장히 귀중한 단어라고 생각합니다. 그런데 생활이라는 말은 그 의미가 무한정하고, 공간이라는 말도 그렇습니다. 그것이 겹쳐 있으므로 맹인이 코끼리를 만지는 느낌입니다만……. 그때 거기서 떠올라야 할 생활이라는 것이 대체 무엇인가 하는 점에서 보면, 먼저 일본 고유의 생활이 전통으로 존재한다는 식으로 이해하면서 저는 세 가지 기준을 설정하고 있습니다. 그것은 종래 변하지 않았던 것, 지금도 그렇게 있고 아무래도 앞으로도 변하지 않고 그렇게 있을 것 같은 생활의 어떤 기준 같은 것, 그것을 언어유희처럼 음을 맞춰 하나(はな, 꽃), 하시(はし, 젓가락), 스아시(すあし, 맨발)라고 부르고 있습니다. 꽃은 이른바 꽃꽂이입니다. 현대생활 속에 여전히 남아 있는 자연과의 관계 같은 것이지요. 아무리 모던리빙이니 뭐니 하지만 집에서 밥을 먹을 때는 역시 젓가락으로 먹지 않습니까? 또 하나, 맨발이라는 것은, 그것이 보장되면 기모노를 입을 수

있고 앉을 수 있으며 아무 데서나 뒹굴 수도 있습니다. 그런 부분에서 제 나름대로의 생각을 말하자면, 비교적 좋은 수준을 보인다는 것이 안도 씨의 주택에 대한 저의 평가입니다. 그런데 이번에 처음으로 마음에 걸린 것이, 맨발이 닿는 노출 콘크리트로 된 바닥이었습니다. 즉 아무 데서나 뒹굴 수 없다는 점입니다. 그렇게 되면 뒹구는 것과 관련된 문화가 몽땅 부정되고 맙니다. 그것에 대한 답으로는, 앞에서 패널 히팅을 말씀하셔서 일단 납득은 가지만……. 제가 지금 말한 의미에서의 생활공간은 안도 씨의 생활공간이라는 말 안에 포함되어 있는 건가요?

안도 아니, 지금 말씀하신 것에 대해서는 저도 동감하고 또한 굉장히 중요하다고 생각합니다. 현실의 생활 기능에서 기본은 지키되, 건축을 현실의 기능에서 멀리 떼어 놓고 싶습니다. 다시 말해 건축이 얼마나 기능을 추구할 수 있는지를 확인하고 싶습니다. 그리고 그것을 추구한 결과 건축을 기능에서 얼마나 떨어뜨려 놓을 수 있는지, 그렇게 떨어뜨려 놓은 거리에 건축의 의미가 달려 있다고 생각합니다. 그래서 그것과 관련하여 이번의 두 주택에서는, 어떤 면에서 제 나름대로 기능을 상당한 정도까지 몰아갈 수 있었습니다. 아직도 일부 문제는 남았지만, 그럭저럭 그동안 생각해 온 것을 해볼 수 있었던 것 같습니다.

다카구치 떨어뜨려 놓는다는 말에 대해서입니다만, 그것은 지금도 앞으로도 변하지 않는 하나의 기본을 설정하고, 그것에는 맞추지만 그 외의 것에 대해서는 타협하지 않고 완전히 다른 방향으로 간다는 말입니까?

안도 모든 기능을 합리적으로 추구하면, 사물에 형태를 부여하는 순간이 나타납니다. 이는 객관적으로 말할 수는 없지만, 만드는 사람이 그 안으로 들어가 체험으로 만들어 가는 부분, 기능을 넘어 그것들을 직접적이지 않은 존재로 만들어 가는 것입니다. 그 한 점이 무엇인지를 말로 표현하기란 무척 힘듭니다.

또한 건축은 규정하는 것과 규정되지 않는 것으로 성립한다고 생각합니다. 규정하는 것이란 기능과 형태의 논리적 정합성을 철저하게 기하학적인 형태로 추진하는 것입니다. 규정되지 않는 것이란 한계점에서 성립하는 사물과 사물의 관계성 같은 것인데, 이를테면 그것을 탐색하는 것이 제가 말하는 떨어뜨려 놓는다는 말에 해당하는 것으로, 기능을 넘어서서 정신에 호소하려는 것입니다.

예를 들어 생활이 힘들어 보이는 것, 「스미요시 나가야」에서의 채광을 위한 중정은 사진으로 보면 상당히 불편해 보입니다. 그러나 생활하는 쪽에서 보면 그렇게 힘든 점과 동시에 뭔가 납득할 수 있는 점이 있습니다. 그것은 거기에 살기 시작하고 나서 몇 년쯤 지난 후에 쌓이는 이미지 안에서 만들어지는데, 이번에 본 두 주택에서 한가운데로 둘러싸인 부분은 아직 생활이 영위되고 있지 않기 때문에 아무것도 없습니다. 이곳은 시간이 지나면서 점차 그렇게 되어 갈 것입니다. 그런데 기능성에서 떨어뜨려 놓으려고 한 부분은, 사진으로 보면 항상 애매하게 느껴지기에 직접 보고 체험해야만 이해할 수 있습니다. 그래서 의뢰인에게는 설계 전에 여러 차례 보여 주고 서로 이해할 수 있게 된 다음에 일을 시작합니다.

다카구치 채광을 위한 중정이 내부 공간을 한정하는군요. 기능성에서 떨어뜨려 놓기 위한 하나의 계기로 보면 되는 건가요?

안도 그런 점이 꽤 많습니다. 이것은 항상 생활의 기점이 되는 곳이라고 생각하고 있습니다.

콘크리트는 균질하고 가볍게

다카구치 이번의 두 주택에서는 개구부를 없애고 안팎 모두 노출 콘크리트로 일관하려는 의지를 엿볼 수 있었는데, 그 콘크리트 벽면을 어디까지나 안도 씨 특유의 장치로 작용하게 하려는 것도 한편으로는 이해할 수 있었습니다. 사실 이것이 큰 문제라고 생각합니다.
제가 노출 콘크리트를 쓸 때는 무겁게 보이도록 한다는 일반적인 발상에서입니다. 콘크리트로 묵직한 기단 같은 것을 만들고 그 위에 아주 가벼운 지붕을 올리자는 생각에서 무거운 재료, 그 무게를 의식하게 합니다. 그런 부분은 안도 씨와 상당히 다른 것 같습니다. 안도 씨는 노출 콘크리트를 아주 주의 깊게 다루고 있습니다. 좀 더 구체적으로 말하자면, 일반적으로 기둥과 계단을 반드시 둥글게 하는데 안도 씨의 노출 콘크리트에서는 엄청난 노력을 거쳐 모서리를 각지게 한 흔적이 보입니다. 아주 뾰족합니다. 예리한 콘크리트가 소재에 대한 안도 씨의 생각이나 그것에 대응하는 기술의 표현이라고 생각되는데, 어떻게 생각하십니까?

안도 콘크리트가 묵직하게 보이길 원한다는 생각은 거의 없습니다. 될수록 가볍게 다루고 싶습니다.
한때 유행한 거친 콘크리트와 패널 하나하나에 분위기와 풍미를 주려고 한 것에 대해서는 상당히 부정적인 생각을 갖고 있습니다. 저는 콘크리트를 균질하게 마무리하고 싶습니다. 하나하나의 패널이 분위기를 갖지 않고 뭔가를 호소하지 않는, 다시 말해 콘크리트 벽이 존재감을 갖기보다는 그 벽으로 만들어진 공간이 뭔가를 호소하도록 하고 싶습니다. 될수록 벽이나 바닥의 질감 같은 것이 보이지 않을 정도까지, 좋은 공간으로 만들고 싶습니다. 그것을 위해서는 하나하나의 재료, 벽이나 천장 같은 건축 요소가 뭔가를 호소하지 않는 것이 좋습니다. 그래서 되도록 균질하게 하고 싶은 거지요. 그런 의미에서 바닥도 노출 콘크리트로 하고 싶었습니다. 어쨌든 공간이 뭔가를 호소하는 그런…….

다카구치 그 경우에 왜 콘크리트인가요? 그게 종이라면 안 되는 건가요? 현실적으로 안 된다는 것은 분명하지만 말입니다.

안도 우리는 이미지에 의해, 설사 보이지 않더라도 공간을 둘러싼 벽의 두께라든가 바닥의 두께를 무의식적으로 파악하고 있습니다. 그때는 두께가 상당한 문제가 됩니다. 지금의 저로서는 두께를 가진 균질한 재료 중에 쓰기에 가장 편한 것이 콘크리트입니다. 콘크리트는 그 안쪽에 숨어 있는 볼륨의 효과라고 할까, 깊이를 느끼게 하는 소재입니다. 균질하게 마무리하지만, 콘크리트의 두께가 주는 힘으로 공간의 의미가 바뀝니다. 그것은 인간과 물질의 관계 같은 것인데, 그 부분에 대해서도 흥미를 많이 느낍니다. 그런 점에서 대면하는 벽이, 설사 개구부가 없어서 그 단면만 보고 콘크리트의 두께를 알 수 없다고 해도 그 두께가 12센티미터와 18센티미터라면 느낌이 다르리라 생각합니다.
그러므로 이번 주택은 콘크리트가 아니라면 성립할 수 없었을 겁니다.

다카구치 예를 들어 「우에다의 집」에서는 중2층의 바닥슬래브나 벽의 두께를 알 수 있는 데가 있습니다. 그 두께는 얇다고도 할 수 있고 두껍다고도 할 수 있습니다. 비교적 중간쯤의 두께가 아닌가 합니다. 그런 부분은 어떻게 하고 싶는, 어떤 기준 같은 게 있어서 결정하는 건가요?

안도 벽의 두께와 마찬가지로 바닥에도 두께가 필요합니다. 그 두께에서 뭔가가 전해지거든요. 보이지 않는 것이 전해지는 거지요. 저는 그것을 알아 낼 수 있는 존재가 사람이 아닐까라고 생각하는데, 실제로 두 주택도 바닥의 두께에 대해 꽤 여러 가지 것들을 고려해서 정했습니다. 이것은 전체 공간과의 관련을 생각해서 정한 것입니다. 연건평과 두께의 관계는 높이나 용적, 그 위치에 따라 상당히 달라집니다.

다카구치 특히 두께를 결정하는 것은 비용의 문제이기도 하고, 노출 콘크리트로 하게 되면 표면의 마무리 문제와도 관련될 것입니다. 제가 한다면 아마 그렇게 딱 맞는 노출 콘크리트는 불가능하지 않았을까 하는, 극히 현실적인 문제가 있습니다.
특히 이번 두 주택은 콘크리트만으로 시공했기 때문에 설계 때는 치수 결정이 굉장히 큰 요소가 되었을 것 같습니다. 그 결정 방법에 안도 씨의 공간이 가진 비밀이 있을 것 같다는 생각도 듭니다. 치수를 조금만 달리 하면, 전혀 다르게 보이거나 의미가 달라집니다.
지금까지 여러 가지로 해온 작업 중에서 이 수치가 가장 좋다는 모듈 같은 것이 있다면, 그것은 가벼운가 무거운가 하는 것과 관련해서 나오는 건가요?

안도 제 건물에 모듈은 거의 없습니다. 두께를 결정하는 논리에서는 경제성이나 기능성이 거의 작용하지 않습니다. 경험적으로 배워 온 감성으로 결정합니다. 저는 그 감성에 대한 연구로서 일본의 건축이 갖고 있는, 표층적인 것이 아닌 공간의 비율을 이어받고 싶었습니다. 그래서 오랫동안 민가라든가 스키야 같은 일본의 건축을 봐왔습니다. 그런 과정에서 자기 나름의 치수와 비율에 대한 감각을 포착했다고 생각합니다. 그러므로 무척 일본적인 비율이 아닌가 하는 생각을 합니다.
치수를 결정하는 논리는 선택한 재료에 따라서도 달라집니다. 예를 들어 콘크리트와 나무는 전혀 다릅니다. 벽량 wall quantity[*]이 같아도 호소하는 것은 달라집니다.
치수는 기능적 또는 기계적으로 결정되고, 도면에서 체크할 수 있는 것에서 한 발짝 더 나아가 그것에 소재의 성격을 감

---

[*] 구조 계산에 사용하는 내력벽의 양을 산정하는 수량. 한 방향의 내력벽 길이의 합계를 그 층의 연건평으로 나눈 값.

안해 상대적으로 검토하는 것이 가장 좋다고 생각합니다. 아울러 소재의 질감과 중량을 염두에 두고 결정합니다. 공간에 대한 감성의 문제인데, 이를 결정하는 논리는 좀처럼 말로 표현할 수 없는 고유한 부분이라고 생각합니다. 말로 표현할 수 없는 이 부분을 얼마나 소유하는가가 건축가에게 중요한 문제가 아닐까 싶습니다.

도면상에서 성립하지 않는 것은 반드시 현장에서 문제를 일으킨다

다카구치 일반적으로 말하자면 콘크리트의 마감 상태는 거푸집을 떼어 낼 때까지 알 수 없다는 두려움도 있고, 무엇보다 질퍽질퍽한 것을 처넣어 굳히는 것이니까 생각대로 안 될 위험성도 꽤 있습니다. 그리고 비가 새거나 하면 큰일인데, 안도 씨가 아닌 어떤 사람이 그런 일을 쉽게 생각하고 흉내 낸다면 아마 생각대로 되지 않을 겁니다.
역시 정통한 기술이 뒷받침되지 않으면 콘크리트는 예정된 것을 말해 주지 않습니다. 특히 조금 전에 말씀하신 것처럼 가벼움을 표현하려고 할 경우, 굉장히 정밀도가 높은 기술이 있어야 합니다. 이번에는 예산이 적었다는 이야기를 들었는데, 그런데도 여전히 정밀도가 높았습니다. 뭔가 비법이 있습니까?

안도 저는 평소에 기술이란 원래 말로 표현할 수 없으며, 건축의 이면에 숨어 있다고 생각합니다. 그러나 현실적으로 기술이 없으면 자신이 생각하는 건축이 되지 않는다는 것도 사실입니다. 콘크리트라는 것은 물과 시멘트와 자갈의 혼합이고, 그 안에 철근이 들어가기 때문에 우선은 배합이 중요합니다. 그리고 슬럼프, 거푸집으로 사용하는 패널, 그것과 철근 사이의 간격, 철근과 거푸집 패널의 간격을 과학적으로 분석하고 조절해야 정밀도가 높은 콘크리트가 완성됩니다. 이번의 두 주택을 시공한 회사는 처음으로 일해 본 건설회사입니다. 그것도 아주 조그마한 건설회사입니다. 이전에 했던 노출 콘크리트 건물도 매번 다른 건설회사가 시공했습니다. 건설회사가 바뀌어도 거의 같은 수준의 정밀도로 완성됩니다. 즉 어느 수준까지는 과학적인 기술의 단계에서 해결할 수 있는 것입니다. 우리는 지금까지 해온 건축에 대해 몇 가지 데이터를 갖고 있습니다. 배합 데이터, 슬럼프, 철근과 거푸집의 간격, 철근 사이의 간격 같은 것 말이지요. 예를 들어 이 경우에는 물시멘트비는 55퍼센트이고 슬럼프는 180이며 철근과 거푸집 사이의 간격은 4센티미터가 바람직하다는 것처럼, 우리 팀 나름대로 축적해 온 기술을 바탕으로 콘크리트의 정밀도를 높이고 있습니다. 누가 한다고 해도 그 팀 나름의 데이터를 만들어 간다면, 그것은 더 이상 어려운 일이 아닙니다. 간단히 할 수 있는 일이지요. 건축가는 나름대로 자신이 표현하고 싶은 이미지를 갖고 있습니다. 다만 그 표현 수단인 기술을 갖고 있지 않으면 자신이 의도한 건축을 할 수 없습니다.
제가 상상하는 건축은 균질적이고 아름다운 콘크리트입니다. 그에 대한 기술은 매번 어떻게 하면 될 것인지를 추구해 본 결과입니다. 우리 나름대로 더 추구해 나간다면 정밀도가 한층 더 높아질 것입니다. 그러나 이는 우리가 표현하는 작업 안에서의 기술이지 일반적인 것은 아닙니다.

다카구치 이번에는 현장이 비교적 먼 곳이었기 때문에 많이 가보지 못했다는 이야기를 들었습니다. 그런데 오카야마의 주택을 시공한 분에게 들어 보니 도면이 무척 상세하게 그려져 있었다고 합니다. 작년 가을 오사카에서 열린 도면 전시회 등에서도 평판이 좋았는데, 시공하는 데 많은 도움이 되었다고 하더군요. 그리고 그것 외에도 여러 가지 지시가 편지로 왔고, 나머지는 전화로 연락하고 2주에 한 번쯤 보고하는 정도로 충분했다고 하더군요.
특히 「우에다의 집」은 노출 콘크리트로 4미터가 넘는 벽을 떡 하니 세웠습니다. 안팎이 노출 콘크리트이고 콘센트 등의 설비가 박혀 있어서, 일반적으로 말하면 꽤 어려운 작업이었을 것 같습니다. 그런데 도면과 그 밖의 지시로 순조롭게 진행되었습니다. 현장 사람들도 말했지만, 콘크리트에 대해 잘 알아야 나올 수 있는 지시였다는 게 무척 마음에 걸립니다. 어떤 종류의 지시가 그것을 가능하게 했을까요. 특별한 비법이라도 있습니까?

안도 콘크리트의 표면은 딱딱하게 마감되는 경우도 있고, 굉장히 부드러운 느낌이 나는 경우도 있습니다. 그것도 조금 전에 말한 슬럼프와 혼합비의 문제인데, 특히 슬럼프가 중요합니다. 슬럼프 값이 낮은 아주 단단한 콘크리트라면 타설이 쉽지 않습니다. 하지만 철근과 거푸집 사이에 간격이 있으면 그다지 어렵지 않습니다. 왜냐하면 벽 두께의 문제까지 포함하여 종합적으로 나오기 때문입니다. 조금 전에 말한 것처럼 벽 두께는 공간의 문제에서 결정하는 경우가 많기 때문에 기술과 공간에 대한 문제를 감안하여 결정할 필요가 있습니다. 자신이 표현하고 싶은 목적이 확실하지 않으면 좀처럼 성립하지 않는 문제가 아닐까 싶습니다.
조금 전부터 말하고 있는, 균질하게 하고 싶다는 것은 벽과 바닥, 벽과 천장 등을 상대적인 문제로 해야 한다는 것을 말합니다. 그래서 항상 도면을 평면도와 아이소메트릭도(圖), 천장 복도(伏圖)와 아이소메트릭도를 그림으로써 현장의 기술자와 설계자의 의도가 어긋나지 않도록 주의를 기울입니다. 예전에는 전개도와 각 입면도 등 일반 도면을 그렸습니다만, 그것만으로는 아무래도 의도가 제대로 전달되지 않습니다. 아주 최근에서야 상대적인 작도가 공사를 순조롭게 진행시키는 데 도움이 된다는 걸 알았습니다.

다카구치 얼마 전 의뢰자에게 공사 중의 공정표와 진행 상황을 사진과 색채로 구분해서 표시한 그림을 보여 주셨잖아요? 동시에 비용이 들어가는 것도 그림으로 그려서 보여 주었다는 이야기를 들었습니다. 그래서 정확한 도면과 그 밖에 필요한 서류를 건네는 일을 상당히 면밀하게 한다는 인상을 받았습니다만, 의뢰인과의 관계를 갖는 방법 역시 안도 씨의 방법론 중에 포함되어 있습니까?

안도 건축 설계는 표현이 필요한 다른 일과 달리 항상 의뢰인이 있고 시공자가 있습니다. 그리고 주위의 주민이 있는 가운데서 설계자는 경제를 기술로 치환하면서 일합니다. 그 과정에서 사람들과 무엇으로 이야기를 진행할지가 문제가 되는데, 그때는 도면을 통한 기술(技術)밖에 없습니다. 모형도 있습니다만, 기본적으로는 도면밖에 없습니다.

일본의 건설 기술은 아주 발달되어 있어서 설계자가 도면의 세부까지 그리지 않아도, 문득 생각나서 살펴보면 벌써 건물이 완성되어 있는 경우가 많습니다. 그런데 저는 시공도 중에서도 의장(意匠)에 관한 것은 철저하게 모든 걸 그려 넣습니다. 도면상에서 성립하지 않는 것은 현장에서 반드시 문제를 일으키거든요.

건축의 수준을 높이는 방법은 도면을 더욱 많이 그리고 더욱 밀도 있게 그리는 것밖에 없습니다. 그것은 의뢰인과의 대응 방식도 마찬가지여서, 모든 것을 공개적으로 철저하게 협의합니다. 삼자가 서로 자신의 입장을 지키면서 일을 해나가는 것이 기본입니다.

현장의 감리 능력은 담당자의 책임감에서 생긴다

다카구치 예전에 배근 검사 때 눈금이 새겨진 긴 자를 가지고 딱 쟀더니 현장 주임이 겁을 먹고, 아무 말도 하지 않았는데도 배근을 정확히 하더라는 이야기를 들은 적이 있습니다. 그런 일은 여전히 하고 있습니까?

안도 그렇습니다. 기본적으로는 감리 기술이 중요합니다. 시공은 수준이 다른 현장 근로자들이 각 부분에서 별도로 작업하니까 건축의 표현은 감리의 기술에 좌우되는 경우가 많거든요. 시공자의 현장 감독과 동시에 설계자의 감리 기술이……. 철근의 간격이 균등하게 들어가는지를 감리하는 것은 마감된 표면의 균질성과 관련된다고 보아도 좋을 겁니다. 그래서 슬럼프와 배합비가 같은 것을, 균질하게 배근된 철근 안에 주입합니다. 그래야 항상 마감이 동일하게 되거든요. 이치로 보면 그렇습니다.

더욱 세심한 주의력이 있다면, 저 같은 경우는 기술상의 것을 포함하여 작업을 해나가면서 건축의 본질에 다가가고 싶기 때문에, 표현의 문제와 기술의 문제를 분리하여 생각할 수 없는 겁니다.

다카구치 그런데 이번에는 그다지 현장에 자주 가보지 않았다면서요?

안도 결국은 담당자가 대신합니다. 담당자와 저 자신은 꽤 확실한 목적이 있기 때문에, 담당자가 현장에서 일어나는 부분적인 문제를 해결할 능력은 충분히 갖추었다고 생각합니다.

다카구치 감리 능력만으로는 해결되지 않고 역시 기술의 문제라고 들었습니다만, 그것도 정확히 파고들지 않으면 제대로 안 됩니다. 그런데 그것들을 완벽하게 해야 비로소 좋은 콘크리트가 완성된다고 한다면, 사람을 컨트롤하는 방법이 실제로는 콘크리트가 가볍게 보이는지, 각이 서는지 안 서는지 등 기본적인 것과 관련을 갖게 됩니다. 그렇게 되면 사람을 컨트롤하는 데 신경을 많이 써야 하겠지요. 실제로 그것을 할 수 있느냐의 여부에 따라 성패가 결정된다고 생각하는

데, 안도 씨와 동일한 목적과 주의력을 가진 스태프가 그것을 감리할 수 있게 되는 데는 나름의 방법이 있을 것 같은데요. 특별한 방법이 있습니까?

안도 그것은 제가 일을 추진하는 방법과 관련되어 있습니다. 하나의 건축물을 지을 때 한 사람의 스태프와 일대일로 처음부터 끝까지, 그리고 유지와 보수까지 포함시키고 있습니다. 만약 현장이 다섯 군데라면 다섯 명, 일곱 군데라면 일곱 명이 있는 시스템으로, 최근 10년간 그렇게 일해 왔습니다. 또한 하나의 일에 대한 전면적인 책임 소재를 분명히 하려 합니다. 그렇게 해야 각 담당자의 기술 수준도 향상됩니다. 감리 문제부터 모든 것을 포함하여 하나의 건물을 이른바 설계의 시작부터 공사 중, 나중의 유지와 보수에 이르기까지 하나의 흐름으로 추구해야 하니까 건축을 보는 눈이 상당히 밝아집니다. 그런 과정에서 건축에 대한 깊은 사고가 나올 겁니다.
어떤 시대든 건축물을 짓는다는 것은 짓는 사람의 사고의 깊이와 연관된 점이 많기 때문에, 하나의 작업을 통해 기술, 경제, 사회, 그것과 표현의 문제를 포함하여 공부가 될 수 있도록 하려고 합니다. 담당자에게 책임감을 갖게 하고, 문제를 해결할 때는 감각으로 말하지 않고 논리적으로 하나하나의 사항에 대해 다 말하게 합니다. 기술적 문제에 대해서도, 예를 들어 부드럽다는 말만 하는 게 아니라 슬럼프는 21이니까 부드럽다, 철근과 콘크리트의 패널 간격이 7센티미터니까 넓다는 식으로, 서로가 정확하게 의사소통할 수 있는 수단을 만들어 줍니다. 그렇게 함으로써 논리적인 점이 아주 명확하게 표현됩니다. 그런 부분까지 추구함으로써 자신의 생활 방식, 건축물을 짓는 방식이 어느 정도 공통된 형태로 나타난다고 봅니다.

다카구치 상당히 몰아붙인다는 이야기를 들었습니다. 안도 씨의 사무소는 상당히 무서운 곳이고 멍청하게 있다가는 단번에 날아간다는 각오로 일한다고들 합니다. 다시 말해 그렇게 몰리면서 일한다는 이야기를 들었는데, 그것 역시 한 가지 방법인가요?

안도 그럴지도 모르겠습니다.

저비용의 의미는?

다카구치 이야기가 비약되는 면이 있지만, 저비용에 대해 물어보고 싶습니다.
이번의 두 작품도 30평 정도로, 둘 다 비용이 800여만 엔쯤인데 평당 30만 엔이 안 되네요. 마침 건설성이 장려하고 있는 「하우스 55」가 몇 년 전에 500만 엔을 목표로 했잖습니까. 이번 모델이 완성되었고 비용은 850만 엔쯤 될 거라고 생각합니다만, 그것을 저비용이라고 부를 수 있을까요? 이번 건물이 콘크리트만 있고 텅 비었다는 것은, 잘라 버릴 것은 엄격하게 전부 잘라 버리고 완전히 콘크리트 덩어리로 만드는 방식을 통해 저비용으로 지었다는 견해도 있습니다만, 어떻게 생각하십니까?

안도 비용 문제만 갖고 모든 걸 콘크리트로 한 것은 아닙니다. 전 세계의 건축물 중에, 예컨대 산토리니에 있는 여섯 면이 하얗게 칠해진 벽이라든가, 모든 것이 돌로 된 것이라든가, 모든 것이 흙으로 된 것 등 자연 발생적으로 생긴 것 중에 동일 소재로 여섯 면을 뒤덮은 건축물은 그리 드물지 않습니다. 이번 같은 경우는 비용이나 기술면에서 그런 재료가 선택된 것이 아니라 저 자신이 의도적으로 선택한 재료입니다. 그것과 동시에 저비용이어야 한다는 조건이 있었을 뿐입니다.

비용 문제보다는 지으려는 공간에 어떤 의미를 부여해야 하는지를 모른다면, 저비용이라도 어쩔 도리가 없을 겁니다. 지금 일반적인 저비용 주거는 아무래도 그런 점이 빠져 있고, 그저 비용만 낮추는 데 역점을 두는 것 같습니다. 저는 그런 것에는 그다지 흥미가 없습니다. 표현과 기술의 관계성 안에서 저비용이라는 데에 대단한 의미가 있지 않을까요?

다카구치 결과적으로 싸게 지어졌을 뿐이지, 특별히 원가를 잘라 버린 것이 아니라는 말씀이네요?

안도 그렇습니다. 다만 될수록 저비용으로 하라는 것인데, 콘크리트 타설을 마치면 거의 모든 것이 완성되고, 거기에 새시와 유리만 넣으면 완성됩니다. 다시 말해 여러 기술자들이 투입될 필요가 없는 그런 건축물을 짓고 싶었습니다. 이번 같은 경우는 두 주택 모두 미장이나 목수가 필요 없었습니다. 몇 단계쯤 들어가는 그런 기술자들의 수고가 생략되었기 때문에 비용이 절감된 것인데, 특별히 건설회사에 싸게 해달라고 한 것이 아니라 아주 일반적인 비용이었습니다. 어쨌든 단일 소재로 동시에 완성하면 건설 기간도 짧아집니다. 경제성과 공정 감리는 직결되어 있어서 공정을 잘 구성하면 단기간에 완성되는데, 건축 비용도 가까스로 시간과 대응하게 되었습니다. 그러므로 이번의 비용은 일반적인 경제성에서 나온 비용이었다고 생각합니다.

다카구치 솔직히 평당 28만 엔이 보통이라고 한다면 두 손 두 발 다 들 수밖에 없습니다만, 역시 그런 의식은 앞으로 실현할 하나의 목표로서 나올 수 있을 법한 건가요? 작가를 떠나 사회적 차원에서 보면 굉장한 목표일 것 같은데요.

안도 지금 그런 목표는 없습니다. 저 자신이 추구하는 공간 이미지를, 어쨌든 앞으로 비용을 얼마나 내려서 만들 수 있을까 하는 것이 문제인데, 아직 상당 부분 내릴 수 있으리라 봅니다. 그때는 지금의 재료 문제, 기술 문제를 해결함으로써 가능할 것 같습니다.

도시 게릴라로서의 실천에서 생겨난 직업관

다카구치 안도 씨의 또 한 가지 특색이기도 합니다만, 안도 씨처럼 한군데에 많은 주택을 짓는 건축가는 드물 것 같습니다. 어떤 의미에서 건축가는 거주자와 그 이웃들에게 호감을 얻는 경우가 그리 많지 않은데, 안도 씨의 경우는 사진으로 보는 인상이나 설명하는 어조와는 반대로 그렇지 않다는 인상을 받습니다. 예컨대 데즈카야마 지구와 같은 경우에는, 서로 가까운 곳 여기저기에 건물이 지어져 있습니다. 거주자의 지지를 받으면서 일을 계속 해온 게 아닌가 합니다. 그것이 어쩌면 꽤 오래전에 말한 도시 게릴라라는 것과 통한다는 느낌도 듭니다. 즉 여기저기에 쐐기를 박고 거리가 완성되어 가는 과정에 건축가가 큰 영향을 미친다는 생각이 들었습니다. 거리가 완성되기 위한 모델, 알기 쉬운 예를 들자면 교토의 상가가 그렇습니다. 비슷하게 설계된 건물이 쭉 늘어서 있습니다. 그런 건물밖에 지을 수 없었다는 점도 있고, 또 반응이 꽤 좋았기 때문에 다들 흉내를 냈다는 견해 등 여러 가지 평가가 있는 것 같습니다만, 어쨌든 비슷한 유형의 건물이 계속 늘어 갔습니다. 안도 씨의 경우에도 도시 주택의 모델이 된다는 의식이 작용한다고 봐도 되는지요?

안도 그런 점이 꽤 있을 겁니다. 될수록 건축의 의도를 구체적으로 전하기 위해 하나보다는 둘, 둘보다는 셋, 그 안에서 건축과 거리의 관련성을 근거로 하여 건축의 사회성 같은 것을 발언해 나가고 싶습니다.
건축과 거리의 관련성에서 말하자면, 저의 경우 연속적으로 짓는 것이 의도를 전달하기가 쉽습니다. 지금까지의 예에서 보면, 공사 중이거나 완공된 건물을 보러 온 주변 사람이 몇 번 더 보고 나서 의뢰하는 경우가 많았습니다. 데즈카야마 지구의 경우, 실제로 예전의 생활과 상당히 다른 생활 형태인 게 분명하니까 몇 번 와서 보고 그래도 원한다면 의뢰를 하라는 식으로 말하여 진행했는데, 「스미요시 나가야」 이래 그런 식으로 그 근처에 대여섯 채의 집이 늘어서게 되었습니다.

거리와 건물의 관계 그리고 건축 자체의 내부 문제에 대해 건축가가 그 지역에서 계속 건물을 지어 감으로써 비로소 건축가라는 직업관 같은 게 나오는 것 같습니다. 현재 직업으로서의 건축가라는 것이 이러저러한 데서 이야기되고 있습니다만, 저 역시 완성된 건물로 직업관을 가질 수 있는지의 여부가 중요하다고 생각합니다. 데즈카야마 일대에 앞으로도 몇몇 건물이 늘어설 것으로 생각합니다만, 그것으로 비로소 건축가란 이런 일을 한다고 표명해 보고 싶다는 의식은 있습니다.

원풍경 그리고 오사카의 주택

다카구치 안도 씨의 경우, 마치 화가가 그림을 그리는 것처럼 형태를 결정한다는 이야기를 얼마 전에 들었는데, 그게 무척 재미있다고 할까, 아아, 역시 그렇구나 하는 느낌이 들었습니다. 그러나 실제로 설계를 진행할 때 항상 〈무(無)〉의 상태에서 형태에 대한 대응관계를 계속 갖고 있는지, 굳이 말하자면 무슨 척도가 되는 게 있지 않습니까?
저는 주택을 보거나 평가하려고 할 때, 또는 주택을 설계하려고 할 때 고려하는 하나의 척도가 있습니다. 제 나름의 척도를 말하자면, 그 장소에서 죽는다고 했을 때 하나의 드라마가 될 수 있는가 하는 것입니다. 여기서 죽어도 좋을지를 생각해 보면, 아무래도 공단 아파트의 다다미 위에서는 죽고 싶지 않다거나 아무래도 그 사람이 설계한 주택에서는 죽을 수 없겠구나 하는 그런 생각이 듭니다. 천장에 매달린 조명기구는 혼이 구불구불 빠져 날아갈 때 아무래도 방해가 될 것 같다든가, 복도라든가 보이드 공간을 생각하는 경우에도 죽어서 영혼이 휙 빠져나가는 통로로서 어울리는가 어떤가 하는 게 머릿속에 있습니다. 그런 의미에서 안도 씨의 건물을 보면, 상당히 잘 빠져나가겠는걸, 죽을 수 있겠는걸 하는 생각이 듭니다.

예를 들어 원풍경, 원이미지라는 말을 사용합니다만, 그렇게 어렴풋한 것이 있어서 지금까지 계속 그런 일관된 이미지의 건축물을 부지런히 지어 올 수 있지 않았나 싶은데요. 그것은 제가 말한 것처럼 혼 같은 것으로 설명이 될까요?

안도 저는 오랫동안 오사카에서 생활하고 있습니다. 제가 사는 곳은 「스미요시 나가야」 같은 시타마치에 있는 집입니다만, 가능하면 거기서 죽고 싶습니다. 일단 앞으로 제가 살 집을 직접 짓는 일도 없을 것 같고, 어쨌든 저는 거기서 제 삶을 끝내고 싶습니다.

그곳은 평면적으로 세 부분으로 나뉘어 있고, 안쪽의 방은 뒤뜰에서 반사광이 스며듭니다. 앞쪽의 방은 현관의 작은 개구부에서 희미하게 빛이 들어옵니다만, 중앙의 방은 거의 빛이 없는 상태입니다. 한편 수평 방향에서의 빛과 2층에서 계단을 통해 굴절하면서 떨어지는 빛이 겹치는 부분이 일부 있습니다. 때에 따라서는 중앙의 방으로 빛이 들어가는 일도 있습니다만, 전체적으로는 어둠 속에 있는 집입니다. 거기서 체험한 빛은 제가 짓고 있는 주택과 깊은 관련이 있는데, 저도 모르는 사이에 그곳으로 돌아가 버리는 경우가 많습니다. 거기서는 근대적인 생활이 거의 없습니다. 예컨대 물을 끓이면 대체 어떤 경로로 배기되는지, 사실 배기 방법이 없는 집입니다만, 저는 그곳으로 돌아가면 어쩐지 둥지로 돌아온 듯한 느낌이 듭니다.

설계를 할 때는 항상 구체적 형태의 문제가 아니라 어쨌든 돌아갈 장소를 만들고 싶다는 느낌을 갖습니다. 일반적인 건축 교육을 받지 않은 저에게 그 집은 제가 건축과 관계한 모든 것이었습니다. 그러므로 아무래도 그것이 바로 제가 만드는 공간의 원점이라고 생각합니다.

다카구치 작품마다 이미지 스케치가 나와 있으니까 의도한 것을 분위기로는 알 수 있습니다만, 그때마다 테마를 바꿔 착수하려는 생각은 하지 않습니까?

안도 하나의 사물을 추구한다는 것은 상당한 시간이 걸리는 일인 것 같습니다. 5년 내지 10년 정도의 기간으로 추구할 수 있는 일이 아닙니다. 그것이 구체적인 형태의 문제만이 아닌 만큼 부지런히 계속해 나갈 필요가 있습니다. 공간에 대한 자기 나름의 원풍경이 어느 정도 확립되는 단계까지는 해나갈 것 같습니다.

다카구치 마지막으로, 저는 요즘의 〈일본의 주택〉 같은 테마가 있다고 생각합니다. 전후부터 쭉 더듬어 온 주택 설계가 놓인 상황을 생각해 보면, 역시 일본의 주택을 의식하는 편이 좋지 않을까요?

예를 들어 영국에서는 뉴타운을 만들고 있는데, 그곳에 세워지고 있는 스타일 자체는 역시 영국의 생활과 기술적 전통의 연장선상에 있습니다. 물론 서구의 경우에는 거의 그렇습니다만, 일본의 경우는 지금 혼돈스런 상황에 있습니다. 다다미를 어떻게 할 생각이라든가, 영국풍의 스타일이 있는가 하면 스페인풍, 이탈리아풍의 스타일도 있는 식인데, 여러 가지 것들이 멋대로 섞인 형태로 나오고 있습니다. 예컨대 외국인이 일본의 주택을 보고 싶다고 했을 때 혼돈된 상황을 설명할 수는 있겠지만, 과연 도쿄의 상가를 보여 주어야 할지, 민가를 보여 주어야 할지, 공단 주택을 보여 주어야 할지, 정말 잘 모르겠습니다.
일본의 주택을 어떻게 파악할 것인지, 사회적 차원에서의 문제의식에 대해서는 어떻게 생각하십니까?

안도 오사카에 있는 이런 집이 오사카의 집이라면서 뭔가 희미하게 말을 걸어 오는 듯한 것, 그것이 정말 지역에 뿌리내리고 있다는 의미가 아닐까요? 그렇다고 제가 짓는 집이 도쿄에 있어도, 뉴욕에 있어도 괜찮다는 게 아닙니다. 역시 그 환경에 그런 형태를 가지고 있지 않으면 의미가 없다고 생각하기 때문에, 저는 일본의 주택이라기보다는 오사카의 집을 짓고 싶습니다. 그러한 생각과 표현이 언젠가 조화를 이룰 날이 오지 않을까요?

(『신건축』, 1980년 2월호)

다카구치 야스유키(高口恭行): 건축가. 다카구치 야스유키 조가(造家) 건축연구소장.

출처

도시 게릴라 주거: 「都市ゲリラ住居」, 『別冊都市住宅 住宅第四集』, 1972.
상황에 쐐기를 박다: 「状況に楔す」, 『新建築』, 1977년 2월호.
도시 주거를 획득하는 길: 「都市住居獲得への道」, 『都市住宅』, 1977년 2월호.
영벽: 「領壁」, 『新建築』, 1978년 2월호.
「스미요시 나가야」에서 「구조 상가」로: 「住吉の長屋から九条の町屋」, 『新建築』, 1983년 7월호.
건축화된 여백: 「建築化された余白」, 『新建築』, 1983년 10월호.
저항의 요새: 「抵抗の砦」, 『住宅特集』, 1985년 겨울호.
자궁 없는 수태 — 또는 범용과 양식의 시대: 「子宮なき受胎—または〈凡庸〉と〈良識〉の時代」, 『住宅特集』, 1986년 겨울호.
현대 다실고: 「現代茶室考」, 『住宅特集』, 1986년 8월호.
추상과 구상의 중첩: 「抽象と具象の重ね合わせ」, 『住宅特集』, 1987년 10월호.
오요도 다실 — 천막·베니어·블록: 「大淀の茶室 テント. ベニヤ. ブロック」, 『新建築』, 1989년 1월호.
롯코 집합 주택 2기: 「六甲の集合住宅Ⅱ」, 『新建築』, 1991년 9월호.
도시의 공공성: 「都市の公共性」, 『朝日新聞』, 1995년 2월 5일.

사진 촬영·제공

新建築寫眞部
56, 57, 58~59, 72~73, 87, 129, 167, 181, 197, 199(하), 200, 201, 240, 241, 266, 269, 271, 273, 279, 281, 287, 295, 297, 315

大橋富夫
42~43, 61, 82~83, 92~93, 94~95, 129, 157, 249, 293, 298, 299, 317, 320, 325, 327, 337, 338, 339, 340, 341

松岡滿男
69, 70, 77, 305, 308, 311, 313

小瀧達郎
160

나머지는 안도 다다오 촬영 또는 안도 다다오 건축연구소에서 제공.

찾아보기

가구라오카 B-LOCK   288
가네코의 집Kaneko House   246
가타야마 빌딩Katayama Building   186
갤러리 노다Gallery Noda   14, 54, 114, 314
『거친 돌Les Pierres Sauvages』   24~25, 47
게니우스 로키genius loci   75
고시노의 집Koshino House   40~47, 49~50, 52~53, 85, 102, 104, 210~211, 214, 334
고지마 공동 주택Kojima Housing   216, 226
구조 상가Town House, Kujo   230, 357~358, 361
기도사키의 집Kidosaki House   72~73, 242, 294, 373

나카야마의 집Nakayama House   252
네 세대 나가야 계획   75, 172, 353
니폰바시 주택House in Nipponbashi   14, 61, 112, 258, 320

다쓰미의 집Tatsumi House   144, 350
다카하시의 집Takahashi House   152
데즈카야마 타워플라자 Tezukayama Tower Plaza   41, 75, 168, 172, 350, 353
데즈카야마 하우스Tezukayama House   174, 372
도미시마의 집Tomishima House   25~26, 34, 40, 85, 100, 132, 220, 345, 349, 352~353
도시 게릴라 주거   12~13, 18, 26, 28, 134, 344~346, 352
도준카이(同潤會)   89~90
돌스하우스Dolls' House   248

라이트Wright, Frank Lloyd   41, 49
로스Loos, Adolf   23~25, 63
롯코 집합 주택Rokko Housing   75~79, 83, 106~109, 206, 278, 316, 360, 375
롱샹 교회Chapelle de Ronchamp   49, 63
르코르뷔지에Le Corbusier   10~11, 22, 25, 48~49, 63, 65, 80
리큐(利休)   55, 370

마스자와 마코토(增澤洵)   60
마쓰모토의 집Matsumoto House   178, 188, 355,
마쓰무라의 집Matsumura House   40, 154
마쓰타니의 집Matsutani House   85~87, 194, 196, 381~383
마에카와 구니오(前川國男)   60
매킨토시Mackintosh, Charles Rennie   71
모리스Morris, William   344

모테키의 집Moteki House   236
무어Moores, Charles   138, 365
물의 교회Chapel on the Water   27
미나미바야시의 집Minamibayasi House   250
미놀타 세미나 하우스Minolta Seminar House   306
미스 반 데어로에Mies van der Rohe, Ludwig   10~11, 23, 63, 66, 365
미야시타의 집Miyashita House   308

바다의 집합 주택Seaside Housing   90~93, 324
반쇼의 집Bansho House   85, 164, 166, 351
비트겐슈타인Wittgenstein, Ludwig Josef Johann   63
빌라 사보아Villa Savoye   11, 22, 25, 49

사사키의 집Sasaki House   262
사와다의 집Sawada House   330
사요 하우징Sayoh Housing   304
사이쿠다니 타운하우스Town House in Sakudani   276
소세이칸Soseikan   41, 148, 150, 349, 370
손(孫)의 집Son House   260
솔레리Soleri, Paolo   364
스미요시 나가야Row House, Sumiyoshi   13~14, 26, 28~39, 41, 48, 66, 71, 75, 84, 99,

136, 156, 158, 172, 258, 276, 350~351, 353, 357~359, 361, 364, 372, 380~381, 384, 392~393
스완상회 빌딩Swan　134, 345
스토클레 저택Stoclet House　24
시그램 빌딩Seagram Building　23
시라이의 집Shirai House　336
시바타의 집Shibata House　146, 162, 164

아이캐너/리의 집Eychaner/Lee House　318
I 프로젝트I Project　292, 304
I 하우스I House　282
아카바네의 집Akabane House　226, 256
알베르스Albers, Josef　372
알토Aalto, Hugo Alvar Henrik　19~21
RIA　60
야마나카 호 아틀리에Atelier on Lake Yamanaka　274
언덕의 집합 주택Hilltop Housing　91, 94, 326
영벽(領壁)　354~356
오구라의 집Ogura House　286
오기 집합 주택 Ohgi Housing　332
오니시의 집Onishi House　192, 202
오요도 다실Tea House in Oyodo　56~59, 110, 222, 268~273
오요도 아틀리에 별관Atelier in Oyodo Annex　322
오요도 아틀리에Atelier in Oyodo　100, 132, 220, 222
『오층탑(五重塔)』　24
오카모토 하우징Okamoto Housing　27, 75, 80, 176
오쿠스의 집Okusu House　184, 188
오키베의 집Okibe House　256
오타의 집Ota House　234
YKK 세미나 하우스YKK Seminar House　310
요시다의 집Yoshida House　290
요시모토의 집Yoshimoto House　258
요코야마 다다시(橫山正)　44
우노의 집Uno House　140
우메미야의 집Umemiya House　228
우에다의 집Ueda House　194, 198, 200, 381~382, 386, 388
우에조의 집Uejo House　232
우치다의 집Uchida House　138
월 하우스Wall House　178
위니테 다비타시옹Unite d'Habitation　80
유리블록 벽Glass Block Wall　182
유리블록 집Glass Block House　65, 180
이(李)의 집Lee House　68~70, 312
이시이의 집Ishii House　218, 226
이시코의 집Ishiko House　302
이와사의 집Iwasa House　85, 238~240
이토 갤러리Ito Gallery　298
이토 데이지(伊藤ていじ)　34
이토의 집Ito House　294

존슨 왁스 빌딩Johnson Wax Building　49
지들룽 할렌Siedlung Halen　74

트윈 월Twin Wall　156
TS 빌딩TS Building　266

판즈워스 하우스Farnsworth House　11, 62~63, 66, 365
프레모스 주택　60
피라네시Piranesi, Giovanni Battista　372

하타의 집Hata House　254
한신·아와지 대지진　27, 49, 88, 330, 332, 376~378
핫토리의 집 게스트하우스Guest House for Hattori House　264
후쿠의 집Fuku House　202
히라노 구 상가Town House in Hirano　328
히라오카의 집Hiraoka House　142